Reform der ländlichen Eigentumsrechtsstrukturen in China
1978 bis 1987

Europäische Hochschulschriften

Publications Universitaires Européennes
European University Studies

Reihe V

Volks- und Betriebswirtschaft

Série V   Series V

Sciences économiques, gestion d'entreprise
Economics and Management

Bd./Vol. 1132

PETER LANG
Frankfurt am Main · Bern · New York · Paris

Margot Schüller

Reform der ländlichen Eigentumsrechtsstrukturen in China 1978 bis 1987

Von der Kollektivwirtschaft zur bäuerlichen Einzelwirtschaft

PETER LANG
Frankfurt am Main · Bern · New York · Paris

CIP-Titelaufnahme der Deutschen Bibliothek

Schüller, Margot:

Reform der ländlichen Eigentumsrechtsstrukturen in China 1978 bis 1987 : von der Kollektivwirtschaft zur bäuerlichen Einzelwirtschaft / Margot Schüller. - Frankfurt am Main ; Bern ; New York ; Paris : Lang, 1990

(Europäische Hochschulschriften : Reihe 5, Volks- und Betriebswirtschaft ; Bd. 1132)
Zugl.: Paderborn, Univ., Diss., 1990
ISBN 3-631-43190-2

NE: Europäische Hochschulschriften / 05

D 466
ISSN 0531-7339
ISBN 3-631-43190-2

Vorwort

Die in dieser Arbeit untersuchte Reform der Eigentumsrechtsstrukturen im Zeitraum 1978 - 1987 hat die chinesische Landwirtschaft und das Leben der ländlichen Bevölkerung entscheidend verändert. Nach 1987 haben sich insbesondere die mit den mangelnden Investitionen in die langfristige Ertragsstabiltität, die mit dem dualen Preissystem und den steigenden Einkommensunterschieden verbundenen negativen Wirkungen verstärkt. Inwieweit die seit Juni 1989 dominierenden konservativen Kräfte in der chinesischen Regierung wieder eine stärkere Beschränkung der individuellen wirtschaftlichen Handlungs- und Verfügungsrechte der Bauern durchsetzen kann, bleibt abzuwarten.

An dieser Stelle möchte ich mich bei allen bedanken, die zur Fertigstellung dieser Arbeit beigetragen haben. Mein besonderer Dank gilt der Universität Liaoning, die die Organisation der Feldforschung in den ländlichen Gebieten der Provinz ermöglichte sowie allen chinesischen Freunden, die mich bei dieser Arbeit unterstützt haben. Für die kritische Durchsicht des Manuskripts und wertvolle Anregungen danke ich Herrn Professor Dr.Reis und Herrn Professor Dr.Domes, deren Betreuung Ansporn und Ermutigung bedeutete. Hinweise und Anregungen verdanke ich auch den in verschiedenen Phasen dieser Arbeit geführten Diskussionen mit Herrn Prof. Dr.Weise und Herrn Dr.Gensch sowie mit den Herren Dipl.Volkswirten Lothar Pelz und Harald Heiermeier.

Paderborn, im Mai 1990 Margot Schüller

INHALTSVERZEICHNIS Seite

Verzeichnis der Schaubilder und Tabellen

Schaubilder

Tabellen im Text

Vorbemerkung:

Kapitel 3:

Kapitel 4:

Kapitel 5:

Kapitel 6:

Tabellen im Anhang

Vorbemerkung

Die chinesische Landwirtschaftsreform seit 1978 wird von vielen ausländischen Beobachtern mit Interesse verfolgt. Zu welchen Ergebnissen die Synthese plan- und marktlicher Elemente führt, ist sicherlich auch für andere sozialistische Länder richtungsweisend. Für den überwiegenden Teil der in den ländlichen Gebieten lebenden chinesischen Bevölkerung ist der Erfolg der Reform von zentraler Bedeutung und für die gesamtwirtschaftliche Entwicklung Chinas eine wichtige Voraussetzung.

Seit der politischen und wirtschaftlichen Öffnung Chinas zum Westen und der damit verbundenen Zunahme des wissenschaftlichen Austausches, sind Informationen über die ökonomische Entwicklung in China in größerem Umfang als vor der Reform vorhanden. Viele der in den letzten Jahren veröffentlichten Publikationen zu verschiedenen Teilaspekten der Landwirtschaftsreform sind demnach dadurch gekennzeichnet, daß sie mit detailliertem Datenmaterial aus China arbeiten[1]. Allerdings überwiegen in den meisten Untersuchungen makroökonomische Fragestellungen, während erst wenige Analysen über das individuelle ökonomische Verhalten unter Berücksichtigung der durch die Reform veränderten Rahmenbedingungen wirtschaftlichen Handelns vorliegen.

Die Anwendung des mikroökonomischen Ansatzes zur Erklärung des wirtschaftlichen Verhaltens der ländlichen Bevölkerung ist jedoch nicht neu und seit der Arbeit von SCHULTZ (1964) in modifizierter Form auch von SCOTT (1976) und POPKINS (1979), als Vertreter gegensätzlicher Erklärungshypothesen bäuerlichen Verhaltens, aufgegriffen worden. In seiner Untersuchung der Interessenartikulation der chinesischen Bauern und der Institutionen der kollektiven Landwirtschaft in den Jahren 1949 - 1974 arbeitet beispielsweise auch BURNS (1979) mit der

Hypothese individuell rationalen Verhaltens und zeigt u.a. Konflikte bei der Ressourcennutzung in und außerhalb der kollektiven Produktionsorganisationen auf.

Die explizite Berücksichtigung ökonomischer Handlungs- und Verfügungsrechte zur Analyse des wirtschaftlichen Verhaltens der Bauern erfolgt durch CHAI (1985). CHAI benutzt den Property-Rights-Ansatz, um die nach der Auflösung der kollektiven Organisationsstrukturen veränderten Kontroll- und Einkommensrechte und die daraus resultierende Einkommensverteilung zu analysieren. Dieser erweiterte mikroökonomische Ansatz, auf den im folgenden Kapitel näher eingegangen wird, ist bereits auf eine Reihe von Fragestellungen angewandt worden, in denen das individuelle ökonomische Verhalten unter den Restriktionen interner und externer Handlungs- und Verfügungsrechte und institutioneller Beschränkungen erklärt und prognostiziert wurde[2].

Auch für die vorliegende Arbeit über die Reform der Eigentumsrechtsstrukturen in der chinesischen Landwirtschaft im Zeitraum 1978 bis 1987 wird der Property-Rights-Ansatz als heuristisches Analysekonzept herangezogen. Die verschiedenen Reformmaßnahmen werden dahingehend untersucht, inwieweit sie Kosten und Nutzen der individuellen Handlungsalternativen verändern und das ökonomische Verhalten der ländlichen Bevölkerung in Bezug auf eine bestimmte Ressourcennutzung beeinflussen. Diese Vorgehensweise ermöglicht es, eine differenziertes Bild über die mit der Reform verbundenen konkreten Veränderungen und ihre Auswirkungen auf Allokation, Produktion und Distribution zu liefern.

In dieser Arbeit werden als Quellen sowohl Sekundär- als auch Primärdaten herangezogen. Die von der chinesischen Regierung seit Beginn der Reform wieder aufgenommene Veröffentlichung statistischer Materialien zur

wirtschaftlichen und gesellschaftlichen Entwicklung sowie Parteidokumente und Bestimmungen zur Wirtschaftsreform liefern wichtige Sekundärdaten.
Im Rahmen von Studienaufenthalten in China von September 1983 bis November 1985 und von September bis November 1987 war es der Verfasserin außerdem möglich, zusätzlich Primärdaten über die Landwirtschaftsreform in der Provinz Liaoning zu erheben.

Die räumliche Begrenzung der empirischen Feldforschung auf die Provinz Liaoning erfolgte dabei bewußt unter Berücksichtigung der erforderlichen offiziellen Genehmigungen und materiellen Unterstützung durch die lokale Arbeitseinheit - in diesem Fall der Universität Liaoning. Aufgrund der Vielfältigkeit der landwirtschaftlichen Ressourcenausstattung und der großen regionalen Unterschiede in Gesamtchina, können die Untersuchungsergebnisse aus den ausgewählten Einheiten in der Provinz Liaoning von Entwicklungen in anderen Provinzen abweichen. Da durch die Reformmaßnahmen die Handlungsalternativen der ländlichen Bevölkerung jedoch in vergleichbarer Weise beeinflußt werden und ähnliche Konflikte bei der Ressourcennutzung auftreten, liefert die Untersuchung aber nicht nur spezielle Informationen über die Veränderung der lokalen Entscheidungsbedingungen und der lokalen Umsetzung der Reform, sondern erlaubt auch Rückschlüsse auf das allgemeine ökonomische Verhalten der landwirtschaftlichen Produzenten und ländlichen Funktionäre.

In dieser Untersuchung gelten Kreise, Gemeinden und Dörfer als Erhebungseinheiten, in denen durch Interviews und Beobachtung Daten über das Verhalten der Bauern und der ländlichen Funktionäre gesammelt wurden. Bezogen auf die Grundgesamtheit (N) der Kreise, Gemeinden und Dörfer hat die Stichprobe (n) folgenden Umfang:

Kreise in Liaoning	N = 40	n = 5
Ländl. Außenbezirke der Stadt Shenyang	N = 4	n = 3
Gemeinden, Marktgemeinden	N = 1.222	n = 8
Dörfer	N = 15.658	n = 10

Schaubild 1: Geographische Lage der Untersuchungsorte in der Provinz Liaoning

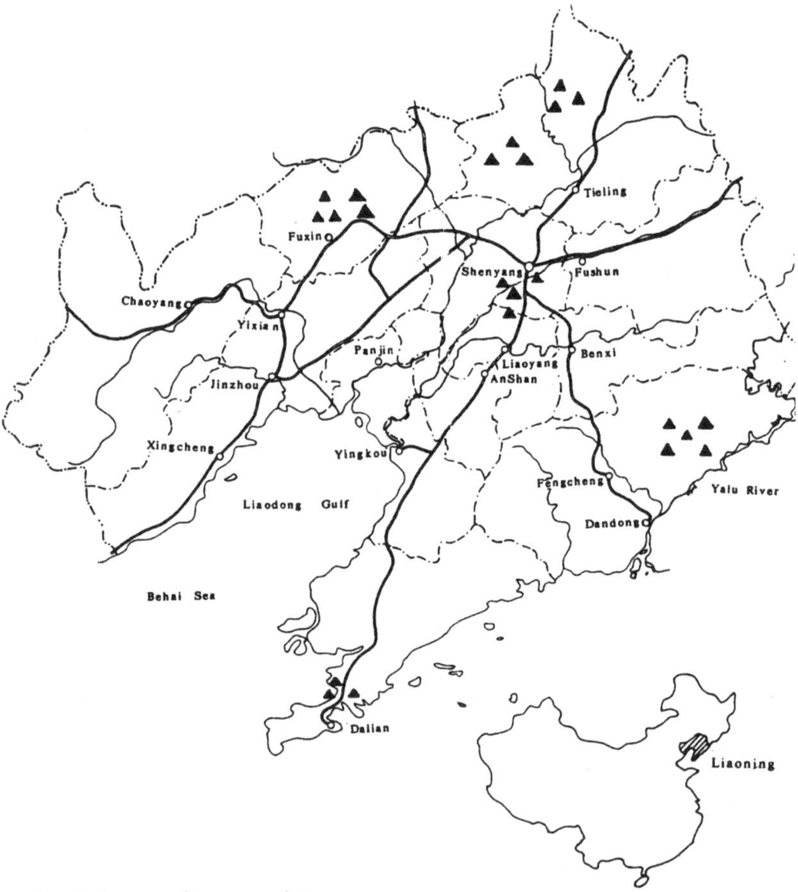

▲ Untersuchungsorte

Das Schaubild 1 vermittelt einen Überblick über die geographische Lage der Untersuchungsorte.

Die Auswahl der Untersuchungsorte im städtischen Außenbezirk der Provinzhauptstadt Shenyang wurde durch einen das Vorhaben betreuenden Professor des Instituts für Agrarökonomie an der Universität Liaoning vorgenommen. Die unterschiedliche Entfernung zum städtischen Zentrum und die Spezialisierung auf bestimmte Produktionsbereiche galten als wichtigste Auswahlkriterien.
Die anderen Untersuchungsorte in der Provinz Liaoning bestimmte die Verfasserin selbständig.

Allgemeine Auswahlkriterien waren die unterschiedliche regionale Ressourcenausstattung und das unterschiedliche wirtschaftliche Entwicklungsniveau. So zählen die in der östlichen Bergregion und im Westen gelegenen Kreise Kuandian und Fuxin traditionell zu den wirtschaftlich rückständigen Gebieten. Die Kreise Changtu und Faku, die im Norden der Provinz liegen, gehören zu den 19 Getreideanbauzentren mit geringer ländlicher Industrialisierung. Der auf der südlichen Halbinsel gelegene Kreis Jin ist insbesondere auf den Obstanbau und den Anbau von Gemüse für die Versorgung des nahen städtischen Zentrums Dalian spezialisiert und weist ebenso wie die Untersuchungsorte in den ländlichen Außenbezirken der Stadt Shenyang eine relativ entwickelte ländliche Industriestruktur auf.

Die Tabelle 1 enthält die wichtigsten Merkmale der Untersuchungssorte wie Entfernung zum städtischen Zentrum, Produktionsschwerpunkte, durchschnittliche Pro-Kopf-Einkommen sowie Einwohner- und Arbeitskräftezahl.

Realisiert wurden die Befragungen in den Untersuchungsorten im Zeitraum Juni bis September 1985 und September bis November 1987.

Tabelle 1: **Charakteristische Merkmale der Erhebungseinheiten (1986)**

Einheit: im Verwaltungsgebiet der Städte:	Entfernung zum städt. Zentrum (Km)	Produktionsschwerpunkte	Pro-Kopf-Einkommen (in Yuan)	Einwohner 1)
-Shenyang				
Bezirk Dongling	1 - 5	Getreide, Gemüse	809	269.000
- Dorf Bajiazi	1	Ländl.Industrie,Gemüse	1.215	2.531
Bezirk Yuhong	1 - 5	Getreide, Gemüse	627	225.000
-Dorf Yingshou		ländl.Industrie, Reis	1.600	1.052
Bezirk Sujiatun	20	Getreide,Gemüse, Viehz.	692	221.000
-Gemeinde Guanlipu	20	Reis,Gemüse, ländl.Industr.	699	21.092
-Dorf Dagujia	22	Reis,Gemüse, ländl.Industr.	950	660
-Dalian				
Kreis Jin	40	Obst,Fischf. ländl.Industr.	941	393.000
-Kleinstadt Daweijia	56	Obst,Gemüse, Fischfang	992	23.200
-Dorf Houshi	44	Obst, ländl. Industrie	1.700	3.076
-Tieling				
Kreis Changtu	65	Getreide, Viehzucht	434	815.000
-Kleinstadt Baoli	100	Getreide, Viehzucht	550	38.900
-Dorf Baoli	102	Getreide, Viehzucht	550	3.600
Kreis Faku	110	Getreide, Viehzucht	448	368.000
-Gemeinde Sijiazi	175	Getreide, lä.Indus.	471	16.948
-Dorf Sijiazi	176	Getreide, lä.Indus.	520	2.433
-Fuxin				
Kreis Fuxin	9	Getr.,Ölfrüchte,Viehzucht	339	605.000
-Gemeinde Tabenzhalan	10	Getr.,Ölfrüchte, Viehzucht	588	29.600
-Dorf Baiyudou	15	Getr.,Ölfrüchte, Viehzucht	842	2.632
-Kleinstadt Wuhuanchi	45	Getr.,Ölfrüchte, Viehzucht	425	26.417
-Dorf Xi	47	Getr.,Ölfrüchte, Viehzucht	391	1.639

-Dandong				
Kreis Kuandian	100	Forstw.,med. med.Heilpfl.	250	341.000
-Gemeinde Shihugou	105	Forstw.,länd. Industrie	727[1)]	24.900
-Dorf Shangchangy.	112	Forstw.,med. Heilpflanzen	650	1.250
Gemeinde Dachuantou	117	Forstw.,med. Heilpflanzen	422	11.348
-Dorf Xinfeng	125	Forstw.,med. Heilpflanzen	444	1.720

1) betrfft das Jahr 1984; 2) Einwohner in Gemeinden und Dörfern.

Quelle: Eigene Erhebungen 1985 und 1987.

Insgesamt wurden 124 für die landwirtschaftliche Entwicklung auf Kreis-, Gemeinde- und Dorfebene zuständige ländliche Funktionäre sowie ländliche Einwohner aus unterschiedlichen Einkommensklassen und Tätigkeitskeitsbereichen befragt.

Bei der Durchführung der Interviews wurden überwiegend Fragebogen mit offenen und geschlossenen Fragestellungen benutzt, wobei die Erfassung der Antworten auf Tonband und durch eine chinesische Studentin, die die Verfasserin in den Untersuchungsorten begleitete, erfolgte. Während der Befragung der ländlichen Einwohner waren überwiegend der jeweilige Leiter des Dorfkomitees und der dörfliche Parteisekretär, die auch die Auswahl dieser Personengruppe trafen, anwesend.

Folgende Themenbereiche wurden bei der Befragung 1985 untersucht:

Interviews mit den für die landwirtschaftliche Entwicklung verantwortlichen Kadern auf Kreis- Gemeinde- und Dorfebene:

- Ressourcenausstattung: Bodenqualität, Anbaufläche, Verkehrsanbindung, Maschinelle Ausstattung, Bevölkerungsstruktur und Bildungsniveau.
- Arbeitskräftestruktur und spezialisierte Haushalte.

- Anbaustruktur und Ertragsentwicklung.
- Landwirtschaftlicher Bruttoproduktionswert.
- Einkommensentwicklung, Einkommensverteilung, Lebensstandard.
- Struktur und Aufgaben der Partei-, Regierungs- und Wirtschaftsverwaltungsorganisationen und ihre Beziehungen untereinander.
- Landwirtschaftlicher Planungsprozeß.
- Entwicklung und Ausgestaltung der vertraglichen Verantwortungssysteme.
- Allokation des Bodens und der technischen Ausstattung bei Auflösung der kollektiven Produktionsorganisationen.
- Lokale Entwicklungsprobleme und Maßnahmen für zukünftige Produktionssteigerungen.

Interviews mit ländlichen Einwohnern:

- Familienstruktur.
- Wirtschaftliche Aktivitäten und Erfahrungen in der Produktionsgruppe vor der Reform.
- Verteilungssystem und Einkommen vor der Reform.
- Produktionsvertragssystem nach der Reform.
- Art der ökonomischen Aktivitäten nach der Reform.
- Einkommen, Konsum- und Investitionsaktivitäten, Lebensstandard.

Ziel der 1987 durchgeführten Anschlußuntersuchung war die Ergänzung und Fortschreibung des Datenmaterials sowie die Erfassung zwischenzeitlicher Veränderungen. Außerdem konnte die Verfasserin im November 1987 Interviews mit dem Leiter der Abteilung für genossenschaftliche Wirtschaft im Büro für Anbau und Viehzucht der Provinz Liaoning sowie mit dem Leiter für die Verwaltung des größten Marktes für den Verkauf landwirtschaftlicher Produkte in der Provinzhauptstadt Shenyang durchführen. Die Ergebnisse dieser Befragung trugen zum weiteren Verständnis bestimmter Aspekte der seit der Landwirtschaftsreform in der Provinz Liaoning bis 1987 erfolgten Entwicklungen bei.

1. Theoretisches Analysekonzept

Im Mittelpunkt dieser Arbeit steht die Analyse des ökonomischen Verhaltens der chinesischen Landbevölkerung als Reaktion auf eine durch die Wirtschaftsreform seit 1978 neu strukturierte Handlungsumgebung.

Als Beschreibung wirtschaftlichen Verhaltens von Haushalten und Unternehmen bietet die traditionelle Mikroökonomie die Maximierung von Nutzen- und Gewinnfunktionen unter Berücksichtigung von Einkommen, Preisen, Nachfrage und Kosten an. Da das individuelle Verhalten analysiert werden soll, sind nicht die Organisationen an sich Untersuchungsgegenstand, sondern das Verhalten der Individuen innerhalb der Restriktionen einer Organisationsstruktur.

Inwieweit Individuen ihre Präferenzen in einer bestimmten Handlungsumgebung realisieren können, ist nach FURUBOTN und PEJOVICH (1972) abhängig von ihrer Ausstattung mit Eigentums- und Verfügungsrechten. Diese "Property Rights" bilden das System ökonomischer und sozialer Beziehungen, die zusammen mit der Grundausstattung die Position eines jeden einzelnen hinsichtlich der Nutzung knapper Ressourcen definieren. Eigentums- und Verfügungsrechte beeinflussen das individuelle Verhalten, da mit ihrer Einhaltung oder Nichtbeachtung Kosten bzw. Sanktionen verbunden sind.

Property Rights umfassen nicht nur die z.B. durch Rechtsordnung, Religion oder Familie institutionalisierten Verfügungsbeschränkungen, sondern, wie WEISE (1979), S.132 ausführt, auch die durch Tradition, Moral, Ethiken etc. internalisierten Verfügungsbeschränkungen. Mit dieser weiteren Fassung der Handlungsbeschränkungen wird die Analyse individuellen Verhaltens auf alle Bereiche sozialer Interaktionen ausgedehnt.

Eigentums- und Verfügungsrechte können FURUBOTN und PEJOVICH (1972) zufolge derart gestaltet sein, daß durch sie Rechte an der Nutzung eines Gutes, an seiner Form- und Substanzveränderung oder Rechte über den Transfer eines Gutes durch Verkauf oder Verpachtung definiert sind. Für das Individuum hängt der Wert des Gutes vom Ausmaß der instituionalisierten oder internalisierten Restriktionen ab, insbesondere davon, ob andere von der Nutzung ausgeschlossen werden können sowie von einem uneingeschränkten Transferrecht.

In der realen Welt sind Eigentums- und Verfügungsrechte mehr oder weniger abgeschwächt oder als kollektives und öffentliches Eigentumsrecht anzutreffen. Damit beschränkt sich die Anwendung des theoretischen Konzeptes der Property Rights nicht nur auf marktwirtschaftliche Systeme, sondern kann auf alle Situationen bezogen werden, in denen die mit der Existenz bestimmter Eigentums- und Verfügungsrechte oder ihrer Veränderung verbundenen Wirkungen auf die Ressourcennutzung untersucht werden.

Veränderungen in der Struktur der Property Rights beeinflussen die Möglichkeiten der Ressourcennutzung und stellen demnach veränderte Handlungsanreize dar. Nach CLARKSON (1975), S.23 erfolgt über die Bewertung der Handlungsfolgen eine Verhaltensanpassung:"If alternative property rights structures define different sets of opportunities to use or control resources, decision makers will find trade-offs (the amount of each option that must be given up to obtain increments in others) concerning possible choices over resources will differ. When costs and rewards attributable to various actions are affected, individuals will alter their behavior".

Neben Property Rights, die Handlungsbeschränkungen und Verhaltensanreize darstellen, ist die Analyse der institutionellen Struktur bei der Erklärung und Prognostizierung des individuellen Verhaltens hilfreich. Über bzw. in Institutionen, zu denen FREY (1985),S. 16 Entscheidungsmechanismen, Regeln oder Organisationen zählt, findet der Austausch von Rechten an einer bestimmten Art der Ressourcennutzung statt. Dieser Austausch von Property Rights ist jedoch nicht kostenlos und verursacht außerdem Kosten der Durchsetzung und Kontrolle. Diese <u>Transaktionskosten</u> stellen zusätzliche Verhaltensanreize dar bzw. Restriktionen und können z.B. zu "free riding" oder anderen Arten strategischen Verhaltens führen.

Unter Berücksichtigung von Transaktionskosten kann erklärt werden, warum nicht jeder mögliche Tausch von Rechten (an bestimmten Ressourcen) realisiert wird, sondern nur derjenige, bei dem der Tauschgewinn die Tauschkosten übersteigt. Für WILLIAMSON (1984) ermöglicht die relative Höhe der Transaktionskosten unterschiedlicher Koordinationsmechanismen wirtschaftlicher Aktivitäten wie Markt, Bürokratie, kollektives Verhandeln etc. einen Vergleich und die Bewertung bestimmter institutioneller Strukturen.

<u>Die Neudefinition von wirtschaftlichen Handlungsrechten und Veränderungen in der institutionellen Struktur sind zentrale Elemente der Wirtschaftsreform in China, so daß der um Property Rights und Institutionen erweiterte mikroökonomische Ansatz sich als geeignetes Analyseinstrument anbietet.</u>

Bevor jedoch mit Hilfe des theoretischen Ansatzes Hypothesen über Auswirkungen der wirtschaftlichen Reformmaßnahmen auf Allokation, Produktion und Distribution aufgestellt werden können, ist die Formulierung individueller Verhaltensannahmen erforderlich.

Zusammen mit den bereits genannten Handlungsbeschränkungen entscheiden sich die Individuen aufgrund ihrer Präferenzen für Handlungsalternativen mit dem für sie größten Nutzen. Vorausgesetzt wird, daß Individuen in der Lage sind, eine Einschätzung über Vor- und Nachteile bestimmter Güterbündel zu treffen, wobei Güterbündel, mit denen das Individuum einen größeren Nutzen verbindet, gegenüber solchen mit einem geringeren Nutzen vorgezogen werden. Dieser Verhaltensannahme liegt das Konzept der ordinalen Nutzenfunktion zugrunde. Diese Nutzenfunktion stellt eine Präferenzordnung dar, mit der Entscheidungsfolgen bewertet werden. Ein Vergleich zwischen zwei Zuständen wird danach durchgeführt, welcher Zustand einem anderen vorzuziehen ist, wobei bestimmte zusätzliche Bedingungen gelten.[1] Rational handelt das Individuum dann, wenn es sich stets für die Kombination der Güter entscheidet, die seinen Präferenzen am meisten entspricht.

Ob Nutzenmaximierung bzw. rationales Verhalten als adäquate Verhaltensannahme für die Analyse des wirtschaftlichen Verhaltens der chinesischen Bauern sinnvoll ist, darf nicht vorausgesetzt, sondern muß näher begründet werden. So ist z.B. unter Berücksichtigung wechselseitiger Abhängigkeit individueller Handlungen ein Verhalten vorstellbar, durch das ein Individuum in seine Präferenzfunktion auch das Nutzenniveau anderer Individuen mit einbezieht.

Welche Faktoren beeinflussen nun die individuellen Präferenzen allgemein und die der chinesischen Bauern im besonderen? Grundlage der Präferenzbildung sind nach WISEDE (1987),S. 47 und 48 die in einer Gesellschaft existierenden Wertvorstellungen und Normen, die entsprechend den Annahmen lerntheoretischer Konzepte als Verstärker das individuelle Verhalten steuern. Da jede Handlung mit bestimmten Konsequenzen verbunden ist, die im Sozialisationsprozeß positiv oder negativ sanktioniert werden, beeinflussen die Konsequenzen einer Handlung die Wahrscheinlichkeit ihres Auftretens. Durch Analyse der

Sozialisationsbedingungen kann erklärt werden, welche Verstärkerwirkung begünstigt wird, und Annahmen darüber sind möglich, inwieweit Individuen z.B. bestimmte Werte internalisieren.

Dominierende Werte in der chinesischen Gesellschaft wurden vor der Gründung der Volksrepublik vor allem durch die <u>konfuzianische Tradition</u> geprägt. Entsprechend der konfuzianischen Wertestruktur wird nach FAIRBANK (1976),S. 78 - 82 das menschliche Zusammenleben durch die moralischen Verhaltensregeln in den "Fünffachen Beziehungen" zwischen Herrscher und Untertan, Vater und Sohn, älterem Bruder und jüngerem Bruder, Ehemann und Ehefrau sowie zwischen Freunden geordnet. Aus den Über- und Unterordnungsverhältnissen werden Pietät und Loyalität der Gesellschaftsmitglieder in Familie und Staat abgeleitet.

KIRSCH und MACKSCHEIDT (1988) grenzen die auf konfuzianischer Tradition basierende chinesische Gesellschaft als <u>vertikale Ordnung</u> mit vielstufigen Hierachien und Festlegung der Rechten und Pflichten, Weisungen von oben nach unten und Gehorsam von unten nach oben gegenüber der westlichen horizontalen Ordnung ab, in der hierachische Beziehungen weder als regelbedürftig noch als regelfähig gelten. Während in der horizontalen Ordnung bei Dominanz von Tausch und Verhandlung jeder einzelne nur von der Gesamtheit der Gesellschaftsmitglieder abhängt und von niemandem im besonderen, ist es das charakteristische Merkmal der vertikalen Ordnung, daß hier jeder von jemandem Bestimmten abhängt.

Nach HERMANN-PILLATH und HERMANN-PILLATH (1987),S. 1 - 7, die die These vertreten, daß kulturell tradierte Präferenzen für bestimte Organisationen existieren, ist für die traditionelle chinesische Kultur ein spezifisches Individualprinzip und die <u>Idee der materiellen Reziprozität</u> charakteristisch. Da die sozialen Beziehungen von der Erwartung ausgleichender Reziprozität getragen werden, waren und sind demnach die traditionellen chinesischen Gemeinschaften wie z.B. das Dorf und die Lineage keine Solidargemeinschaften im eigentlichen Sinne, sondern zweckgebundene Zusammenschlüsse von Individuen oder Familien, die kurzfristige Reziprozitätsrechnungen anstellten und sich im ökonomischen Bereich eher marktorientiert verhielten[2].

Konfuzianische Werthaltungen und feudalistisches Denken standen in der Zeit des sozialistischen Chinas unter Mao Zedong im Zentrum der Kritik, wobei sich nach HERMANN-PILLATH und HERMANN-PILLATH (1987),S. 2 der Fortbestand feudaler Traditionen in der Überlagerung der formal-rationalen Organisationsstrukturen oder legaler Regelsysteme durch persönliche Beziehungen mit starken Loyalitätsbindungen widerspiegelte.

Durch Massenkampagnen und eine Strategie, bei der vorbildhafte Arbeiter und Bauern sowie kollektive Einheiten wie z.B. die Produktionsbrigade Dazhai als Erziehungsmodelle dienten, sollte ein Wertewandel herbeigeführt und die Orientierung der ländlichen Bevölkerung auf Verpflichtungen gegenüber der Familie und dem Sippenverband durch Loyalität gegenüber der Partei und der veränderten sozialen Ordnung ersetzt werden.

PARISH und WHYTE (1978),S. 249 - 267 zeigen in ihrer Untersuchung jedoch den begrenzten Einfluß des Staates auf das traditionelle Verhalten der chinesischen Bauern. Trotz politischer Kampagnen der Partei gegen die Verschwendung von Ressourcen bei traditionellen Zeremonien und nach Zerstörung der öffentlichen Ritualzentren wurden die rituellen Zeremonien und traditionellen Feste überwiegend weiter praktiziert bzw. gefeiert - beschränkt allerdings auf den familiären Kreis -. Die Ausgaben für Beerdigungs- und Heiratsfeste etc. betrachtete die ländliche Bevölkerung nicht als individuellen Konsum, sondern als Erfüllung der sozialen Verpflichtungen.

Auf die Bedeutung von Hierachie und Leistung innerhalb der konfuzianischen Wertestruktur weist WEGGEL (1985),S. 312-315 hin. Diese Werte standen jedoch im Gegensatz zu den egalitären Vorstellungen Mao Zedongs. Die Anerkennung der Leistung erfolgte in der konfuzianischen Gesellschaft über Staatsprüfungen durch Aufnahme in die Beamtenschaft. Leistung wurde demnach mit einer Verbesserung der gesellschaftlichen Stellung belohnt. Nach WEGGEL hatte der Wert der individuellen Leistung als Maßstab der gesellschaftlichen Anerkennung auch auf die übrigen sozialen Bereiche einen starken Einfluß. Verbunden mit einer bestimmten Stellung in der Hierachie war auch die Erwartung an ein positionsgerechtes Verhalten, durch das sich der einzelne als Mitglied einer bestimmten Gruppe legitimierte. Abweichendes Verhalten z.B. korrupter Kader, die eigene Interessen verfolgten, wurde dementsprechend nicht nur abgelehnt, sondern berechtigte auch dazu, ihre Autorität in Frage zu stellen.

Kollektivierung und eine egalitäre Einkommenspolitik stellen die gemeinschaftliche Leistung vor die individuelle. <u>Nur wenn durch Kooperation im Kollektiv der einzelne eine vergleichbare Anerkennung seiner Leistung erwarten kann, ist anzunehmen, daß die Bauern die ursprünglich auf die Familie oder engere Nachbarschaft beschränkte soziale Bindung und Verpflichtung auch auf kollektive Organisationen wie die Produktionsgruppe ausweiten.</u> Wird kooperatives Verhalten in der Produktionsgruppe nicht positiv belohnt, steigt die Wahrscheinlichkeit, daß sich die Bauern primär am eigenen Wohlergehen bzw. dem ihrer Familien orientieren.

Nach NEE (1986), S.189 führten strukturelle Probleme der kollektiven Landwirtschaft dazu, daß ein am Eigennutz ausgerichtetes Verhalten eher gefördert wurde. So konnte die kollektive Wirtschaft nur die minimale Subsistenz sichern, so daß die Abhängigkeit von der Familie für Sicherheit und Wohlfahrt des einzelnen bestehen blieb. Bei der Erhöhung ihres Haushaltseinkommens wurden die Bauern außerdem mit "free rider"-Problemen konfrontiert: "Peasants worried that, though their diligence in the collective sector ultimately benefited their own household, it also benefited all other households, subsidizing less diligent and capable villagers". Auch in kleineren Produktionsgruppen und bei Stärkung der individuellen Anreize konnten "free rider" nicht ausgeschlossen werden, wobei bei Dominanz individueller Anreize wiederum die Verfolgung des Eigeninteresses gestärkt wurde.

Die neue Landwirtschaftspolitik seit 1978 unterstützt Verhaltensweisen, die bis dahin als kapitalistisch und individualistisch kritisiert und negativ sanktioniert wurden. An die Stelle der kollektiven Nutzenmaximierung in der Produktionsgruppe darf nun die individuelle treten; im Haushalt anstatt in der Produktionsgruppe als organisatorischer Einheit sollen Produktion und Verteilung durchgeführt werden. Die Bauern sollen ökonomisch rational auf die mit der Landwirtschaftsreform verbundenen Möglichkeiten der Ausweitung, Spezialisierung und Vermarktung ihrer Produktion reagieren.

Daß der individuelle Nutzen seit der Reform der Wirtschaftsstruktur einen höheren Stellenwert einnimmt, geht auch in der Zusammenfassung der theoretischen Diskussion in China durch HERMANN-PILLATH und HERMANN-PILLATH (1987), S.7-9 hervor. So wird die Vernachlässigung des individuellen Nutzens zugunsten des kollektiven abgelehnt und das Prinzip des äquivalenten Tausches als materielle Reziprozität zwischen Teilen der Gesellschaft wieder anerkannt.

Von den Bauern erwartet die chinesische Regierung heute eine flexible Anpassung an Planungsvorgaben und Marktdaten, Durchführung langfristiger Investitionen und unternehmerische Aktivitäten zur Unterstützung der Diversifizierung der landwirtschaftlichen Produktion und des Handels. Die materielle Anerkennung der Leistung wird von der Partei gefördert, die auf die "10.000 Yuan-Haushalte" als Lernbeispiele wirtschaftlich erfolgreicher Bauern mit einem hohen Einkommen hinweist.

Die obigen Überlegungen legen nahe, daß das Verhalten der chinesischen Bauern sowohl für den Zeitraum vor 1978 als auch danach mit Hilfe der Hypothese nutzenmaximierenden Verhaltens unter Berücksichtigung von Beschränkungen analysiert werden kann. Damit ist es nunmehr möglich, allgemeine Annahmen über das individuelle Verhalten in Bezug auf eine bestimmte Ressourcennutzung zu machen:

- Mit der Neudefinition von Property Rights werden Kosten und Gewinne bestimmter Handlungen im Verlauf der Landwirtschaftsreform neu strukturiert und damit Anreize zu Verhaltensänderungen gesetzt. Die Individuen werden ihr Verhalten der neuen Kosten- und Gewinnsituation anpassen, wobei sie Handlungen mit vergleichsweise hohen Kosten durch solche mit niedrigen Kosten substituieren werden.
- Abhängig von der Höhe der Alternativkosten werden die Bauern Property Rights in der für sie günstigsten Weise nutzen und versuchen, Handlungsbeschränkungen zu ihrem Vorteil zu verändern.
- Die Höhe der Transaktionskosten entscheidet bei konfligierenden Interessen, wer welche Property Rights durchsetzen kann und welche institutionellen Strukturen gewählt werden.

Zu den wesentlichen Elementen der Reformmaßnahmen in China zählt die Veränderung der ländlichen Regierungs-

und Verwaltungsorganisationen, die im Kapitel 2 dargestellt wird. Durch die Trennung von Partei-, Regierungs- und Wirtschaftsfunktionen sollen die ländlichen Kader auf den verschiedenen Ebenen ihre wirtschaftlichen Entscheidungen stärker auf der Basis ökonomischer Kriterien als politischer Vorgaben treffen können. Die Realisierung der parteipolitischen Ziele konfligiert jedoch mit der Funktionstrennung, so daß angenommen werden kann, daß die Kader ihre Entscheidungsrechte in den neu gegründeten wirtschaftlichen Verwaltungsorganisationen nur sehr begrenzt durchsetzen können.

Die Analyse der Kommunereform schließt auch die neu gesetzten Verhaltenanreize für die ländlichen Kader ein. Wird die auf der Kontrolle von Ressourcen basierende ökonomische Machtposition der Kader beschnitten, ohne gleichzeitig Anreize für ein Verhalten im Sinne des kollektiven Gemeinwohls zu bieten, ist mit der Ausnutzung verbleibender diskretionärer Handlungsspielräume der Kader im eigenen Interesse zu rechnen.

Mit der Übertragung der Produktionsverantwortung auf den einzelnen Haushalt, die im Zentrum der Landwirtschaftsreform steht, erfolgt eine Zuteilung von individuellen Bodennutzungsrechten und Eigentumsrechten an der landwirtschaftlichen Produktionsausstattung, die die Bauern zu Produktivitätssteigerungen und zu einer effizienten Ressourcennutzung motivieren soll.

Die Wahl der Zuteilungskriterien von Nutzungsrechten, die an die Nutzungsrechte gebundenen Restriktionen sowie ihr Einfluß auf das Investitionsverhalten werden im dritten Kapitel näher untersucht. Unter Berücksichtigung unterschiedlicher Kosten alternativer Zuteilungsmechanismen kann angenommen werden, daß die Wahl der Zuteilungskriterien durch die Kosten der Zuteilung von Bodenrechten beeinflußt wird. Weiterhin ist davon auszugehen, daß Bodenrechte von den Haushalten trotz eines Transferverbotes dann getauscht werden, wenn die staatlichen Restriktionen aufgrund hoher Kontrollkosten nicht durchgesetzt werden können. Insgesamt werden die Bauern das Ausmaß der Internalisierung der Kosten in der landwirtschaftlichen Produktion abhängig von der Dauer ihrer vertraglichen Nutzungsrechte bzw. Kompensationszahlungen für durchgeführte Investitionen machen.

Neben der Zuteilung von Nutzungsrechten und landwirtschaftlichen Produktionsmitteln erhalten die Arbeitskräfte nach der Auflösung der kollektiven Produktionsorganisationen individuelle Verfügungsrechte an der Arbeit. Im Kapitel 4 werden die Verfügungsrechte der Arbeitskräfte in den kollektiven Produktionsorganisationen vor der Reform und in den ländlichen Haushalten als neuer Produktionseinheit nach der Reform näher untersucht und das aus den jeweiligen Beschränkungen und Anreizen resultierende Arbeitsverhalten bzw. die damit verbundenen Arbeitsallokationsentscheidungen miteinander verglichen. Aufgrund der hohen Überwachungs- und Bewertungskosten in den landwirtschaftlichen Produktionsgruppen wird angenommen, daß die Arbeitskräfte ihren Arbeitseinsatz in diesen Organisationen reduzieren. Individuell rationale Entscheidungen der Produktionsgruppenmitglieder führen zu Prisoner's Dilemma Situationen, die nur durch Abstimmung oder Verträge gelöst werden könnten. Niedrige Kosten der Arbeitsüberwachung und -bewertung sowie interne Verfügungsbeschränkungen werden dagegen nicht-kooperatives Verhalten innerhalb der häuslichen Produktionsorganisation beschränken.

Können die Bauern zwischen unterschiedlichen wirtschaftlichen Aktivitäten wählen, ist anzunehmen, daß sie sich für solche Beschäftigungen entscheiden, die ihre Einkommen maximieren. So werden die Bauern ihre

Entscheidung über eine Spezialisierung insbesondere auf einem Vergleich zwischen Spezialisierungsgewinn und Risikokosten basieren. Die ländlichen Haushalte werden weiterhin dann externe Arbeitskräfte einstellen, wenn deren Grenzerlös höher als der Lohnsatz ist. Abhängig von den unterschiedlichen Einkommensmöglichkeiten innerhalb der ländlichen Gebiete und den sektoralen Einkommensunterschieden wird die Mobilität der Arbeitskräfte steigen.

Die Dezentralisierung der Entscheidungsrechte im Rahmen des staatlichen Planungssystems ermöglicht den landwirtschaftlichen Produzenten einen stärkeren Einfluß auf Input- und Outputentscheidungen. Die Einführung und Verbreitung landwirtschaftlicher Verantwortungssysteme in der Produktion, die Wirkung der dezentralisierten Entscheidungsrechte auf die Anbaustruktur sowie die mit der Reform des staatlichen An- und Verkaufs verbundenen Anreize stehen im Mittelpunkt des fünften Kapitels. Angenommen wird, daß die Bauern bei der Einführung von Verantwortungssystemen in der landwirtschaftlichen Produktion die Durchsetzung solcher Systeme unterstützen, die ihnen größere Entscheidungsrechte bieten. Die Höhe der Einkommen aus kollektiver Bewirtschaftung bzw. individueller Bewirtschaftung dient den Bauern in den Produktionsgruppen als Entscheidungsbasis bei der Wahl alternativer Verantwortungssysteme.

Liegen die staatlichen Aufkaufspreise unterhalb der Marktpreise, werden die Bauern abhängig von den Alternativkosten staatlicher Planung versuchen, den Umfang der Produktion für den staatlichen An- und Verkauf zugunsten anderer wirtschaftlicher Aktivitäten zu reduzieren. Unterschiede zwischen Einzel- und Großhandelspreisen bilden Anreize für die Bauern, sich zu spezialisieren und Investitionen im Transportbereich durchzuführen, um Märkte mit höheren Preisen zu erreichen. Durch die Zunahme der individuellen Handels- und Transportaktivitäten wird sich die zunächst auf den Handel mit landwirtschaftlichen und Nebenprodukten beschränkte Funktion der Märkte verändern.

Mit der Neustrukturierung der Property Rights sind neben allokativen Wirkungen auch distributive Folgen verbunden, die im Kapitel 6 näher untersucht werden. In den kollektiven Produktionsorganisationen beschränken sich die Einkommensrechte der Bauern auf einen Anspruch am kollektiv erwirtschafteten Überschuß, während gleichzeitig private Wirtschaftsaktivitäten nur sehr begrenzt erlaubt sind. Im Verlauf der Landwirtschaftsreform erhalten die Bauern jedoch umfassende individuelle Einkommensrechte, deren Grundlage sowohl der Einsatz der eigenen Arbeit als auch Erträge aus Kapitalbesitz und Produktionsmitteln sind. Neben der Steigerung der Realeinkommen der ländlichen Bevölkerung und der Verbesserung ihres Lebensstandards ist anzunehmen, daß sich aufgrund differierender individueller Fähigkeiten und Talente der ländlichen Arbeitskräfte aber auch aufgrund unterschiedlicher Möglichkeiten zur Kapitalbildung Einkommensunterschiede als Folge der Landwirtschaftsreform verstärken werden.

2. Reform der ländlichen Regierungs- und Verwaltungsorganisationen

Im Verlauf der Landwirtschaftsreform erfolgt schrittweise eine Veränderung der Regierungs-, Wirtschaftsverwaltungs- und kollektiven Produktionsorganisationen, die bis zur Aufgabe der ländlichen Volkskommunestruktur führt. Zu den wichtigsten Reformmaßnahmen zählen die Auflösung der kollektiven Produktionsgruppen, die Neugründung von Selbstverwaltungsorganisationen der Bauern auf Dorfebene sowie von wirtschaftlichen Verwaltungs- und kollektiven Dienstleistungsorganisationen auf Dorf- und Gemeindeebene. Durch die Neustrukturierung der ländlichen Organisationen soll die Trennung von Partei-, Regierungs- und Wirtschaftsfunktionen realisiert werden. Die Aufgabe der Kommunestruktur ist einerseits eine Folge der landesweiten Durchsetzung von Haushaltsvertragssystemen, durch die dem einzelnen Haushalt Entscheidungsrechte in der Produktion und Distribution übertragen werden. Andererseits macht die Ausweitung von Märkten horizontale Beziehungen zwischen den ökonomischen Entscheidungsebenen in den ländlichen Gebieten erforderlich.

In diesem Kapitel wird untersucht, welche neuen Organisationen an die Stelle der ländlichen Volkskommunen treten und inwieweit in diesen Organisationen auf Dorf- und Gemeindeebene eine Trennung von Wirtschafts-, Regierungs- und Parteifunktionen durchgeführt wird. Veränderungen auf Kreisebene erfolgen im Verlauf der Reform nur sehr begrenzt und werden im weiteren nicht betrachtet. Weiterhin sollen die individuellen Verhaltensanreize für die Funktionäre (Kader) in diesen Regierungs- und Wirtschaftsverwaltungsorganisationen näher analysiert und mit den Anreizen der Kader in der Kommuneorganisation verglichen werden.

2.1 Organisationsstrukturen und individuelle Vehaltens- Verhaltensanreize der Kader innerhalb der ländlichen Volkskommune

Durch die Zusammenfassung der landwirtschaftlichen Genossenschaften entstehen Ende der 50er Jahre in den ländlichen Gebieten Chinas die Volkskommunen als neue kollektive Organisationen, die gleichzeitig Wirtschaftsverwaltungs- und Regierungsaufgaben übernehmen. Kollektives Eigentum an den Produktionsmitteln auf den einzelnen Kommuneebenen, "large-scale"-Produktion in den Produktionsgruppen, einheitliche Einkommensverteilung und eine Wohlfahrtsgarantie für alle Kommunemitglieder sowie die Zusammenfassung der ökonomischen, sozialen und politischen Aufgaben sind nach HARTFORD (1985),S. 32 und 33 charakteristisch für die Kommune, in der die individuellen Bedürfnisse durch die jedem einzelnen zugewiesene Einheit befriedigt werden sollen.

Abgesehen von einer Veränderung der Kommunestrukturen als Folge der negativen Produktionsergebnisse der Jahre 1960/61, die zu einer Dezentralisierung der Verfügungs- und Entscheidungsrechte von Kommunen auf untergeordnete Ebenen führt, bleibt die Struktur der Volkskommunen bis zu Beginn der 80er Jahre unverändert bestehen[1].

Das Schaubild 2 bietet einen Überblick über die Organisationsstruktur der ländlichen Volkskommunen. Im Zeitraum 1966 bis Mitte der 70er Jahre übernehmen nach CROOK (1985), S. 378 Revolutionskomitees die administrativen und wirtschaftlichen Funktionen der Kommune- und Brigadeleitung. Die Revolutionskomitees setzen sich aus Parteikadern, Vertretern des Militärs und Bauern zusammen und weisen keine Trennung in Partei- und Regierungsorganisation auf. Erst ab 1975 erfolgt wieder ihre organisatorische Aufteilung, obwohl die Bezeichnung Revolutionskomitee in vielen Kommunen und Brigaden beibehalten wird.

Das Parteikomitee der Kommune übt gegenüber dem Verwaltungskomitee eine Leitungsfunktion durch Umsetzung der politischen Entscheidungen der Zentralregierung in politische und wirtschaftliche Richtlinien und Kontrolle ihrer Einhaltung aus. Der Einfluß der Partei erstreckt sowohl auf die Nominierung von Kandidaten für das Verwaltungskomitee der Kommune als auch auf die personelle Vertretung der Partei in wichtigen Funktionen dieser Organisation. Gewählt werden die Kommuneleiter, Stellvertreter und Mitglieder des Verwaltungskomitees der Kommune durch die Delegiertenversammlung des Volkskongresses, der eine Kontrollfunktion ausübt.

Schaubild 2: **Struktur der ländlichen Volkskommunen**

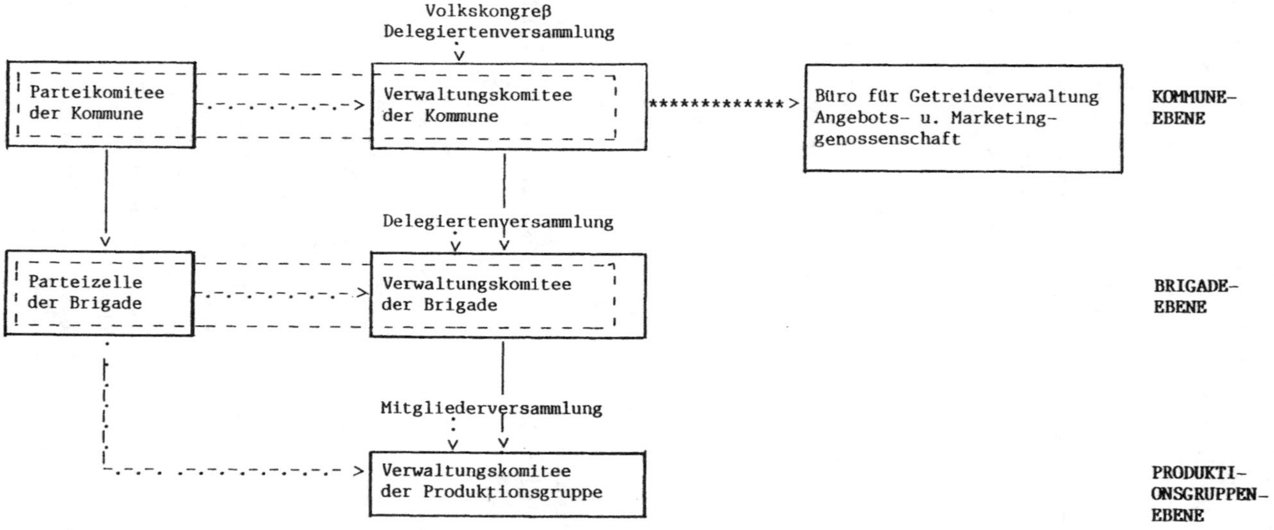

Anmerkungen:

----> In den Jahren 1966 - 75 waren die Partei- und Verwaltungsorganisationen auf Kommune- und Brigadeebene zu Revolutionskomitees zusammengeschlossen.

——> Direkte Anweisungen -.-.-.-.-> Leitung durch politische und wirtschaftl. Richtlinien, Nominierung von Kandidaten

*****> Leitung durch Vorgabe staatlicher Richtlinien .....> Wahl- und Kontrollfunktion

Auch auf der Brigadeebene bestimmt die Partei den politischen und wirtschaftlichen Rahmen der Arbeit des Verwaltungskomitees der Brigade. Sie nominiert auch hier die Kandidaten der Brigadeorganisation, aber auch die Produktionsgruppenleiter, die von der Delegiertenversammlung der Brigade bzw. der Vollversammlung der Produktionsgruppe gewählt werden. Ebenso wie in der Kommuneverwaltung ist die Partei auch im Verwaltungskomitee der Brigaden personell vertreten.

Im Jahre 1980 existieren landesweit 54.183 Kommunen mit einer ländlichen Bevölkerung von durchschnittlich rund 15.000 Einwohnern pro Kommune[2]. Innerhalb der dreistufigen Organisation der Kommune besteht eine Aufteilung des kollektiven Vermögens und der Entscheidungsrechte in der Produktion und Verwaltung. Zum kollektiven Vermögen der Kommunen zählen mittlere Industriebetriebe mit überwiegender Nutzung lokaler Ressourcen für die Produktion von z.B. Düngemitteln, landwirtschaftlichen Geräten und Maschinen und der Verarbeitung landwirtschaftlicher Produkte. Auch Bewässerungsanlagen, Handelsstationen sowie Krankenhäuser, Mittelschulen und Radiostationen sind im kollektiven Eigentum der Kommunen.

Unter Beachtung der von der Partei vorgegebenen Richtlinien ist das Verwaltungskomitee der Kommune verantwortlich für die wirtschaftliche Gesamtplanung und die Koordination der landwirtschaftlichen Investbaumaßnahmen[3], für die Arbeitskräfte und Produktionsmittel mobilisiert werden müssen, die Leitung größerer Industriebetriebe und Bewässerungsstationen im Eigentum der Kommune sowie den Handel und die Finanzverwaltung. Weiterhin führt das Verwaltungskomitee die Regierungsaufgaben in den Bereichen öffentliche Sicherheit, Miliz, Schlichtung von Streitigkeiten zwischen Bauern, Erziehung, Kultur und Gesundheit sowie Zivilverwaltung durch.

Zu einer Kommune zählen im Jahre 1980 im Landesdurchschnitt 13 Brigaden, deren kollektives Eigentum kleinere Industriebetriebe, Reparatur- und andere Dienstleistungsbetriebe, Transport- und Verarbeitungsmaschinen sowie Grundschulen und Gesundheitsstationen umfaßt. Im Rahmen der politischen und wirtschaftlichen Vorgaben der Partei und der Kommuneverwaltung leitet und kontrolliert das Verwaltungskomitee der Brigade die Arbeit der Produktionsgruppen im Bereich der Planung, Produktion, Finanzverwaltung und Verteilung. Außerdem führt das Verwaltungskomitee den gemeinsamen Investbau der Produktionsgruppen durch und verwaltet die Brigadebetriebe sowie die Maschinen. Auch für die öffentliche Sicherheit, Erziehung, Kultur und Gesundheit in den Produktionsgruppen ist das Verwaltungskomitee der Brigade verantwortlich.

Zum genannten Zeitpunkt umfaßt eine Brigade durchschnittlich acht Produktionsgruppen mit jeweils rd. 30 Familien. Die Produktionsgruppen verfügen über kollektives Eigentum an den landwirtschaftlichen Nutzungsflächen, den Zugtieren sowie den notwendigen Geräten für die landwirtschaftliche Produktion. Entsprechend den Planvorgaben der Brigade und den lokalen Bedingungen bestimmen die Produktionsgruppenleiter den Einsatz der Arbeitskräfte in der Produktion und die Nutzung der Geräte und der Maschinen. Die Produktionsgruppen führen eine unabhängige Rechnungsführung durch und tragen Gewinn und Verlust ihrer Aktivitäten selbst.

HARTFORD (1985), S. 32 charakterisiert die Beziehungen zwischen den verschiedenen Kommuneebenen als hierachisch strukturiert: Im Rahmen der zentralen Mengenplanung werden untergeordneten Einheiten knappe Ressourcen und Subventionen zugeteilt, während diese verpflichtet werden, bestimmte Produktionsmengen an übergeordnete Einheiten abzuliefern.

In ihrer Zusammenfassung der Argumentation chinesischer Kritiker des Kommunesystems führt SHUE (1984), S.261 - 264 an, daß gerade aufgrund der Einheit kollektivwirtschaftlicher Organisation und staatlicher Macht die unteren Ebenen in der Kommune zu Empfängern von Anweisungen wurden. Selbst Ablieferungsquoten und Anbauflächenpläne übergeordneter Regierungseinheiten, die nicht die lokalen Produktionsbedingungen ausreichend berücksichtigten, wurden von den Kommunekadern an die Brigaden und Produktionsgruppen weitergeleitet, da sie sich als untergeordneter Teil in der Regierungshierachie begriffen. Mit administrativen Anweisungen konnten die Kommuneverwaltungen die Ressourcen der Produktionsgruppen in Anspruch nehmen und somit direkt in die Produktions- und Verteilungsbeziehungen eingreifen.

Da die Kommunen lokale Regierungseinheiten sind, werden ihre Leiter als Staatskader von der Kreisregierung ernannt; die Wahl durch die Delegiertenversammlung der Kommune hat demnach nur eine bestätigende Wirkung. Werden also die Kader der Kommuneverwaltung einerseits nicht direkt gewählt und erhalten sie andererseits unabhängig vom wirtschaftlichen Erfolg ihr Einkommen vom Staat, so bestehen wenig Anreize für sie, die kollektiven Ressourcen der Kommune optimal zu verwalten. Da Belohnungen und Beförderungen der Kommunekader nur bei genauer Ausführung der staatlichen Politik bzw. der Anweisungen übergeordneter Stellen erfolgen, kann ein Verhalten im Interesse untergeordneter Ebenen nicht erwartet werden.

Obwohl in den Brigaden und Produktionsgruppen keine staatlichen Kader arbeiten, wird auch ihr Verhalten durch den Einfluß übergeordneter Ebenen bestimmt. STAVIS (1982), S.90 weist darauf hin, daß zwar die Brigaden theoretisch ihre Leiter selber wählen konnten, in der Praxis jedoch die Ernennung durch die Partei mit "Vorschlägen" übergeordneter Einheiten erfolgte.

Zwar werden die Leiter der Produktionsgruppen direkt gewählt und ihr Einkommen hängt vom wirtschaftlichen Erfolg der gesamten Produktionsgruppe ab, doch besteht auch für sie ein Druck, sich innerhalb der Kommunestruktur konform zu verhalten. Produktionsgruppenleiter, die entgegen der staatlichen Politik und vorgegebenen Anweisungen handeln, werden von höheren Entscheidungsebenen kritisiert bzw. können von ihrer Position entbunden werden.

Nicht nur SHUE (1984) sondern auch beispielsweise BURNS (1979), S. 142 oder WATSON (1984), S. 89 berichten gestützt auf chinesische Quellen über korruptes Verhalten der Kommunekader, das aus dem Mißbrauch der Verfügungsgewalt über knappe kollektive Ressourcen resultiert, sowie mangelnde Anpassung von Anweisungen übergeordneter Ebenen an die lokalen Bedingungen.

2.2 Neue Organisations- und Entscheidungsstrukturen nach der Auflösung der ländlichen Volkskommunen

Die Trennung zwischen den Funktionen der Regierungs- und Wirtschaftsverwaltung der Kommunen wird in der Verfassung von 1982 festgelegt. Alle administrativen Aufgaben der ehemaligen Kommuneverwaltung sollen durch neu gebildete Gemeinderegierungen erfüllt werden. Auf der Ebene der Produktionsbrigaden sind Selbstverwaltungsorgane zu gründen, sogenannte Dorfbewohnerkomitees (cunmin weiyuanhui), die die administrativen Funktionen der Brigaden übernehmen sollen.

Dieser Reform gehen Experimente über die Gestaltung der wirtschaftlichen Aufgaben der Kommunen und Brigaden bzw. Bildung neuer Wirtschaftsorganisationen in drei Kreisen der Provinz Sichuan voraus[4]. Im Kreis Guanghan beispielsweise, der bereits 1979 Versuche mit neuen Organisationsformen für die Wirtschaftsverwaltung durchführt, werden nach Angaben des sozialwissenschaftlichen Instituts der Provinz Sichuan im WIRTSCHAFTSJAHRBUCH CHINAS (1983),S.

VI 1-4 die Kommunestrukturen insoweit verändert, als neben der Trennung in Gemeindeparteikomitee und Gemeinderegierung die Neugründung einer Wirtschaftsverwaltungsorganisation der Gemeinde erfolgt. Diese trägt die Bezeichnung "Zusammengeschlosssene Gesellschaft für Landwirtschaft, Industrie und Handel" (nong gong shang lianhe gongsi) und übernimmt die wirtschaftlichen Funktionen der Kommune im Bereich des Produktionsmanagement der Industriebetriebe sowie im Produktions- und Absatzbereich für die Landwirtschaft und die Aufgaben des An- und Verkaufs im Handel.

Unterhalb der Zusammengeschlossenen Gesellschaft für Landwirtschaft, Industrie und Handel existieren spezialisierte Gesellschaften der genannten Wirtschaftsbereiche. Die Gesellschaft für Landwirtschaft ist für die Verbreitung landwirtschaftlicher Techniken und für die Realisierung bestimmter Produktionsziele der gesamten Gemeinde zuständig. Sie besteht aus Dienstleistungsstationen für z.B. landwirtschaftliche Technik, Pflanzenanbau, Landwirtschaftsmaschinen, diversifizierte Bewirtschaftung und Wirtschaftsverwaltung.

Die Gesellschaft für Industrie wird auf der Basis der Kommune- und Brigadebetriebe gebildet und gliedert sich in Abteilungen für Produktionstechnik, Finanzen sowie Lieferung und Absatz. Sie erfüllt als wichtigste Aufgabe die Leitung der gesamten industriellen Produktion der Gemeinde. Um das Interesse an der Entwicklung der Industriebetriebe zu stärken, werden an Produktionsgruppen (Genossenschaften) und Einzelpersonen entsprechend ihrem Einsatz an Kapital, Arbeit und Bodennutzungsflächen Anteilsscheine an den kollektiven Industriebetrieben ausgegeben und Gewinne ausgeschüttet.

Die Gesellschaft für Handel übernimmt die Funktion der Lieferungs- und Absatzgenossenschaft der Kommune, bleibt

jedoch weiterhin der staatlichen Lieferungs- und Absatzgenosssenschaft des Kreises und der Handelsgesellschaft unterstellt. Sie ist verantwortlich für den Handel der gesamten Gemeinde sowie für die Bereitstellung von Produktionsmaterialien und Konsumgütern und für den Absatz der Produkte der Gesellschaft.
Um das individuelle Interesse mit dem wirtschaftlichen Erfolg der Industriebetriebe zu verbinden, wird ein wirtschaftliches Verantwortungssystem mit festgelegten Aufgaben (ding), Verantwortungsbereichen (bao) und einem Bonussystem (jiang) auf einer vertraglichen Basis eingeführt.

Nach der Experimentierphase mit ländlichen Organisationsstrukturen in der Provinz Sichuan wird im ZK-Dokument EINIGE FRAGEN ZUR GEGENWÄRTIGEN LÄNDLICHEN WIRTSCHAFTSPOLITIK von 1983 die landesweite Durchführung der Kommunereform gefordert. An die Stelle der Produktionsgruppen sollen regionale genossenschaftliche Organisationen treten (dituxing hezuo jingji zuzhi), über deren genaue Bezeichnung, Umfang und Verwaltungsstruktur lokal entschieden werden kann. Nach der Einführung von Haushaltsvertragssystemen in der Produktion besteht ihre Aufgabe in der Organisation bestimmter Produktionsbereiche im Rahmen der staatlichen Planung, Garantie der Erfüllung der Ablieferungsverpflichtungen, Verwaltung des im kollektiven Eigentum befindlichen Bodens und anderer Grundproduktionsmittel und des öffentlichen Eigentums sowie im Angebot von Dienstleistungen an die Haushalte. Ob die Brigaden aufgelöst oder als zusammengeschlossene Wirtschaftsorganisationen weitergeführt werden, soll entsprechend den konkreten Bedingungen lokal festgelegt werden. Für den Bereich der Kommune- und Brigadebetriebe, die ebenfalls zur kollektiven Wirtschaft zählen, wird die Einführung von Verantwortungssystemen im allgemeinen und für die Leiter der Industriebetriebe im besonderen verlangt.

Auch im RUNDSCHREIBEN DES ZENTRALKOMITEES DER KPCH ÜBER DIE ARBEIT IN DEN LÄNDLICHEN GEBIETEN 1984 wird die Wahl alternativer Formen regionaler genossenschaftlicher Wirtschaftsorganisationen auf den Ebenen der Produktionsgruppen, Brigaden und der Kommune den entsprechenden Einheiten überlassen. Charakteristisch für die Beziehungen zwischen den Wirtschaftsorganisationen auf Kommuneebene und den lokalen Kooperativen soll jedoch nicht mehr die verwaltungsmäßige Unterordnung sein, sondern die Prinzipien der Gleichberechtigung und des gegenseitigen Vorteils, der Koordination und der Anleitung.

Während die Bildung von Gemeinde- und Kleinstadtregierungen sowie Dorfkomitees bis Mitte der 80er Jahre abgeschlossen ist, verläuft die Neugründung von Wirtschaftsorganisationen auf den unterschiedlichen Ebenen der ehemaligen Kommunestruktur langsamer und differenzierter. Welche konkreten Organisationsformen auf lokaler Ebene gewählt werden sowie die Frage der Entscheidungsstrukturen in den jeweiligen Organisationen und der individuellen Anreize für die ländlichen Kader soll anhand von Daten in den 1985 und 1987 untersuchten Gemeinden und Dörfern in der Provinz Liaoning analysiert werden.

2.3 Lokale Umsetzung der Kommunereform in ausgewählten Einheiten in der Provinz Liaoning

In den untersuchten acht Kommunen in der Provinz Liaoning werden im Verlauf des Jahres 1983 Gemeinderegierungen sowie Dorfkomitees gegründet. Da zwei der Gemeinden die für die Umwandlung in Kleinstädte (Marktgemeinden) erforderlichen Bedingungen erfüllen, tragen diese im darauffolgenden Jahr die Bezeichnung Kleinstädte (Zhen); diese Umwandlung hat jedoch nur einen geringen Einfluß auf die zuvor gebildete Regierungsstruktur[5].

Die Trennung von Regierungs- und Wirtschaftsverwaltungsfunktionen erfolgt auf der Ebene der ehemaligen Kommuneverwaltung entweder durch die Bildung von speziellen Wirtschaftsabteilungen wie in der Gemeinde Guanlipu (Bezirk Sujiatun) und der Kleinstadt Baoli

(Kreis Changtu). Hier übernehmen die Kader der Gemeinderegierung arbeitsteilig Aufgaben im Wirtschaftsverwaltungsbereich. In anderen Gemeinden werden neue Wirtschaftsverwaltungsorganisationen gegründet. Diese tragen in den Gemeinden Tabenzhalan, Shihugou, Dachuantou und Daweijia den Namen "Zusammengeschlossene Gesellschaft für Landwirtschaft, Industrie und Handel der Gemeinde" (Xiang nong gong shang lian he gongsi) oder "Wirtschaftskooperative" (lianhe she) wie in Wuhuanchi oder "Wirtschaftskomitee" (Jingji weiyuanhui) wie in der Gemeinde Sijiazi. Die Organisationsstruktur nach der Funktionentrennung wird im Schaubild 3 deutlich.

Aufgabe des Parteikomitees der Gemeinde ist die Implementation der staatlichen Politik und Kontrolle der Ausführung administrativer Aufgaben in den Bereichen Erziehung, Gesundheit und Wohlfahrt, aber auch Kontrolle der wirtschaftlichen Entwicklung. Von den befragten Gemeindeparteikadern wird die Funktion der Partei allgemein mit der eines "Rückrates" verglichen. Angelegenheiten, die eine Verbindung zur allgemeinen Politik haben und deren Behandlung noch nicht durch Richtlinien der Partei festgelegt ist, müssen dem Parteikomitee zur Diskussion vorgelegt werden. Dies gilt im wirtschaftlichen Bereich beispielsweise für Fragen der Gründung ländlicher Industriebetriebe, spezialisierter Haushalte, Veränderung der Wirtschaftsstruktur etc. Routineentscheidungen im Produktionsbereich und in der Finanzverwaltung durch die Gemeindeadministration bedürfen jedoch nicht mehr der Zustimmung der Partei.

Unter der "Führung" des Parteikomitees der Gemeinde ist die Gemeinderegierung, vertreten durch den Leiter der Gemeinde (Xiangzhang) und seine Stellvertreter (Fuxiangzhang), verantwortlich für Regierungs- und Wirtschaftsverwaltungsaufgaben.

Schaubild 3: **Organisationen auf Gemeinde- und Dorfebene nach Auflösung der Volkskommunen**

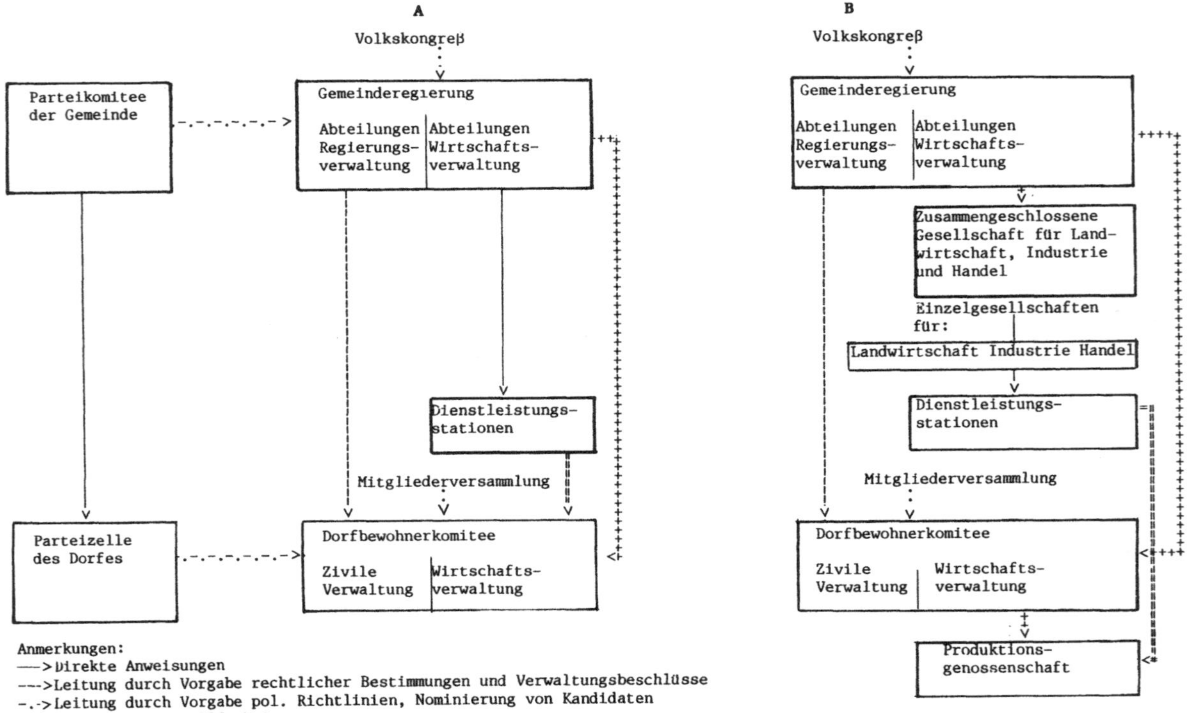

Anmerkungen:
——> Direkte Anweisungen
---> Leitung durch Vorgabe rechtlicher Bestimmungen und Verwaltungsbeschlüsse
-.-> Leitung durch Vorgabe pol. Richtlinien, Nominierung von Kandidaten
...> Wahl- und Kontrollfunktion
===> Angebot von Dienstleistungen
+++> Leitung durch Vorgabe von Daten der Indikativplanung

Die Regierungsverwaltung mit einem der stellvertretenden Gemeindeleiter an der Spitze ist zuständig für die Durchsetzung und Kontrolle der gesetzlichen Bestimmungen. In den untersuchten Gemeinden und Kleinstädten ist dieser Bereich ähnlich strukturiert und gliedert sich in einzelne Abteilungen für Rechtsprechung, öffentliche Sicherheit, Familienplanung, Erziehung, Kultur und Hygiene, Finanzplanung, Statistik, Bodennutzungsplanung sowie Planung der Gemeinde- und Dorfentwicklung.
In der Wirtschaftsverwaltung, für die ein weiterer stellvertretender Gemeindeleiter verantwortlich ist, werden Richtlinien für die Entwicklung einzelner Wirtschaftsbereiche festgelegt. In den Gemeinden, die keine neuen Wirtschafts-verwaltungsorganisationen gegründet haben, erfolgt die Leitung der Industriebetriebe der Gemeinde und die Koordination von Dienstleistungen für die industrielle und landwirtschaftliche Produktion der gesamten Gemeinde durch verschiedene Abteilungen der Gemeinderegierung. Die als "Zusammengeschlossene Gesellschaften für Landwirtschaft Industrie und Handel" in vielen Gemeinden neu gebildeten Wirtschaftsverwaltungsorganisationen unterstehen ebenfalls der Gemeinderegierung, die zwar bestimmte Richtlinien vorgibt und ihre Einhaltung kontrolliert, der neuen Organisation jedoch Entscheidungsrechte im täglichen Wirtschaftsablauf sowie die selbständige Leitung der Einzelgesellschaften (für Landwirtschaft, Industrie und Handel) und der Dienstleistungsstationen überläßt.

Die formale Funktionstrennung zwischen Partei, Regierung und Wirtschaftsverwaltung ist in allen untersuchten Gemeinden und Kleinstädten im Jahre 1985 zwar erfolgt, doch besteht nach wie vor ein starker Einfluß der Partei auf wirtschaftliche Entscheidungen. So ist die Partei an Entscheidungen über die jährliche Budgetplanung der Gemeinderegierung und Festlegung der staatlichen Getreideaufkaufsmenge beteiligt. Auch kann sie bei der

Berichterstattung der Gemeinderegierung über die Wirtschaftsverwaltung, Produktion und Planerfüllung eigene Vorschläge unterbreiten und ist an wichtigen wirtschaftlichen Einzelentscheidungen beteiligt. Ein Beispiel hierfür ist die Entscheidung über den Bau einer Fabrik mit einem Investitionsvolumen von 2,5 Mio Yuan in der Kleinstadt Wuhuanchi (Kreis Fuxin) im Jahre 1985. Außerdem ist die Partei in Versammlungen der Gemeinderegierung über wichtige Veränderungen der Kaderstruktur vertreten und kann Kandidaten nominieren.

In einigen Gemeinden wie z.B. in Sijiazi (Kreis Faku) ist die Partei auch personell in wichtigen Funktionen vertreten. Stellvertretende Parteisekretäre sind hier sowohl in der Gemeinderegierung als auch im Wirtschaftskomitee zu finden:

<u>Schaubild 4:</u> **Personelle Vertretung der Partei in Organisationen auf Gemeindeebene**

```
                    Parteikomitee der Gemeinde

                       Leiter
                       2 Stellvertreter----------------------
                                                            |
                                                            |
                    Gemeinderegierung                       |
                       Leiter                  Stellvertr.  |
-----------------------2 Stellvertreter<-------Partei-     --
|                                              sekretär     |
|                                                           |
|                                                           |
|                   Wirtschaftskomitee                      |
|                                                           |
--Stellvertr.------>Leiter                     Stellvertr.  |
  Gemeinde-            1 Stellvertreter<-------Partei-     --
  leiter                                       sekretär
```

Die Bildung neuer Wirtschaftsverwaltungsorganisationen auf Gemeindeebene entspricht zwar der Forderung der Regierung nach Trennung von Partei-, Regierungs- und Wirtschaftsfunktionen. Einige der untersuchten Gemeinden machen jedoch die Erfahrung, daß zusätzliche Wirtschaftsverwaltungsorganisationen nicht erforderlich sind und lösen sie bis 1987 wieder auf. Die Wirtschaftsstruktur dieser Gemeinden ist noch wenig diversifiziert, so daß die Wirtschaftsverwaltungsorganisationen keine eigenständigen Aufgaben übernehmen, sondern wirtschaftliche Entscheidungen eher verzögern.

In der Gemeinde Sijiazi beispielsweise besteht seit Ende 1985 das Wirtschaftskomitee nicht mehr. Auf der Führungsebene der Gemeinde werden arbeitsteilig von den nunmehr drei stellvertretenden Gemeindeleitern auch die Aufgaben der Wirtschaftsorganisation durchgeführt. Diese Entwicklung erfolgt nach Angaben des Kreisvertreters von Faku sowohl in diesem Kreis als auch in den übrigen Kreisen im Verwaltungsgebiet der Stadt Tieling. Als wichtigste Gründe für die Reorganisation werden die Überlappung von Aufgaben und Funktionen zwischen den Wirtschaftsabteilungen der Gemeinderegierung und der neu gegründeten Wirtschaftsverwaltungsorganisation genannt, die zu Widersprüchen und Verzögerungen von Entscheidungen und starker Zunahme der Kaderzahl führte.

In der Kleinstadt Daweijia (Kreis Jin) sowie im gesamten Kreis Jin und in den Gemeinden Dachuantou und Shihugou (Kreis Kuandian) werden Ende 1985 ebenfalls die Zusammemgeschlossenen Gesellschaften für Landwirtschaft, Industrie und Handel aufgelöst. Der Gemeindeleiter von Dachuantou begründet diese Veränderung damit, daß diese Wirtschaftsorganisation keine eigenständige Funktion hatte und demnach überflüssig war. Auch in der Kleinstadt Wuhuanchi (Kreis Fuxin) führen die nicht eindeutigen Entscheidungsrechte der Wirtschaftskooperative der Kleinstadt zu komplizierten und zeitaufwendigen Entscheidungsprozessen und zur Auflösung dieser Organisation. Da die Wirtschaftskooperative sowohl unter der Führung der Partei als auch unter der Leitung der Kleinstadtregierung die Aufgaben der Wirtschaftsverwaltung durchführen sollte, mußten bestimmte Entscheidungen über alle drei Organisationen laufen.

Eigenständige Wirtschaftsorganisationen bestehen nur noch in wirtschaftlich relativ entwickelten Gemeinden mit einer diversifizierten Produktionsstruktur und einer großen Anzahl von Industriebetrieben auf Gemeindeebene. Nur in solchen Gemeinden sind auch nach Angaben des Kreisvertreters in Changtu (1987) noch Zusammengeschlossene Gesellschaften für Landwirtschaft, Industrie und Handel zu finden, während die überwiegend 1983 im Kreis gegründeten Wirtschaftskomitees nicht mehr existieren.

Nach der Anpassung der Organisationsstrukturen entspricht die auf der linken Seite (A) des Schaubilds 4 angegebene Aufteilung der Situation in den meisten 1987 untersuchten Gemeinden und Kleinstädten.

Auch WATSON (1984/85),S. 626 weist darauf hin, daß bei einer geringen Anzahl kollektiver Betriebe kein Bedarf für unabhängige Wirtschaftsverwaltungsorganisationen in der Gemeinde besteht. In einigen von JACOBS (1985), S.111 besuchten Gemeinden wird ebenfalls die Funktion der Wirtschaftsorganisationen auf Gemeindeebene im Jahre 1985 in Frage gestellt und ihre Auflösung antizipiert.

Mit der Anpassung der Organisationsstrukturen werden die wirtschaftlichen Aufgaben der Gemeinden ohne eigene Industriebetriebe bzw. wenigen Brigadebetrieben auf die Weitergabe der staatlichen Planvorgaben für die landwirtschaftliche Produktion und das Angebot von Dienstleistungen für die kollektiven und individuellen Wirtschaftsorganisationen in den Dörfern reduziert. Zu diesen Dienstleistungen zählt beispielsweise die Weitergabe von Informationen über den staatlichen und Marktbedarf. Zur Verbreitung wissenschaftlicher Anbaumethoden und Produktionstechniken entsenden die Dienstleistungsstationen vieler Gemeinden weiterhin Experten in die Dörfer, um dort Weiterbildungskurse für die Bauern einzurichten. Zu den Dienstleistungen, die die Gemeinden ebenfalls anbieten, gehört auch die Zuteilung landwirtschaftlicher Inputs wie Saatgut und Kunstdünger, aber auch Benzin an Haushalte, die sich auf den Transport spezialisiert haben.

Die Umsetzung der Reform als Funktionstrennung von Partei-, Regierungs- und Wirtschaftsverwaltungsaufgaben führt in allen untersuchten ehemaligen Brigaden zur Bildung von Dörfern und Gründung von Dorfbewohnerkomitees. In der überwiegenden Zahl der Dörfer entstehen Wirtschaftsverwaltungsorganisationen, die den Namen "Produktionskomitee", "Landwirtschaftliche Produktionsgenossenschaft" oder "Zusammengeschlossene Gesellschaft für Landwirtschaft, Industrie und Handel" tragen.

Die Dorfbewohnerkomitees sind zuständig für die öffentliche Sicherheit, Umsetzung der Familienplanung, Schlichtung von Streitigkeiten zwischen Dorfbewohnern, Erziehung, Kultur und Hygiene, aber auch für die wirtschaftliche Gesamtplanung, Genehmigung des individuellen Häuserbaus, Überwachung der Arbeit der kollektiven Wirtschaftsorganisation des Dorfes, Umverteilung der kollektiven Gewinne und Wohlfahrt der Dorfbewohner.

Das Dorfbewohnerkomitee setzt sich in den meisten Dörfern aus durchschnittlich 3 - 5 Kadern zusammen; einem Dorfleiter, einem Stellvertreter sowie weiteren Komiteemitgliedern. Besteht eine zusätzliche kollektive Wirtschaftsverwaltungsorganisation im Dorf, werden dieser die Planung der Gesamtproduktion und Überwachung aller dörflichen Wirtschaftsbereiche übertragen, Detailentscheidungen über Arbeitskräfte- und Kapitalbedarf sowie die Verwaltung der dorfgeleiteten Industriebetriebe und die Verwaltung der Traktorenstation. Auch für den Abschluß und die Überwachung der Wirtschaftsverträge mit Haushalten und Industriebetrieben sowie für die Bereitstellung von Dienstleistungen wie Planung und Beschaffung von Dünger, Saatgut und Maschinen ist die kollektive Wirtschaftsverwaltungsorganisation auf Dorfebene verantwortlich.

Die Wirtschaftsverwaltungsorganisation des Dorfes arbeitet unter der Leitung des Dorfkomitees und umfaßt formal ebenfalls 3 - 5 Komiteemitglieder. Allerdings besteht in den meisten der untersuchten Dörfer zwischen den Mitgliedern der kollektiven Wirtschaftsverwaltungsorganisation und den Mitgliedern des Dorfkomitees im Jahre 1985 Personalunion. Da auch die Rechte der Wirtschaftsverwaltungsorganisation gegenüber dem Dorfkomitee nicht eindeutig abgegrenzt sind, stellen sie keine eigentlich selbständige Organisation dar. Bis 1987 werden demnach auch in den meisten Dörfern (und den jeweiligen Gemeinden und Kreisen insgesamt) die kollektiven Wirtschaftsverwaltungsorganisationen des Dorfes wieder aufgelöst oder bestehen nur noch dem Namen nach. Nur in Dörfern mit relativ vielen Industriebetrieben oder entwickelter Nebengewerbeproduktion bleiben die Zusammengeschlossenen Gesellschaften für Landwirtschaft, Industrie und Handel weiter bestehen. Als Gründe für die Zusammenfassung der administrativen und wirtschaftlichen Aufgaben in einer Organisation werden von den untersuchten Einheiten außerdem die Reduzierung der Kaderzahl bzw. der finanziellen Belastungen der Bauern und die mit dieser zusätzlichen Organisation verbundenen Verzögerungen im Entscheidungsprozeß genannt. Nach Auflösung der kollektiven Wirtschaftsververwaltungsorganisationen des Dorfes führen die Dorfleiter und ihre Stellvertreter im Jahre 1987 arbeitsteilig die wirtschaftlichen Aufgaben durch.

Stärker noch als auf Gemeindeebene ist die Partei funktionell und personell in den Organisationen auf Dorfebene vertreten. So ist die Partei nicht nur an Entscheidungen über die langfristige wirtschaftliche Entwicklungsplanung beteiligt, sondern wird auch zur Lösung von Produktionsproblemen der dörflichen Industriebetriebe herangezogen und unterbreitet Vorschläge bei der Wahl der Leiter auf Dorfebene. Im Dorf Baoli (Kreis Changtu) beispielsweise ist der Parteisekretär gleichzeitig mit dem stellvertretenden Dorfleiter zuständig für die wirtschaftlichen Aufgaben, insbesondere für dorfgeleitete Wirtschaftsbetriebe und Entwicklung der diversifizierten Wirtschaft. Gegen wirtschaftliche Entscheidungen des Dorfkomitees kann der Parteisekretär Bedenken anmelden, so daß die Planung überprüft werden muß. In vielen Dörfern ist der stellvertretende Parteisekretär gleichzeitig stellvertretender Dorfleiter oder in der Wirtschaftsverwaltungsorganisation vertreten. Eine tatsächliche Funktionstrennung auf Dorfebene existiert in den meisten 1985 und 1987 untersuchten Dörfern demnach nicht.

2.4 Neue Anreizstrukturen in den ländlichen Regierungs- und Verwaltungsorganisationen

Gleichzeitig mit der Reform der Kommunestrukturen erfolgt eine qualitative Veränderung des Planungssystems insoweit, als direkte Anweisungen und Vorgaben detaillierter Produktionspläne durch eine auf wenige Bereiche beschränkte Leitlinienplanung ersetzt werden. Im Rahmen dieser veränderten staatlichen Planung, auf die im Kapitel 5 näher eingegangenen wird, haben die Organisationen auf Dorfebene Selbstbestimmungsrechte und können Planvorgaben der Gemeinden lokalen Bedingungen anpassen.

Allerdings hat sich auf Gemeindeebene das System der individuellen Verantwortlichkeit der leitenden Kader nur in wenigen der 1985 und 1987 untersuchten Einheiten in der Provinz Liaoning durchgesetzt. In der Kleinstadt Baoli (Kreis Changtu) beispielsweise wird die Qualität der Kaderarbeit daran gemessen, ob die geplanten Quoten einzelner Wirtschaftsbereiche erreicht werden. Während nur ein Teil der Kader auf Gemeindebene hier entsprechend ihrer Aufgabenstellung (insbesondere in Dienstleistungsstationen) von den Bauern bezahlt werden, sind die meisten Kader nach wie vor Staatskader und erhalten dementsprechend ein fixes Gehalt.

In der Gemeinde Tabenzhalan (Kreis Fuxin) beträgt das Grundgehalt des Gemeindeleiters monatlich 76 Yuan und zusammen mit Bonuszahlungen insgesamt 116 Yuan im Monat (1.392 Yuan im Jahr). In den meisten Dörfern dieser Gemeinde erreichen die Leiter auf Dorfebene dagegen ein höheres Jahreseinkommen, ohne Berücksichtigung ihrer Einkünfte aus der Bewirtschaftung der ihnen zugeteilten landwirtschaftlichen Nutzungsflächen. So variiert das Jahreseinkommen der dörflichen Kader in dieser Gemeinde zwischen 2.000 Yuan in den "reichen" Dörfern und 900 Yuan in den "armen" Dörfern; der Leiter des Dorfkomitees von Baiyudou erzielt beispielsweise 1986 ein Gesamteinkommen von 1.700 Yuan.

In der Gemeinde Wuhuanchi (Kreis Fuxin) ist das Durchschnittsgehalt der Kader in den Dörfern geringer und beträgt in "kleinen" Dörfern 700 Yuan und in "großen" Dörfern 900 Yuan. Für die Erfüllung von festgelegten Bruttoproduktionswerten der dörflichen Industrie wird im Dorf Xi (Gemeinde Wuhuanchi) ein zusätzlicher Bonus vergeben.

Sehr differenzierte wirtschaftliche Verantwortungssysteme existieren nur für die Kader der Dörfer, in denen Zusammengeschlossene Gesellschaften für Landwirtschaft, Industrie und Handel bzw. viele dörfliche Industriebetriebe zu finden sind. In Bajiazi (städtischer Außenbe-

zirk Dongling) wird ein Verantwortungssystem eingesetzt, bei dem das frühere Gehalt der Kader bis zu 70 % als Grundlohn gesichert wird. Bei Erreichung des geplanten Outputwertes erhält der leitende Kader einen Bonus von 600 Yuan, bei einem Anstieg des Produktionswertes um 1 % einen zusätzlichen Bonus von 2 %; bei einem Rückgang des Produktionswertes wird Gehalt abgezogen. Im Jahre 1985 beträgt das jährliche Gesamteinkommen des leitenden Kaders in Bajiazi 4.340 Yuan, das sich aus einem Grundgehalt von 2.940 Yuan, sowie den Bonuszahlungen zusammensetzt.
Ein ebenfalls sehr differenziertes Bonussystem für die Kader ist im Dorf Houshi (Kreis Jin) zu finden[6].

Nach der Einführung von Haushaltsvertragssystemen werden im Verlauf des Reformprozesses die landwirtschaftlichen Produktionsgruppen als kollektive Einheiten für die Produktion und Verteilung aufgelöst. Die Produktionsgruppenleiter und Buchhalter der Produktionsgruppen erhalten in den untersuchten Dörfern ebenso landwirtschaftliche Anbauflächen zur Nutzung zugeteilt wie die übrigen Dorfbewohner. Aufgrund ihrer speziellen Kenntnisse und Beziehungen auf Dorf- und Kommuneebene werden viele dieser Basiskader zu spezialisierten und "10.000 Yuan - Haushalten".

In einigen der untersuchten Dörfer treten Dorfbewohner-Kleingruppen an die Stelle der ehemaligen Produktionsgruppen und übernehmen die Funktion eines Bindeglieds zwischen Haushalten und Dorfleitung im Bereich der Zuteilung von Saatgut, Dünger und Maschinen sowie Abschluß und Überwachung der Nutzungsverträge mit den Haushalten. Insbesondere in Dörfern mit einer großen flächenmäßigen Ausdehnung und verstreut liegenden Ansiedlungen sind diese Dorfbewohner-Kleingruppen (cunmin xiaozu) zu finden. Im allgemeinen führen die ehemaligen Produktionsgruppenkader diese Arbeit durch, entweder ehrenamtlich wie z.B. in Tabenzhalan, oder sie werden von den Bauern bezahlt wie im Dorf Shangchangyang.

Insgesamt bedeutet für diese Gruppe der Basiskader die Einführung der individuellen Bewirtschaftung und Reform der Kommunestruktur Machtverlust und Verlust ihrer Position. Doch auch für die ehemaligen Brigadekader ist mit der Reform eine Reduzierung ihres Einflusses verbunden, der auf der Kontrolle über knappe Ressourcen basiert. Die Zuteilung von Bodennutzungsrechten sowie Verpachtung und Verkauf der kollektiven Produktionsausstattung und Verpachtung der dörflichen Industriebetriebe an einzelne Haushalte beschränken die materielle Machtbasis dieser Kader.
Andererseits führt die Förderung des individuellen wirtschaftlichen Interesses der Bauern dazu, daß die Managementfähigkeiten der Kader stärker als Kriterien bei der Neuwahl der ländlichen Kader auf Dorfebene berücksichtigt werden und damit eher Anreize zu einem am wirtschaftlichen Gemeinwohl der Dorfbewohner ausgerichteten Verhalten bestehen[7].

Für die ehemaligen Kommunekader ist mit der Veränderung der kollektiven Produktionsstruktur und der Kommunereform sowohl ein Machtverlust als auch eine Verschlechterung ihrer Einkommensposition im Vergleich zu der Kadern der Dorforganisationen verbunden. Daß gerade die Kader der mittleren Bürokratieebene zu Beginn der Dekollektivierung die stärkste Opposition ausmachen, ist demnach nicht erstaunlich. Nach ZWEIG (1983),S. 890 - 891 stellen die Entscheidungsrechte über die Allokation von Ressourcen und bei der Zuteilung von Arbeitsplätzen in Kommunebetrieben einen bedeutenden Teil der Machtbasis der Kommune-Kader dar. Die Beschneidung der Einflußsphäre der Kader der Gemeinden ohne gleichzeitige Einführung von adäquaten materiellen Verhaltensanreizen birgt jedoch die Gefahr, daß diese ihre verbleibenden diskretionären

Handlungsspielräume im eigenen Interessen nutzen. So weist OI (1986), S.237 - 240 auf die auch nach der Reform unveränderte Struktur der zentralen Zuteilung von Produktionsmitteln sowie auf die Konzentration und Kontrolle von Informationen und Technologie hin, die ein korruptes Verhalten der Kommunekader begünstigen[8].

Die Analyse der Entscheidungsstrukturen und individuellen Verhaltensanreize in den ländlichen Regierungs- und Wirtschaftsverwaltungsorganisationen nach der Auflösung der Volkskommunen kommt zu folgendem Ergebnis. Durch die Bildung separater Organisationen erfolgt eine formale Trennung der Partei-, Wirtschafts- und Regierungsfunktionen. Der Einfluß der Partei auf wirtschaftliche Entscheidungen ist jedoch nach wie vor sehr groß. Eine Begrenzung der Entscheidungsrechte der Partei auf die Vorgabe allgemeiner politischer Richtlinien und Kontrolle der Implementation staatlicher Bestimmungen scheint auch deshalb erschwert, weil die Partei in den Organisationen der Wirtschaftsverwaltung auf Gemeinde- und Dorfebene personell vertreten ist.

Die lokale Umsetzung der Kommunereform führt in den untersuchten Dörfern und Gemeinden in der Provinz Liaoning zunächst ebenfalls zur Gründung neuer Organisationen der Regierungs- und Wirtschaftsverwaltung. Jedoch nur in Einheiten mit vielen ländlichen Industriebetrieben und einer diversifizierten Produktionsstruktur wird die Existenz einer zusätzlichen Organisation im Bereich der Wirtschaftsverwaltung als notwendig angesehen. In wirtschaftlich wenig entwickelten Dörfern und Gemeinden werden dagegen die Produktionsgenossenschaften und Zusammengeschlossenen Gesellschaften für Landwirtschaft, Industrie und Handel wieder aufgelöst und ihre Aufgaben von der Wirtschaftsabteilung der Gemeinderegierung bzw. vom Dorfkomitee übernommen.

Die individuelle Bewirtschaftung im Rahmen der Haushaltsvertragssysteme sowie die Reform der landwirtschaftlichen Planung mit Ausweitung der Märkte reduzieren den Machteinfluß der ländlichen Kader. Für die staatlichen Kader auf Gemeindeebene ist die Auflösung der Kommunestrukturen auch mit direkten materiellen Nachteilen verbunden. Im Verhältnis zu den Einkünften der Leiter administrativer Organisationen auf Dorfebene sinkt ihr Einkommen erheblich. Solange jedoch das zentrale Zuteilungssystem landwirtschaftlicher Inputs für Dünger, Saatgut Benzin etc. auf Gemeindebene weiter existiert, bestehen Anreize für die Kader in den ländlichen Gebieten, verbleibende diskretionäre Handlungspielräume bei der Allokation dieser knappen Ressosurcen zu ihrem Vorteil einzusetzen.

3. Verfügungsrechte an landwirtschaftlichen Produktionsmitteln

3.1 Bodenrechte und wirtschaftliches Verhalten

Verfügungsrechte an landwirtschaftlichen Anbauflächen beeinflussen wirtschaftliche Handlungsalternativen auf verschiedene Weise. Das individuelle Nutzungsrecht am Boden, das die Produktionsgruppe auf einen Haushalt überträgt, ermöglicht den Ausschluß anderer Haushalte von der Nutzung der zugeteilten Anbaufläche und damit eine bessere Zurechnung individueller Handlungsfolgen. Aus der Verbindung zwischen Kosten und Gewinnen bestimmter Handlungen schließt DEMSETZ (1967) auf einen Anreiz, Bodenressourcen in einer möglichst effizienten Weise zu nutzen.

Ob durch die Übertragung von Bodenrechten auf die individuellen Produzenten eine effiziente Ressourcennutzung erreicht werden kann, soll durch Analyse der Zuteilungsregeln und bestehender Restriktionen bei der Nutzung landwirtschaftlicher Anbauflächen untersucht werden. Inwieweit die maschinelle und sonstige landwirtschaftliche Produktionsausstattung an die Zuteilungsregeln für die Bodennutzung gebunden ist, wird im Anschluß daran näher analysiert.

3.1.1 Zuteilungsregeln von Bodennutzungsrechten

Mit der Dezentralisierung von Entscheidungsrechten in der landwirtschaftlichen Produktion erhalten die landwirtschaftlichen Produzenten Rechte an der Bodennutzung. Nach PUTTERMAN (1985), S. 78 - 80 setzt eine effiziente Bodennutzung eine Verteilung der Bodennutzungsrechte voraus, die die Produktivität maximiert. Jedem landwirtschaftlichen Produzenten könnte erlaubt werden, Nutzungsrechte solange nachzufragen, bis der Outputzuwachs der zusätzlichen Bodenfläche der Outputsteigerung des produktivsten alternativen Produzenten entspricht. Um dies Ergebnis zu erreichen, müßte von den Produzenten eine Pacht pro Bodeneinheit erhoben werden, die hoch genug ist, um die gesamte Nachfrage und das Angebot an Bodennutzungsrechten auszugleichen. Aufgrund einer unterschiedlichen Ausstattung mit Arbeitskräften, Anbaukenntnissen etc. würde dies

System dazu führen, daß Haushalte unterschiedlich große Nutzungsflächen bewirtschaften.

Eine die Knappheit reflektierende Pacht für die Nutzung der im kollektiven Eigentum befindlichen Anbauflächen widerspricht jedoch den staatlichen Zielen einer egalitären Verteilung. Die Wahl alternativer Allokationsmechanismen, durch die die Produktionsgruppen individuelle Bodennutzungsrechte auf ihre Mitglieder verteilen können, wird demnach von der Regierung insoweit beschränkt, als Märkte und Preise für die Allokation ausgeschlossen werden. Die Zuteilung von Bodennutzungsrechten an die Haushalte soll durch eine nicht-preisliche Rationierung entsprechend der Personen- oder der Arbeitskräftezahl der Haushalte oder einer Kombination beider Kriterien erfolgen[1]. Dies Rationierungssystem spiegelt die Produktionsmöglichkeiten dann nicht genau wider und führt zu allokativer Ineffizienz, wenn auch solche Haushalte Nutzungsrechte akzeptieren, die weniger produktiv als andere Haushalte den Boden bewirtschaften, oder solche Haushalte Nutzungsrechte in Anspruch nehmen, die planen, ihre Aktivitäten auf die häusliche Nebengewerbeproduktion etc. zu verlagern.

Mit dem Ausschluß von Märkten und Preisen als Allokationsmechanismen durch die Regierung sind Kosten und Nutzung für die gesamte Gesellschaft verbunden. So kann durch eine überwiegend egalitäre Verteilung von Bodennutzungsrechten zwar die Zustimmung der meisten Bauern zur Reformpolitik erreicht werden und damit die notwendige soziale Stabilität; andererseits entstehen jedoch Kosten einer nicht-maximalen Produktivität für alle Gesellschaftsmitglieder.

Die Entscheidung über die Zuteilung von Bodennutzungsrechten entsprechend der Bevölkerungs- oder Arbeitskräftezahl oder unter Berücksichtigung beider Kriterien soll durch Diskussion und Abstimmung der Mitglieder der Produktionsgruppen erfolgen. Die Wahl eines bestimmten Zuteilungskriteriums führt ebenfalls zu einer unterschiedlichen Verteilung von Kosten und Nutzen auf die Produktionsgruppenmitglieder, denen die Folgen verschiedener Alternativen bekannt sind.

Eine Pro-Kopf-Zuteilung sichert allen Mitgliedern der Produktionsgruppe die Befriedigung ihrer Subsistenzbedürfnisse. LIN (1983), S. 67 - 72 weist darauf hin, daß gerade Produktionsgruppen in ökonomisch wenig entwickelten Gebieten in ihren landwirtschaftlichen Aktivitäten sehr begrenzt sind, und der dort vorherrschende Getreideanbau aufgrund niedriger Flächenerträge zum größten Teil der Subsistenzsicherung dient. Bei der reinen Zuteilung von Bodennutzungsrechten an Arbeitskräfte wäre dort eine Garantie der Getreideversorgung für Haushalte mit wenigen Arbeitskräften, aber vielen Personen, nicht möglich.

Die Pro-Kopf-Zuteilung erlaubt es den Haushalten weiterhin, ihre Risikokosten bei einer Spezialisierung auf andere Produktionsbereiche als den Anbau durch interne Arbeitsteilung zu reduzieren. Die aus der Bebauung der zugeteilten Nutzungsflächen erwirtschafteten Erträge ermöglichen dem Haushalt bei einem Übergang zu einer spezialisierten Produktion zunächst eine Einkommensabsicherung.

Müssen bei einer reinen Zuteilung von Nutzungsrechten an Arbeitskräfte die Haushalte bei einer Spezialisierung auf andere wirtschaftliche Aktivitäten den gesamten zugeteilten Boden an das Kollektiv zurückgeben, ist das mit der Spezialisierung verbundene Risiko für die Haushalte relativ groß. Die Haushalte könnten das Risiko nur reduzieren, wenn sie die mit der Zuteilung von Nutzungsflächen an Arbeitskräfte beabsichtigte Zielsetzung unterlaufen und ihre Arbeitszeit zwischen Anbau- und sonstigen Aktivitäten aufteilen.

In ihren Einkommensmöglichkeiten stark beschränkt werden bei einer reinen Pro-Kopf-Zuteilung solche Haushalte, die über viele Arbeitskräfte verfügen und mehr als die ihnen pro Kopf zugeteilten Anbauflächen bewirtschaften könnten.

Entscheiden sich die Mitglieder der Produktionsgruppe zur Wahl einer Zuteilung, bei der Personen- und Arbeitskräftezahl berücksichtigt werden, können einerseits die Subsistenzbedürfnisse der Mitglieder durch Zuteilung von Anbauflächen, die den jährlichen Getreideverbrauchsmengen pro Kopf entsprechen, gesichert werden. Andererseits wird es Haushalten mit vielen Arbeitskräften ermöglicht, mehr Boden zu bebauen. Wenn ein Teil der Nutzungsflächen nach Personen und der restliche Teil nach Arbeitskräften zugeteilt wird, können die Haushalte ebenfalls das Risiko einer Spezialisierung reduzieren, da nur der nach Arbeitskräften zugeteilte Anteil der Nutzungsfläche zur Umverteilung an das Kollektiv zurückzugeben ist, während die pro Kopf zugeteilten Anbauflächen für die Sicherung der Getreideration weiter bewirtschaftet werden können.

Nach CHAI (1985), S. 80 - 82 hängt der Anteil der pro Kopf zugeteilten Nutzungsfläche von der zur Befriedigung des Getreidebedarfs aller Mitglieder der Produktionsgruppe erforderlichen Getreideanbaufläche ab. Je mehr Anbaufläche zur Deckung der gesamten Getreiderationen erforderlich ist, desto eher wird eine Zuteilung von Bodennutzungsrechten entsprechend der Bevölkerung vorherrschen. In seiner Untersuchung über die Zuteilung von Nutzungsflächen in ausgewählten Produktionsgruppen kommt CHAI zu dem Ergebnis, daß der Wert der entsprechend der Bevölkerung zugeteilten Nutzungsrechte der Anbaufläche-Einwohner-Relation folgt und schließt aus der relativen Knappheit der landwirtschaftlichen Nutzungsflächen in China, daß ein großer Teil der Anbauflächen den Haushalten pro Kopf zugeteilt wurde.

CHAI bezieht in seine Überlegungen jedoch nicht die mit alternativen Institutionen verbundenen Kosten und Gewinne ein, die die Wahl einer Zuteilungsregel beeinflussen.

Die Zuteilung von Nutzungsrechten macht die Bewertung aller Anbauflächen mit Durchschnittserträgen pro Flächeneinheit und einen Abstimmungsprozeß zwischen den Mitgliedern der Produktionsgruppe über den an jede Person oder Arbeitskraft zu verteilenden Anteil notwendig. Jede Umverteilung der Nutzungsrechte erfordert eine Neuberechnung der Anbauflächen und Ausarbeitung neuer Nutzungsverträge. Bei einem Zuteilungsmechanismus, der ständige Neuverteilungen von Nutzungsrechten wahrscheinlich werden läßt, steigt die Unsicherheit über die Dauer der Nutzungsrechte, so daß die Bauern nur wenig Anreiz haben, Bodeninvestitionen durchzuführen. Eine ausschließliche Zuteilung von Nutzungsrechten an Arbeitskräfte würde bei jeder Veränderung der Arbeitskräftestruktur eine Neuverteilung von Nutzungsrechten erfordern, um eine optimale Allokation der Ressourcen zu sichern.

Unter Berücksichtigung der Kosten und Gewinne verschiedener Zuteilungsregeln ist die Entscheidung für eine überwiegende Pro-Kopf-Zuteilung von Nutzungsrechten dann ökonomisch rational, wenn aufgrund von Diversifizierungsmöglichkeiten in der Produktion und Spezialisierung der Haushalte eine rasche Veränderung der Arbeitskräftestruktur zu erwarten ist, die eine ständige Umverteilungen der Bodennutzungsrechten notwendig machen würde.

Zusammenfassend erfolgt die grundsätzliche Entscheidung zwischen einer egalitären Zuteilung von Rechten an der Bodennutzung gegenüber einer an Effizienzkriterien orientierten Zuteilung durch Ausschluß von Märkten und Preisen als Allokationsmechanismen. Alternative Zuteilungsregeln verteilen die Kosten und Gewinne wirtschaftlicher Aktivitäten auf die Mitglieder der Produktionsgruppe in unterschiedlichem Maße. Wie gezeigt wurde, ist die Zuteilung

von Bodennutzungsrechten mit Kosten verbunden, die die Wahl der Zuteilungsregel beinflussen.

Für die landwirtschaftlichen Produzenten ist die Ausgestaltung der Bodennutzungsrechte von großer Bedeutung, da dadurch ihre Handlungsalternativen und Einkommensmöglichkeiten bestimmt werden. Welche Wirkungen ein Transfer von Bodennutzungsrechten durch die Haushalte hat, soll im folgenden näher analysiert werden.

3.1.2 Bodenrechtsbeschränkungen

Zu den Restriktionen, die die Bodennutzungsrechte begrenzen, zählen neben staatlichen Planvorgaben im Anbau rechtliche Bestimmungen über Ausschluß der Bodennutzung für bestimmte Zwecke wie Häuser- oder Grabstättenbau etc. Landesweit und regional geltende Bestimmungen, wie in der ZUSAMMENFASSUNG DER LANDESKONFERENZ ZUR ARBEIT AUF DEM LANDE von 1982 und beispielsweise in den PROVISORISCHEN BESTIMMUNGEN ÜBER DIE BODENVERWALTUNG IN DER PROVINZ LIAONING von 1982 festgelegt, schränken die individuellen Bodennutzungsrechte mit dem bis 1984 bestehenden Verbot der Verpachtung der Anbauflächen an Dritte am stärksten ein.

Bestehen keine Transfermöglichkeiten, wirkt sich diese Beschränkung auf Spezialisierungs- und Investitionsaktivitäten der Bauern aus: Da sie das Risiko einer Spezialisierung nicht durch eine befristete Übertragung von Nutzungsrechten auf andere Haushalte reduzieren können, wird ihre Bereitschaft, sich zu spezialisieren, relativ gering sein. Haushalte mit Produktionsvorteilen sind andererseits nicht in der Lage, ihre Nutzungsflächen zu vergrößern; damit wird eine gesamtwirtschaftlich effiziente Nutzung der Böden ausgeschlossen.

Da mit den Transfer von Nutzungsrechten für bestimmte Haushalte Einkommensvorteile verbunden sind, besteht für sie ein Anreiz, die Restriktionen der Bodenrechte durch verdeckten Verkauf oder Verpachtung zu unterlaufen. Die Kontrolle über die Einhaltung der Transferbeschränkungen erfolgt durch die kollektiven Organisationen wie die Produktionsgruppe und später durch die neu gebildeten Produktionsgenossenschaften und Dorfkomitees. Mit der Zuteilung von Anbauflächen an die Bauern werden die Aufgaben der Planung und Durchführung der Produktion und insbesondere der Einsatz der Arbeitskräfte auf die Haushalte übertragen. Für die landwirtschaftlichen Kader ist es deshalb schwer festzustellen, ob die Bauern tatsächlich einen Transfer des Bodens durchführen oder ob sie lediglich die Hilfe Verwandter oder ihrer Nachbarn bei der Bewirtschaftung der Anbauflächen in Anspruch nehmen.

Da den Kadern der Produktionsgruppen und Dorforganisationen ebenfalls Anbauflächen zugeteilt werden, kann von einer Interessenidentität in Bezug auf die produktivste Nutzung der Böden ausgegangen werden. Dies macht es wenig wahrscheinlich, daß die landwirtschaftlichen Kader auf Dorfebene die strikte Einhaltung der Transferrestriktionen zwischen den Haushalten kontrollieren, solange dadurch nicht die an die Bodennutzungsrechte gebundenen Ablieferungspflichten gegenüber dem Kollektiv und den Staat beeinträchtigt werden.

Doch nicht nur Kontrollprobleme sind mit Transferrestriktionen verbunden, sondern auch gesamtwirtschaftliche Kosten einer ineffizienten Bodennutzung durch Haushalte, die nur ein geringes Interesse an Anbauaktivitäten besitzen.

Im folgenden soll angenommen werden, daß ein Transfer von Bodennutzungsrechten möglich ist. Die Bauern werden dann Nutzungsrechte solange tauschen, bis sie ihr Einkommen maximiert haben. Um das Verhalten der Bauern theoretisch zu analysieren, bietet sich die folgende traditionelle mikroökonomische Betrachtungsweise an.

3.1.2.1 Transfer von Bodennutzungsrechten

Angenommen wird eine Ausgangssituation mit zwei Haushalten, die beide Getreide anbauen. Haushalt A hat insoweit nicht voll ausgelastete Produktionsfaktoren, als seine Arbeitskräfte mehr als die zugeteilten Nutzungsflächen bewirtschaften könnten. Der Haushalt wird dementsprechend soviel Anbauflächen nachfragen, bis der aus der zusätzlichen Bewirtschaftung von Anbauflächen erzielte Gewinn gleich den Grenzkosten ist. Haushalt B, der ebenfalls Getreide anbaut, beabsichtigt, seine Hühnerzucht auszuweiten. Wieviel Anbauflächen der Haushalt B zugunsten einer Ausweitung seiner Hühnerzucht aufgeben wird, wird er abhängig machen von einem Vergleich der Gewinnmöglichkeiten beider Aktivitäten bei Aufgabe einer Einheit Boden zugunsten einer zusätzlichen Einheit Arbeit in der Hühnerzucht. Voraussetzung für einen Tausch ist demnach die Existenz unterschiedlicher Produktivitäten zwischen Haushalten. Das Ziel eines Tausches von Nutzungsrechten ist für beide Haushalte diejenige Allokation der Produktionsfaktoren bzw. Umverteilung der ursprünglichen Ausstattung, die jeder Haushalt aufgrund seiner Präferenz erreichen will.

Um einen Ausgleich zwischen Angebot und Nachfrage nach Nutzungsrechten herzustellen, ist die Festsetzung oder Absprache einer Austauschrate bzw. ein Preis erforderlich, zu dem beide Haushalte bereit sind zu tauschen. Dieser Preis ist abhängig von der Nutzenbewertung unterschiedlicher Mengen der Güter Getreide und Hühner durch die Konsumenten.

<u>Wird der Transfer von Nutzungsrechten am Boden zugelassen, kann durch sukzessiven Tausch eine optimale Allokation von Nutzungsrechten erreicht werden</u>. Diese Überlegungen lassen sich mit Hilfe einer Edgeworth-Box darstellen.

Zunächst wird untersucht, wie sich die Haushalte durch Reallokation der Produktionsfaktoren auf die Produktion spezialisieren, die effizient bzw. pareto-optimal ist[2].

Schaubild 5: **Effziente Produktion durch Umschichtung der Produktionsfaktoren**

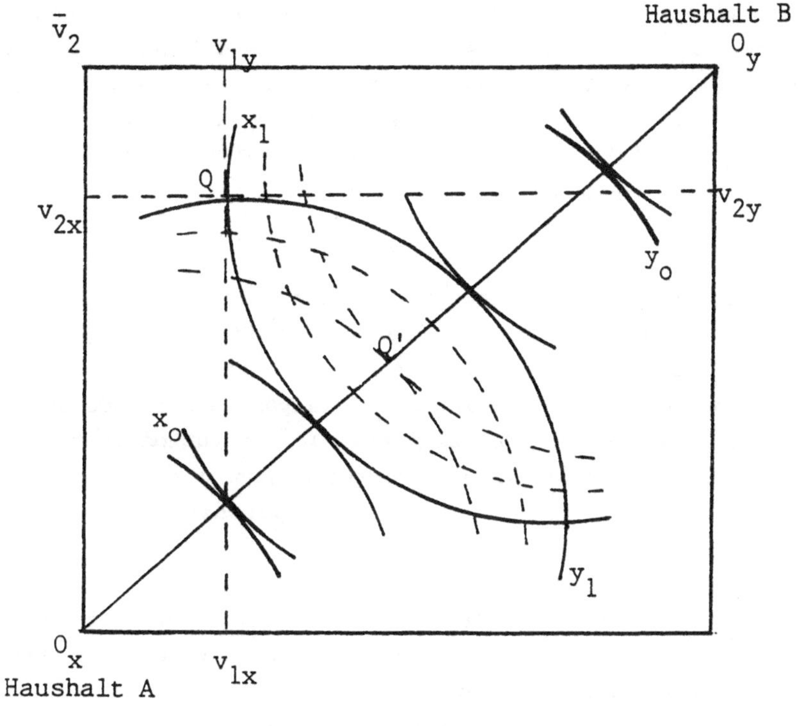

Die (Produktions-)Haushalte A und B verfügen über die Produktionsfunktion $x = f_1 (v_1, v_2)$ und $y = f_2 (v_1, v_2)$, wobei x (Getreide) und y (Hühner) die Qutputmengen der Produktionsfunktion darstellen. In der Edgeworth-Box bildet jeder Punkt eine mögliche Allokation zwischen beiden Produktionsfaktoren (v_1 = Arbeit, v_2 = Boden).

Der Punkt Q, in dem sich die Isoquanten y_1 und x_1 schneiden, charakterisiert die Mengen v_{1x} und v_{2x} der Produktion des Gutes x und die Mengen $v_{1y} = v_1 - v_{1x}$ sowie $v_{2y} = v_2 - v_{2x}$ der Produktion des Gutes y.

Ob Q ein optimaler Punkt ist, hängt davon ab, ob andere Punkte existieren, in denen durch eine veränderte Kombination der Faktoren ein höherer Output erreicht werden kann. Innerhalb des durch die Isoquanten x_1 und y_2 begrenzten Ausschnitts können beide Haushalte ihren Output dann ausweiten, wenn sie eine vom jeweiligen Ursprung weiter entfernte Isoquante erreichen. Erst im Punkt Q' (Tangentialpunkt) ist keine weitere Umschichtung der Produktionsfaktoren mehr möglich, ohne durch eine Ausweitung der Produktion von x den Output von y einzuschränken und umgekehrt.

Neben dem optimalen Punkt Q' bestehen innerhalb der Edgeworth-Box jedoch noch viele andere Punkte, in denen nach Umschichtung der Produktionsfaktoren eine effiziente Produktion möglich ist. Alle Tangentialpunkte der Isoquanten beider Haushalte stellen optimale Outputkombinationen dar. Die Verbindung dieser Punkte ergibt die Transformationskurve, die die Transformation zwischen zwei Outputs abbildet.

Da die Grenzrate der Transformation gleich der Steigung der Transformationskurve in einem Punkt ist, wird es möglich, die Menge des Gutes x zu messen, die aufgegeben werden muß, um die Produktion des Gutes y zu erhöhen bzw. die Opportunitätskosten in Begriffen des Gutes x, um einer zusätzliche Einheit des Gutes y zu produzieren. Bei gegebener Menge der Produktionsfaktoren kann eine zusätzliche Produktionsmenge von x nur durch Reduzierung der Faktoren bei der Produktion von y erfolgen. Um also eine höhere Menge von x zu produzieren, müßte also der Haushalt A die Produktionsfaktoren in der Produktion des

Gutes y reduzieren; der Haushalt B dagegen müßte für die Erhöhung der Produktion von y Produktionsfaktoren aus der x-Produktion abziehen.

Der Transfer von Bodennutzungsrechten führt dazu, daß an die Stelle der anfänglichen Nicht-Preis-Rationierung eine Allokation über einen Markt für Nutzungsrechte tritt. Der Preis für die Bodennutzung, der zwischen den Haushalten festgelegt wird, also der Pachtzins, zwingt die Haushalte zu einen effizienten Gebrauch des Bodens. Wenn kein Markt oder vorgegebener Preis für diese Rechte existiert, werden die Haushalte durch Verhandlung eine Tauschrate festlegen. A und B tauschen im Ungleichgewicht bzw. mit ungleichen Tauschchancen, wobei die Anfangsausstattung die Durchsetzung bestimmter Preise beeinflußt. Mit dem Tauschprozeß im Ungleichgewicht ist eine Umverteilung der Anfangsausstattung verbunden. Inwieweit durch den Tausch von Bodennutzungsrechten im Ungleichgewicht und der damit verbundenen Veränderung der Anfangsausstattung die Einkommensunterschiede in den ländlichen Gebieten beeinflußt werden, wird im Abschnitt 6.5 näher untersucht.

Während bei der anfänglichen Allokation von Bodennutzungsrechten durch Ausschluß von Märkten und Preisen eine an Effizienzkriterien orientierte Zuteilung ausgeschlossen wird, könnte durch den individuellen Transfer von Bodennutzungsrechten zwischen den Haushalten dieses Ziel erreicht werden. Inwieweit die im Modell aufgezeigten Möglichkeiten der Umverteilung der Nutzungsrechte in den ländlichen Gebieten Chinas tatsächlich praktiziert werden, soll im Abschnitt 3.1.4.1 gezeigt werden. Zunächst ist noch die Wirkung der zeitlichen Befristung der Bodennutzungsrechte auf das ökonomische Verhalten der Bauern zu analysieren.

3.1.2.2 Zeitliche Befristung der Bodennutzungsrechte

Die den Bauern von der Produktionsgruppe zugeteilten Nutzungsrechte sind zeitlich befristet. Die unterschiedliche Dauer der Nutzungsrechte beeinflußt die Investitionsentscheidungen auf folgende Weise: Mit bestimmten Investitionen sind kurzfristige oder langfristige Wirkungen auf Produktivität und Einkommen verbunden. So hat der Einsatz von Dünger einen relativ schnellen Effekt, während sich der Kauf eines Traktors oder Bodenkonservierungsmaßnahmen erst mit einer relativ langen Zeitverzögerung auswirken. Die Investitionsaktivität kann weiterhin davon abhängen, in welchem Maße die Investition untrennbar mit dem Boden verbunden ist. Während der Traktor auch nach Ablauf des Bodennutzungsvertrages dem Haushalt zur Verfügung steht, stellen Investitionen in Bodenkonservierung nach Ablauf der Vertragszeit für den Haushalt keinen Wert mehr dar; erst eine relativ lange Nutzungsdauer oder Kompensationszahlungen am Ende des Nutzungsvertrages reduzieren das Investitionsrisiko für den Haushalt.

CURRIE (1981), S.69 weist darauf hin, daß bei einer relativ kurzen Dauer der Bodennutzungsverträge und ohne die Gewißheit von Kompensationszahlungen nach Ablauf des Vertrages die Haushalte nur solche Investitionsaktivitäten realisieren werden, die ihr kurzfristiges Einkommen maximieren. Dazu zählt auch, daß Haushalte Investitionen durchführen, die unabhängig von Bodennutzungsrechten Einkommen erwirtschaften, wie z.B. durch den Kauf eines Traktors für Transportzwecke oder von Maschinen zur Verarbeitung der landwirtschaftlichen Produkte.

Da Investitionen erst mit einer zeitlichen Verzögerung wirken, basieren Investitionsentscheidungen auf zukünftigen Erwartungen. Erscheint den Bauern die Kontinuität der Wirtschaftsreform unsicher, kann angenommen werden, daß sie entweder nur kurzfristig realisierbare Investitionen durchführen oder Ersparnisse für nicht-produktive Zwecke wie Häuserbau oder Konsumgüter verwenden werden. Auch ist anzunehmen, daß das Ausmaß der Investitionen in Humankapital, insbesondere die Aneignung von Kenntnissen neuer landwirtschaftlicher Produktionstechnologien, von Erwartungen in die Stabilität des Systems der individuellen Bodennutzungsrechte beeinflußt wird.

Die obigen Überlegungen machen deutlich, daß ein enger Zusammenhang zwischen der Dauer der Bodennutzungsrechte und den individuellen Entscheidungen der landwirtschaftlichen Produzenten besteht. In welchem Umfang die chinesischen Bauern ihre Investitionen von der Befristung der Bodennutzungsverträge abhängig machen, wird im Abschnitt 3.1.5 analysiert.

Anhand von Daten der 1985 und 1987 untersuchten Dörfer, Gemeinden und Kreise in der Provinz Liaoning, der gesamten Provinz Liaoning und Gesamtchinas soll nunmehr die Anfangsverteilung und anschließende Umverteilung von Bodennutzungsrechten näher betrachtet werden.

3.1.3 Anfangszuteilung von Bodennutzungsrechten

Die Untersuchung der Zuteilung von Bodennutzungsrechten in den befragten Einheiten in der Provinz Liaoning kommt zu dem Ergebnis, daß die Nutzungsrechte abhängig von den lokalen Bedingungen entweder entsprechend der Arbeitskräftezahl unter Berücksichtigung der Personenzahl des Haushalts zugeteilt werden oder nur eine durchschnittliche Pro-Kopf-Zuteilung der Nutzungsrechte erfolgt.

Die Tabelle 1 führt die wichtigsten Faktoren an, die die Wahl der Zuteilungskriterien beeinflussen und den prozentualen Anteil der Bodennutzungsfläche, der den Haushalten pro Kopf zugeteilt wird. Da die Aufteilung der Nutzungsflächen innerhalb der Produktionsgruppen erfolgt, die über Nutzungsflächen unterschiedlicher Qualität und Größe verfügen, ist eine genaue Flächenangabe der Verteilung auf Dorf-Gemeinde- oder Kreisebene nicht möglich.

Beispiele der durchgeführten Zuteilung entsprechend den jeweiligen Zuteilungskriterien in den Einheiten unterhalb der Kreis- und Bezirksebene werden in der Tabelle 3.1 im Anhang aufgeführt.

Tabelle 1: **Die Bodenzuteilung beeinflussende Faktoren (Kreis- und Bezirksebene)**

Kreise/ Bezirke	Anteil der Arbeitskräfte im Anbau (%)	Durchschn. Pro-Kopf-Anbaufläche (Mu)	Flächenerträge Getreide (Kilo)1)	Produktionsschwerpunkte Getreide 2)
Dongling	58	2,4	514 (543)	Reis (46 %) Mais (48 %)
Yuhong	56	2,4	552 (594)	Reis (69 %) Mais (28 %)
Sujiatun	66	2,5	633 (619)	Reis (63 %) Mais (35 %)
Jin	60	1,3	235	Mais
Changtu	85	3,7	407	Mais (77 %) K.Hirse(14%)
Faku	89	3,8	372	Mais (71 %) K.Hirse(17%)
Fuxin	85	4,1	120	Mais (24 %) K.Hirse(45%)
Kuandian	80	1,2	190	Mais (80 %) Soja (12 %)

Kreise/ Bezirke	Industriepflanzen	Prozentuale Anteile am BPW Indus. BPW	Landw. BPW	Anbau BPW	Prozentual. Anteil der Pro-Kopf zugeteilten Anbaufläche
Dongling	Gemüse	61	39	35	30
Yuhong	Gemüse	62	38	30	30
Sujiatun	Gemüse	49	51	38	30
Jin	Obst, Ölsaaten	46	54	k.A.	80 3)
Changtu	Ölsaaten	20	80	81	30
Faku	Gemüse	22	78	85	30
Fuxin	Baumwolle	30	70	70	70
Kuandian	Med.Heilpflanzen	41	59	45	80

Anmerkungen: Die Daten der Kreise Jin, Changtu, Fuxin und Kuandian beziehen sich auf die Jahre 1983, die Daten der drei Bezirke Dongling, Yuhong und Sujiatun auf das Jahr 1984. Die Bezirke/Kreise Sujiatun, Changtu und Faku zählen zu den Getreideproduktionszentren der Provinz.

1) Die Flächenerträge in Klammern beziehen sich auf den durchschnittlichen Ertrag im Reisanbau.
2) Prozentualer Anteil an gesamter Getreidemenge.
3) Bezieht sich nur auf die Getreideanbaufächen des Kreises.

Quellen: Eigene Erhebungen 1985 und 1987 sowie WIRTSCHAFTSJAHRBUCH DER STADT SHENYANG (1985).

Wie die Tabelle 1 in Verbindung mit Tabelle 3.1 zeigt, war in den Bezirken und Kreisen, die eine überwiegende Zuteilung von Nutzungsrechten entsprechend der Arbeitskräftezahl durchführten, die Arbeitskräftestruktur entweder bereits stark differenziert. Dies ist der Fall in den ländlichen Außenbezirken der Provinzhauptstadt Shenyang (Dongling, Yuhong und Sujiatun). In den traditionellen Getreideanbaugebieten (Changtu und Faku) bestand dagegen eine hohe Konzentration der Arbeitskräfte im Pflanzenanbau. Mit einer Veränderung dieser Arbeitskräftestruktur wurde aufgrund der Spezialisierung im Getreideanbau zum Zeitpunkt der Zuteilung von Bodennutzungsrechten nicht gerechnet.

Durch die Nähe zur Provinzhauptstadt besitzen die Bezirke Dongling, Yuhong und Sujiatun Vorteile bei der Entwicklung der ländlichen Industrie bzw. bei der Differenzierung der Arbeitskräftestruktur, die eine andere Allokation der Nutzungsflächen als die reine Zuteilung entsprechend der Einwohnerzahl begründen. Einerseits ist ihr prozentualer Anteil des industriellen BPW am gesamten landwirtschaftlich-industriellen BPW zum Zeitpunkt der Zuteilung von Bodennutzungsrechten bereits relativ hoch und der Anteil des Produktionswertes im Pflanzenbau niedrig (vgl. Tabelle 1). Andererseits ist die Zahl der im Anbau beschäftigten Arbeitskräfte in allen drei Bezirken vergleichsweise gering: im Bezirk Dongling sind nur noch 59 % der Arbeitskräfte, im Bezirk Yuhong 56 % und im Bezirk Sujiatun 66 % der Arbeitskräfte im Anbau beschäftigt.

Die Kreise Changtu und Faku und die ländlichen Außenbezirke im Verwaltungsgebiet der Provinzhauptstadt Shenyang zählen zu den Getreideanbaugebieten mit hohen Flächenerträgen, insbesondere im Reis- und Maisanbau. Beide Kreise weisen zu Beginn der Übertragung von Nutzungsrechten einen hohen Anteil des Produktionswertes im Pflanzenanbau am gesamten Bruttoproduktionswert sowie eine hohe Konzentration der Arbeitskräfte im Anbau auf, die sich auch in den Folgejahren wenig verändert. So beträgt der Anteil der Arbeitskräfte in diesem Bereich in Changtu 1985 noch 84 %, während sich in Faku die Gesamtzahl der Arbeitskräfte im Anbaubereich zwischen 1979 und 1986 sogar noch um 25 % erhöht.

Die Zuteilung von Nutzungsrechten an Arbeitskräfte erfolgt in Changtu und Faku oft unter Berücksichtigung der früheren Leistungseinstufung der Arbeitskräfte in den Produktionsgruppen. Arbeitskräfte mit einer höheren Einstufung erhalten mehr Land zugeteilt als die übrigen Arbeitskräfte. Haushalte ohne Arbeitskräfte, Familien mit vielen Kindern und alten und behinderten Menschen wird durch die Zuteilung von Getreiderationsfeldern, die den Pro-Kopf-Bedarf an Getreide decken, die Grundversorgung gesichert.

Die aus einer überwiegenden Zuteilung von Nutzungsrechten an Arbeitskräfte resultierende Verteilung von Anbauflächen wird am Beispiel des Dorfes Baoli, Kleinstadt Baoli, Kreis Changtu deutlich. Hier umfaßt die gesamte Nutzungsfläche der Produktionsgruppen 1.153,71 Mu, die Gesamtzahl der Haushalte 115, die Einwohnerzahl 450 und die Zahl der Arbeitskräfte 90.

Nach Angaben des Parteisekretärs des Dorfes Baoli wurden auf Dorfebene im Durchschnitt 2,7 Mu/Person und 5,0 Mu/Arbeitskraft zugeteilt; eine ähnliche Verteilung bestand auch in der 2. Produktionsgruppe, in der durchschnittlich 2,8 Mu auf einer Pro-Kopf Basis und 5,2 Mu an Arbeitskräfte übertragen wurden.

Tabelle 2: **Zuteilung von Bodennutzungsrechten in der 2. Produktionsgruppe des Dorfes Baoli**

Haushalt-Nr.	Zugeteilte Nutzungsfläche (Mu)	Personenzahl des Haushalts	Arbeitskräftezahl des Haushalts
1	5,85	1	1
2	8,55	2	1
3	12,75	2	1
4	8,07	2	1
5	12,96	3	1
6	10,42	3	1
7	9,12	3	1
8	14,01	4	1
9	25,53	4	3
10	27,54	4	3
11	15,06	5	1
12	11,22	5	1
13	18,99	5	2
14	21,22	5	3
15	16,11	6	1
16	16,11	6	1
17	16,11	7	1
18	17,16	7	1
19	20,04	7	2
20	26,76	7	3
21	25,98	8	2
22	51,06	10	5

Quelle: Eigene Erhebungen 1987

Mit einer größeren Anzahl von Arbeitskräften im Haushalt ist eine dementsprechend hohe Bodenzuteilung verbunden. So wird in der Tabelle 2 deutlich, daß beispielsweise einer vierköpfigen Familie mit einer Arbeitskraft 14,01 Mu Nutzungsfläche übertragen werden, während gleich große Familien mit 3 Arbeitskräften 25,53 und 27,54 Mu erhalten.

Solche Einheiten, die überwiegend eine durchschnittliche Pro-Kopf-Zuteilung durchführen, weisen einen hohen Anteil am Produktionswert im Pflanzenanbau sowie eine hohe Konzentration der Arbeitskräfte im Anbau auf, der jedoch aufgrund niedriger Flächenerträge oder sehr geringen Pro-Kopf-Anbaufläche kaum Einkommenssteigerungen ermöglicht (Kreis Fuxin, Kreis Kuandian und Kreis Jin). Die Abwanderung der Arbeitskräfte in andere Produktionsbereiche ist damit zum Zeitpunkt der Zuteilung von Bodenrechten bereits voraussehbar.

Im Kreis Fuxin beispielsweise sind Anfang der 80er Jahre rd. 90 % der Arbeitskräfte im Getreideanbau mit einem niedrigen durchschnittlichen Einkommen in Höhe von 65 Yuan konzentriert. Auch in den ausgewählten Gemeinden und Dörfern dieses Kreises betrug der prozentuale Anteil der Arbeitskräfte im Anbau 82-90 %. Der schnelle Wandel der Arbeitskräftestruktur bis 1986 und 1987 führt zu einem Rückgang auf rd. 70 % im Kreisdurchschnitt und bis zu rd. 60 % in einzelnen Kreiseinheiten und macht deutlich, in welchem Umfang eine Neuverteilung von Nutzungsrechten notwendig gewesen wäre, wenn entsprechend der Arbeitskräftezahl des Haushalts Bodenrechte zugeteilt worden wären.

In den Kreisen Fuxin und Kuandian, in denen der größte Teil der Anbauflächen entsprechend der Einwohnerzahl zugeteilt wird, können zur Anpassung an Bevölkerungsschwankungen Anbauflächen aus der allgemeinen Verteilung ausgenommen werden. Die sogenannten "flexibel einsetzbaren Felder" (Jidong tian), die ca. 10 % der gesamten Anbaufläche ausmachen, erhalten Haushalte mit vielen Arbeitskräften zur Nutzung.

Im Kreis Kuandian ist die durchschnittliche Pro-Kopf-Nutzungsfläche mit 1,2 Mu sehr gering. Im Dorf Shangchangyang, Gemeinde Shihugou, Kreis Kuandian, erhalten die Haushalte beispielsweise pro Kopf durchschnittlich 1,1 Mu Nutzungsfächen zugeteilt. Die gesamte kollektive Anbaufläche der ehemaligen Produktionsbrigade, die aus vier Produktionsgruppen bestand, beträgt 1.100 Mu. Die Tabelle 3 zeigt die Aufteilung der kollektiven Anbauflächen in den ersten drei Produktionsgruppen des Dorfes. Mit zunehmender Anzahl der Personen im Haushalt steigt die zugeteilte Anbaufläche. Nur die "flexibel einsetzbaren Felder" werden - soweit vorhanden - an Haushalte mit vielen Arbeitskräften übertragen.

Für die meisten Haushalte mit mehreren Arbeitskräften führt die Pro-Kopf-Zuteilung dazu, daß ihre Arbeitskräfte nicht ausgelastet sind. So verfügt der in Tabelle 3 zuletzt aufgeführte Haushalt mit 7 Personen und 3 Arbeitskräften lediglich über 8,32 Mu oder 2,8 Mu pro Arbeitskraft.

Tabelle 3: **Verteilung der kollektiven Nutzungsflächen in drei Produktionsgruppen des Dorfes Shangchangyang (Flächeneinheit Mu)**

Prod. gruppe	Einwohner	Arbeitskräfte	Haushalte	Kollekt. Nutzungsfläche
1	120	25	29	156
2	280	81	70	190
3	270	80	65	330

Prod. gruppe	Privatparzelle	Flexib. Land	Zuteilung an Haushalte Pro Kopf	Pro Arbeitskraft
1	16,0	-	1,3	-
2	30,5	5,0	1,12	1)
3	35,1	10,0	1,3	1)

Beispiele der Zuteilung von Nutzungsrechten an Haushalte:

Prod. gruppe	Nutzfläche	Personen i.Haush.	Arbeitskräfte i.Haush.
1	3,90	3	1
2	5,60	4	1
3	6,90	5	1
k.A.	8,32	7	3

Anmerkungen:
1) betrifft fexibel einsetzbares Land (Jidong tian).
Quelle: Eigene Erhebungen 1987.

Während bei einer Verteilung der Anbauflächen entsprechend der Arbeitskräftezahl ständige Umverteilungen der Bodenrechte notwendig werden, können bei der Pro-Kopf-Zuteilung die mit Veränderungen der Arbeitskräftestruktur verbundenen Kosten vermieden werden. Schwankungen in der Bevölkerungsstruktur werden ohne Neuzuteilung der Nutzungsrechte durch Übertragung der "flexibel einsetzbaren Felder" aufgefangen.

Zwar führt eine auf der Pro-Kopf-Basis vorgenommene Zuteilung der Nutzungsflächen zu einer ineffizienten Allokation der Bodennutzungsrechte. Unter den aufgezeigten Bedingungen einer möglichen schnellen Veränderung der Arbeitskräftestruktur war die Wahl dieser Zuteilungsregel jedoch durchaus rational, um die Kosten ständiger Neuverteilungen von Nutzungsrechten zu vermeiden.

Auch die ZUSAMMENFASSUNG DER REPRÄSENTATIVEN UNTERSUCHUNG ZUR GESELLSCHAFTLICHEN UND WIRTSCHAFTLICHEN SITUATION IN DEN LÄNDLICHEN GEBIETEN im Zeitraum Winter 1984 bis Frühjahr 1985 kommt zu dem Ergebnis, daß die Pro-Kopf-Zuteilung entsprechend der Einwohnerzahl in 70,0 % der untersuchten Einheiten überwiegt. Lediglich 7,7 % der Einheiten teilen Nutzungsrechte an Arbeitskräfte zu, während 21,3 % der Einheiten bei der Zuteilung sowohl die Bevölkerungs- als auch Arbeitskräftezahl berücksichtigen. Nur in 0,4 % der Einheiten ist eine Zuteilung von Nutzungsrechten an Arbeitskräfte, die besondere Techniken und Wissen in der Wirtschaftsführung besitzen, anzutreffen. Da im Landesdurchschnitt nur rd. acht Mu pro Haushalt bewirtschaftet werden, wird in diesem Bericht die Möglichkeit der Spezialisierung und Modernisierung der landwirtschaftlichen Produktion als relativ problematisch angesehen, ebenso wie die Tatsache, daß mit der Größe dieser Nutzungsfläche für die Haushalte keine hohen Einkommenserwartungen verbunden sind. Deshalb soll durch eine Veränderung der Arbeitskraft/Anbaufläche-Relation eine effiziente Produktion erreicht werden. Als Beispiel wird in diesem Bericht auf eine Untersuchung in der Provinz Anhui hingewiesen. Hier wird die Zuteilung von 15-20 Mu pro Arbeitskraft im nördlichen Flachland des Hai-Flusses, 10-15 Mu im Hügelland der Flüsse Changjiang und Hai sowie ca.15 Mu entlang der Deichgebiete am südlichen Unterlauf des Changjiang als angemessen betrachtet.

Die Untersuchung der Zuteilung von Bodennutzungsrechten in ausgewählten Einheiten in der Provinz Liaoning zeigt, unter welchen Bedingungen alternative Zuteilungsregeln gewählt werden. So ist eine Pro-Kopf-Zuteilung von Bodennutzungsrechten nicht nur mit dem geringen Verhältnis zwischen Anbaufläche und Einwohnerzahl zu begründen. Vielmehr stellt die Entscheidung für diese Zuteilungsregel unter Berücksichtigung der Kosten der Zuteilung von Nutzungsrechten an die Haushalte dann eine rationale Antwort dar, wenn aufgrund einer schnellen Veränderung der Arbeitskräftestruktur mit ständigen Umverteilungen der Rechte zu rechnen ist.

Die Zusammenführung stark parzellierter Anbauflächen und lokale Maßnahmen zur Anpassung der Nutzungsrechte an Veränderungen der Arbeitskräfte- und Bevölkerungsstruktur werden im folgenden Abschnitt dargestellt.

3.1.4 Umverteilung von Bodennutzungsrechten

Zum Zeitpunkt der Anfangszuteilung der landwirtschaftlichen Nutzungsflächen erfolgt in vielen Produktionsgruppen eine starke Parzellierung des Bodens, die nach KUEH (1984), S.370-371 ebenfalls eine effiziente Bodennutzung erschwert.

Entsprechend dem RUNDSCHREIBEN DES ZENTRALKOMITEES DER KPCH ÜBER DIE ARBEIT IN DEN LÄNDLICHEN GEBIETEN 1984 wird den Produktionsgruppen freigestellt, vor einer Verlängerung der Bodennutzungsverträge eine erforderliche Anpassung, d.h. Umverteilung der Anbauflächen, durchzuführen. Dabei soll nach dem Prinzip "Stabilisierung des überwiegenden Teils und Anpassung eines kleinen Teils der Nutzungsflächen" (da wending, xiao tiaozheng) verfahren werden.

Wie notwendig eine solche Anpassung sein kann, zeigt auch eine Untersuchung von WANG MENGKUI (1985),S.1-4 in ländlichen Bezirken und Kreisen der Stadt Jiangmen, Provinz Guangdong. Die Pro-Kopf-Anbaufläche beträgt hier 1,1 Mu. Bei der Anfangszuteilung wurden die Nutzungsflächen entsprechend der Bodenqualität und der relativen Entfernung parzelliert. In 10 % der Produktionsgruppen bestand die einzelnen Haushalten zugeteilte Nutzungsfläche aus 11 Einzelstücken, in rd. 50 % der Produktionsgruppen betrug diese Anzahl 6-11 Stücke und in 2 % der Produktionsgruppen erhielten die Haushalte nur 1-2 Bodenparzellen zugeteilt.

Die Anpassung der landwirtschaftlichen Nutzungsflächen vor der Verlängerung der Bodenvertragsperioden wird am Beispiel der Gemeinde Dachuantou, Kreis Kuandian, deutlich, die entsprechende Maßnahmen im Dokument STELLUNGNAHME DER GEMEINDE DACHUANTOU ZUR STABILISIERUNG UND VERBESSERUNG DES AN DEN OUTPUT GEBUNDENEN HAUSHALTSVERTRAGSSYSTEMS aufführt. Die "kleine Anpassung" betrifft in der Gemeinde Dachuantou insbesondere stark parzellierte, verstreut liegende Nutzungsflächen, die in möglichst großer Nähe des jeweiligen Vertragshaushalt zusammengeführt werden sollen. Die Anpassung kann entweder zentral durch die betreffende Organisation auf Dorfebene oder durch einen Tausch der Haushalte untereinander erfolgen.

Bei Veränderungen der Einwohner- oder Arbeitskräftezahlen wird eine Umverteilung der gesamten Nutzungsflächen grundsätzlich nicht durchgeführt. Vor Beginn der Verlängerung der Bodenvertragsperioden wird jedoch die Bevölkerungsveränderung bis zum 10. Januar 1985 berücksichtigt. Haushalte mit geringerer Personenzahl als zum Zeitpunkt der ersten Zuteilung von Nutzungsrechten sollen Anbauflächen zurückgeben, während Haushalte mit einem z.B. durch Heirat bedingten Zuwachs der Personenzahl mehr

Boden erhalten. Nach dieser Anpassung werden innerhalb der folgenden Vertragsperiode von durchschnittlich 15 Jahren drei Methoden angewandt:

1. Anpassung der Getreidemenge, nicht der Nutzungsflächen (dong liang bu dong di).
2. Bereitstellung von Getreide, keine Übertragung von Bodennutzungsrechten (gong liang bu bao di).
3. Gegenseitige Ergänzung von Getreiderations- und Verantwortungsfeldern (liang tian hu bu).

In Gebieten, die eine durchschnittliche Pro-Kopf-Anfangszuteilung von Nutzungsflächen durchgeführt haben, sollen die ersten zwei Methoden benutzt werden. Bei einem Anstieg der Personenzahl teilt die betreffende Organisation auf Dorfebene eine Grundgetreideration zu, jedoch keine Nutzungsflächen. Im umgekehrten Fall brauchen Anbauflächen nicht zurückgegeben werden, sondern es erfolgt eine Erhöhung der kollektiven Abgabequote bzw. Getreideablieferungsquote.

Die dritte Methode kann in Gebieten praktiziert werden, die bei der Zuteilung der Nutzungsflächen in Getreiderations- und Verantwortungsfelder unterschieden haben. Bei einem Anstieg der Personenzahl wird der Umfang des Verantwortungsfeldes reduziert und das Getreiderationsfeld vergrößert und umgekehrt; auch kann eine Anpassung über die kollektive Abgabenhöhe oder Getreideablieferungsmenge erfolgen. Eine Anpassung durch Ergänzung der Getreiderationsfelder an neu hinzugezogene Personen kann aus dem "flexibel einsetzbaren Land" (Jidongtian) dann vorgenommen werden, wenn die oben genannten Methoden nicht ausreichen.

Durch diese Maßnahmen versucht die Gemeinde Dachuantou, die Kosten der ständigen Neuverteilung der gesamten Nutzungsrechte bei einer Veränderung der Arbeitskräfte- oder Bevölkerungsstruktur zu vermeiden.

In welchem Umfang ein Transfer von Bodennutzungsrechten zwischen den Haushalten erfolgt sowie auf den Zusammenhang zwischen Transferrechten und Spezialisierung wird im folgenden näher eingegangen.

3.1.4.1 Bodentransfer und Spezialisierung

Mit dem RUNDSCHREIBEN DES ZENTRALKOMMITEES DER KPCH ÜBER DIE ARBEIT IN DEN LÄNDLICHEN GEBIETEN 1984 wird der Transfer von Bodenrechten zwischen Kommunemitgliedern erlaubt. Haushalte, die sich auf neue Produktionsbereiche spezialisieren wollen, können innerhalb der laufenden Vertragsperiode entweder die Bodenrechte ganz oder teilweise an das Kollektiv zurückgeben oder Verhandlungen über den Transfer der Nutzungsrechte auf andere Haushalte mit Zustimmung der kollektiven Organisation, die die Rechte den Haushalten vertraglich zugeteilt hat, selbst durchführen. Bei einer Übertragung der Bodennutzungsrechte soll der auf die Ablieferungspflichten des Haushalts an den Staat bezogene Vertragsinhalt nicht verändert werden. Unter den Bedingungen des staatlichen Getreidean und -verkaufs kann der neue an den ursprünglichen Nutzer eine bestimmte Getreiderationsmenge zum Paritätspreis (pingjia) liefern. Außerdem soll beim Transfer von Nutzungsrechten der ursprüngliche Nutzer für durchgeführte Investitionen vom neuen Nutzer entschädigt werden. Ebenso kann vom ursprünglichen Nutzer eine Kompensation verlangt werden, wenn durch seine kurzfristige Maximierungsstrategie die Bodenfruchtbarkeit zurückgegangen ist. Für die Entschädigungen sollen allgemeine Richtlinien aufgestellt werden, die eine Klassifizierung und Bewertung der Anbauflächen umfassen.

Mit dieser Regelung wird die Konzentration der landwirtschaftlichen Nutzungsflächen auf Haushalte mit den erforderlichen Produktionsmöglichkeiten gefördert, also auf solche Haushalte, die über viele Arbeitskräfte bzw. die notwendigen Fähigkeiten und Kenntnisse verfügen.

In welchem Umfang nehmen nun die ländlichen Haushalte die Möglichkeit des Bodentransfers in Anspruch?

In den Untersuchungseinheiten in der Provinz Liaoning ist der prozentuale Anteil der Gesamthaushalte und die Zahl der spezialisierten Haushalte, die bis 1987 einen Transfer der Bodennutzungsrechte durchführen, noch relativ gering.

Im Kreis Kuandian beispielsweise sind aufgrund der niedrigen Land-Einwohner-Relation die den Haushalten zugeteilten Nutzungsflächen sehr klein und ihre Bewirtschaftung erfordert nur einen begrenzten Arbeitseinsatz. Dementsprechend gibt es nur wenige Haushalte in diesem Kreis, die Bodenrechte abgeben. Selbst in der Gemeinde Shihugou, in der sich bis 1986 bereits 38 % der Haushalte spezialisiert haben, transferieren nur insgesamt 10 Haushalte rd. 50 Mu Nutzungsflächen. In vielen Dörfern des Kreises Kuandian erfolgt die Spezialisierung und Differenzierung der Produktionsstruktur völlig ohne Bodentransfer wie im Dorf Shangchangyang, in dem 1986 der Anteil der spezialisierten Haushalte an der Gesamtzahl der ländlichen Haushalte bereits 24 % beträgt. Entsprechend dem Dokument STELLUNGNAHME DER GEMEINDE DACHUANTOU ZUR STABILISIERUNG UND VERBESSERUNG DES AN DEN OUTPUT GEBUNDENEN HAUSHALTSVERTRAGSSYSTEMS vom 1. Januar 1985, das die lokale Umsetzung der Parteipolitik widerspiegelt, können spezialisierte Haushalte in dieser Gemeinde über ihr Nutzungsrecht ein Bodenzertifikat erhalten, brauchen jedoch den Boden nicht zu bewirtschaften, sondern das Dorfkomitee führt für sie den Bodentransfer durch. Auch der individuelle Transfer von Bodenrechten zwischen Haushalten ist möglich, wobei entweder das Nutzungsrecht am Boden einschließlich der vertraglichen Verpflichtungen (Ablieferung von landwirtschaftlichen Produkten, Abgaben, Steuern etc.) oder lediglich das Bodennutzungsrecht übertragen werden kann.

Eine Spezialisierung ohne gleichzeitigen Bodentransfer ist auch in den Dörfern und Gemeinden des Kreises Jin zu finden, in denen die Haushalte nur über Bodenrechte an Getreideanbauflächen verfügen, während die sonstigen Nutzungsflächen noch kollektiv bewirtschaftet werden.

Die Entwicklung des Bodentransfers in den Kreisen Changtu und Faku zeigt die untenstehende Tabelle.

Tabelle 4: **Entwicklung des Bodentransfers in den Kreisen Changtu und Faku**

Jahr	Transfer. Nutzungsfläche (Mu)	Haushalte, die Transfer durchführen	Spezialisierte Haushalte	Proz.Anteil der Haushalte, die Transfer durchführen (Spez.Haushalte = 100)
Kreis Changtu:				
1982	502	80	2.873	3
1983	1.100	420	7.242	6
1984	1.500	510	44.915	1
1985	2.502	715	36.307	2
1986	3.050	1.350	49.504	3
1987	3.570	1.540	55.432	3
Kreis Faku:				
1984	2.450	207	9.563	2
1985	15.725	2.852	4.649	61
1986	12.072	2.011	4.119	49
1987	12.770	2.220	k.A.	54[1)]

Anmerkung: [1)] berechnet auf der Basis der spezialisierten Haushalte des Jahres 1986.

Quelle: Eigene Erhebungen 1987.

Die Anzahl der Haushalte, die im Kreis Changtu einen Bodentransfer durchführen, steigt im Zeitraum 1982 - 1987 um rd. das 20fache, während die transferierte Nutzungsfläche nur um das 7fache zunimmt. Im Jahre 1982 wird pro Haushalt durchschnittlich 6,3 Mu Nutzungsfläche transferiert, 1987 dagegen nur 2,3 Mu. Der Anteil der

Haushalte, der Nutzungsrechte überträgt, verändert sich in Relation zu der Gesamtzahl der spezialisierten Haushalte nur wenig und macht 1982 wie 1987 3 % aus. Hier wird deutlich, daß in den Gebieten mit überwiegenden Pflanzenanbau und niedrigem Niveau der ländlichen Industrialisierung die Bauern trotz Spezialisierung die Möglichkeit des Transfers von Bodennutzungsrechten nur in geringem Umfang wahrnehmen.

Im Kreis Faku ist der Bodentransfer erst ab 1984 erfaßt. Auch hier erhöht sch die Zahl der Boden transferierenden Haushalte ab 1987 sehr schnell, wobei die durchschnittlich übertragene Nutzungsfläche pro Haushalt ebenfalls zurückgeht. Im Verhältnis zur Gesamtzahl der spezialisierten Haushalte, die ab 1985 um rd. die Hälfte abnimmt, beträgt der Anteil der Haushalte, der einen Transfer der Nutzungsfläche durchführt, zunächst 2 % und steigt in den folgenden Jahren auf rd. die Hälfte an.

Die transferierte Nutzungsfläche ist im Vergleich zur gesamten Nutzungsfläche in den Kreisen noch sehr gering. Allerdings führen viele Haushalte (z.B. Gemeinde Sijiazi und Dorf Sijiazi/1985) einen kurzfristigen Transfer von Bodenrechten durch, der statistisch nicht erfaßt wird.

Die relativ geringe Anzahl der die Nutzungsrechte am Boden transferierenden Haushalte in den Untersuchungseinheiten macht deutich, daß die Bauern auf die Einkommen aus der Bewirtschaftung der Anbauflächen noch nicht verzichten können. Oft wird bei einem Bodentransfer nur der Anteil der entsprechend der Arbeitskräftezahl zugeteilten Anbauflächen (zerentian) abgegeben, jedoch der Anbau der Getreiderationsfelder (kouliang tian) weiter fortgeführt, um unabhängig von Getreidekäufen am Markt zu sein (Changtu/1985). Die starke Einkommensabhängigkeit vom Anbau und die Instabilität der Einkommen im landwirtschaftlichen Bereich führen dazu, daß die Bauern Bodennutzungsrechte als wirtschaftliche Absicherung betrachten, die sie selbst bei einer Spezialisierung in anderen Produktionsbereichen nicht abgeben wollen. Erst wenn eine langfristige Stabilität der Einkommen aus anderen Produktionsbereichen als dem Anbau den Haushalten die notwendige wirtschaftliche Sicherheit bietet, ist der Haushalt bereit, Bodennutzungsrechte zu transferieren.

Weiterhin übertragen die Bauern oft nur kurzfristig ihre Nutzungsrechte anderen Haushalten, insbesondere Familien, zu denen verwandtschaftliche Beziehungen bestehen (Dagujia/1985, Xi/1985 und Baoli-Dorf/1987). Diese Art des Bodentransfers wird statistisch nicht erfaßt. Nur der Transfer von Nutzungsrechten, die an die kollektive Organisation zurückgegeben oder mit ihrer Hilfe auf andere Haushalte übertragen werden, ist statistisch erfaßt, so daß der tatsächlich transferierte Anteil der Nutzungsrechte höher ist als der statistisch ausgewiesene.

Zu ähnlichen Ergebnissen kommen Untersuchungen in anderen ländlichen Gebieten. LUI WANGLIN (1985), S.58-59 berichtet beispielsweise aus einigen Dörfern in der Provinz Henan, daß auch hier bisher noch wenige Bauern bereit waren, die Bewirtschaftung ihrer Nutzungsflächen aufzugeben, da sie noch die wichtigste finanzielle Absicherung darstellt. Diejenigen Haushalte, die einen Bodentransfer durchführten, haben ihre Bodenrechte an Verwandte oder Nachbarn übertragen.

Auch nach DONG WOZHANG und DONG LI (1985), S.23-24 ist für die Bauern in den meisten ländlichen Gebieten der Pflanzenanbau noch die wirtschaftliche Existenzgrundlage, so daß ihrer Einschätzung nach die Konzentration des Bodens nur langsam fortschreiten wird. Ein Aspekt dabei ist, daß selbst Haushalte ohne Arbeitskräfte Nutzungsflächen nicht abgeben wollen, da sie um die Garantie ihrer Getreideration fürchten.

In der gesamten Provinz Liaoning führen entsprechend dem JAHRBUCH DER WIRTSCHAFTSSTATISTIK DER PROVINZ LIAONING (1987) im Jahre 1986 allerdings bereits rd. 79.000 Haushalte einen Transfer von Bodenrechten durch, der eine landwirtschaftliche Nutzungsfläche von 503.000 Mu umfaßt. Bezogen auf die Anzahl der spezialisierten Haushalte zeigt diese Entwicklung, daß schon 17 % dieser Haushalte (nur 1,5 % der Gesamthaushalte) ökonomisch unabhängig von der Bewirtschaftung der Anbauflächen sind.

Der Bodentransfer zwischen Haushalten kann entweder kostenlos durchgeführt oder mit der Lieferung einer Getreideration zum Durchschnittspreis bzw. Zahlung des Preisunterschiedes zwischen Durchschnittspreis und Marktpreis verbunden werden. Während also die Produktionsgruppe für die Nutzung des kollektiven Bodeneigentums keine Rente berechnet, können die Haushalte für die Nutzungsüberlassung von anderen Haushalten einen Preis fordern. Dieser Preis kann entweder in der Lieferung von Naturalien, Bargeld oder in einer Arbeitsleistung für den ursprünglichen Vertragshaushalt bestehen (Dachuantou/1985, Dagujia/1985).

WU YUMING et al (1988), S.36-39 kommen in ihrer Untersuchung über den Transfer von Bodenrechten im Kreis Dingxiang, Provinz Shanxi, zu ähnlichen Ergebnissen. Haushalte, die Boden transferieren wollen, können entsprechend ihren eigenen Präferenzen die Nutzung des Bodens an Dritte abgeben. Neben der Nutzungsüberlassung an Verwandte und Nachbarn weisen MA BINGQUAN und SUN YIDAN (1988), S.27 auf die zunehmende Tendenz hin, daß Nutzungsrechte auch an Personen aus anderen Dörfern, Gemeinden, Kreisen und sogar anderen Provinzen übertragen werden. Auch UNGER (1985/86), S.600 berichtet über diese Entwicklung.

Der nach Verhandlungen zwischen individuellen Haushalten erfolgende Bodentransfer führt zu der Bestimmung einer Rente, die die Allokationsfunktion übernimmt. Während die Pro-Kopf-Anfangszuteilung der Bodennutzungsrechte nicht auf Effizienzkriterien basiert, kann durch den Transfer von Bodenrechten zwischen Haushalten eine höhere allokative Effizienz erreicht werden.

Eine Annäherung an dieses Ziel ist auch durch die von WU YUMING et al (1988), S.36-39 und SUN ZIDUO (1988), S.12-14 berichtete Praxis des Wettbewerbs um Nutzungsrechte in manchen ländlichen Gebieten möglich. Hierbei werden von der kollektiven Organisation Bodennutzungsrechte meistbietend versteigert und eine Bodenrente festgelegt. WU YUMING et al weisen darauf hin, daß die Bewertung der Bodennutzungsrechte durch einen Preis das Risikobewußtsein der Bauern erhöht und sie zur guten Bewirtschaftung der landwirtschaftlichen Anbauflächen zwingt.

Zusammenfassend ist durch den Transfer von Bodennutzungsrechten eine Konzentration der Anbauflächen auf Haushalte mit den geeigneten Produktionskapazitäten und damit ein Übergang zu einer effzienten Allokation möglich geworden. Allerdings wollen erst relativ wenige Haushalte die mit der Bewirtschaftung der zugeteilten Nutzungsflächen verbundene Einkommensabsicherung aufgeben und ihre Nutzungsrechte gegen eine Kompensation an Dritte abgeben. Ein kurzfristiger Transfer von Nutzungsrechten wird dagegen eher von den Haushalten durchgeführt und erfolgt insbesondere zwischen Haushalten mit familiären oder Nachbarschaftsbeziehungen.

Nachdem anhand von Daten der ausgewählten Einheiten in der Provinz Liaoning und Gesamtchinas untersucht wurde, in welchem Umfang die Haushalte ihre Transferrechte nutzen, soll im folgenden Abschnitt die Reaktion der landwirtschaftlichen Produzenten auf eine Variation der vertraglich festgelegten Bodennutzungsdauer betrachtet werden.

3.1.5 Einfluß der zeitlichen Befristung der Bodennutzungsrechte auf das Investitionsverhalten der Bauern

Bei der anfänglichen Zuteilung von landwirtschaftlichen Anbauflächen an die Haushalte (oder Arbeitsgruppen) erfolgt eine Befristung der Bodennutzungsrechte auf ein bis drei Jahre.

Um die Bauern zu landwirtschaftlichen Investitionen zu ermutigen, die die Bodenfruchtbarkeit steigern und einen intensiven Anbau garantieren sollen, werden mit dem RUNDSCHREIBEN DES ZENTRALKOMITEES DER KPCH ÜBER DIE ARBEIT IN DEN LÄNDLICHEN GEBIETEN 1984 die vertraglich festgelegten Bodennutzungsrechte auf 15 Jahre verlängert. Bei landwirtschaftlichen Produktionsprozessen mit sehr langen Wachstumsperioden, wie im Obstanbau, in der Forstwirtschaft oder bei der Erschließung unbewaldeter Berge und von Ödland können darüberhinausgehende Vertragszeiten zwischen den Haushalten und der kollektiven Organisation festgelegt werden. Neben einer Verlängerung der Nutzungsrechte stellt die Zusicherung einer Entschädigung bei der Übertragung der Nutzungsrechte auf andere Haushalte oder Rückgabe an die betreffende Organisation auf Dorfebene einen Anreiz für Investitionen mit einer langfristigen Auswirkung auf die Bodenfruchtbarkeit dar.

In den meisten Untersuchungseinheiten der Provinz Liaoning erfolgt 1985 die Umsetzung dieser Politik durch die Festlegung einer neuen Vertragsdauer im Anbaubereich auf durchschnittlich 15 Jahre, im Kreis Fuxin sogar bis auf 30 Jahre. Ausnahmen bilden die Kleinstadt Daweijia, in der die Länge der Nutzungsrechte im Pflanzenanbau auf drei bis fünf Jahre beschränkt bleibt sowie das Dorf Shangchangyang, Gemeinde Shihugou im Kreis Kuandian. Hier beträgt die Vertragsdauer für die Nutzungsflächen in der Getreideproduktion nur drei Jahre, im Obstanbau dagegen wie in anderen Einheiten 30 Jahre. Im Kreis Kuandian, der große Waldflächen und unbewaldete Berghänge besitzt, ist für die Bewirtschaftung der Wälder und des bergigen Ödlandes sogar eine Vertragslänge von 60 Jahres vorgesehen.

Um zu untersuchen, inwieweit das kurzfristige Investitionsverhalten der Bauern durch die Länge der Nutzungsverträge beeinflußt wird, bietet sich ein Vergleich der verwendeten Menge chemischen Düngers vor und nach der Verlängerung der Nutzungsverträge an. Angenommen wird, daß die Bauern bei kurzfristigen Nutzungsverträgen den Einsatz des chemischen Düngers erhöhen, um zu schnellen Outputsteigerungen zu gelangen. Ist die Nutzungsdauer dagegen relativ lang, sind sie auch an der langfristigen Erhaltung bzw. Steigerung der Bodenfruchtbarkeit interessiert. Die Menge des chemischen Düngers wird dementsprechend zugunsten anderer organischer Düngemittel (nongjiafei) reduziert werden.

Die Ergebnisse einer solchen Analyse spiegeln in der chinesischen Landwirtschaft jedoch nur beschränkt das individuelle ökonomische Verhalten wider, weil zusätzliche Beschränkungen beim Düngereinsatz bestehen. Die Zuteilung der Düngermenge erfolgt zentral und ist an die zwischen Haushalt und kollektiver Organisation vertraglich festgelegten Nutzungsverträge gebunden, die für bestimmte Anbausorten und Flächengrößen eine entsprechende Menge Dünger festlegen. Da chemischer Dünger außerdem nicht auf freien Märkten angeboten werden darf, beschränkt sich die Möglichkeit der Haushalte über die kollektive Zuteilung hinaus Dünger zu kaufen, auf Überschüsse bei den Gesellschaften für Produktionsmittel auf Gemeinde- und Kreisebene oder auf Schwarzmarktkäufe.

Beim Vergleich der Veränderung des Düngereinsatzes vor und nach der Verlängerung der Bodennutzungsrechte ist auch zu berücksichtigen, daß die Entscheidung über die

Höhe der Düngerverwendung zwischen 1978 - 1983 nur teilweise durch den individuellen Haushalt erfolgte, da zu Beginn dieses Zeitraums noch eine kollektive Bewirtschaftung der Anbauflächen bestand.

Die Untersuchung des Düngereinsatzes sollte auf einem Vergleich der prozentualen Veränderung des Wirkstoffgewichts basieren. Dieser berücksichtigt im Gegensatz zum Produktionsgewicht die Qualitätsveränderungen, die beim Einsatz chemischen Düngers besonders wichtig sind.

Im Zeitraum 1978 - 1983 beträgt die Steigerungsrate des Düngereinsatzes in Gesamt-China durchschnittlich 11,1 % pro Jahr, und in der Folgezeit bis 1987 lediglich 3,5 % jährlich.

Für die Provinz Liaoning liegen Daten über die Veränderung des Wirkstoffgewichts ab 1981 vor. Bis zur Verlängerung der Bodennutzungsrechte steigt die eingesetzte Düngermenge durchschnittlich um 2,3 % und in den Jahren 1984 - 1987 existiert eine negative Wachstumsrate von minus 3,7 % jährlich. Zwischen 1985 und 1986 sinkt der Düngereinsatz um 7 % und um 7,4 % besonders stark. Die in der Provinz Liaoning eingesetzten Düngermengen (gemischte Produktgewichtsmengen) pro Flächeneinheit gehen ab 1985 erheblich zurück und bleiben in den Jahren 1985 und 1986 unter dem Niveau zu Beginn der Reform (Vgl. Tab. 3.2 im Anhang).

Aufgrund der oben genannten Restriktionen beim Düngereinsatz können die Daten auf Provinz- und Landesebene nur begrenzt als individuelle Reaktionen der Bauern interpretiert werden. Dagegen wird in den Befragungen in den Untersuchungseinheiten in der Provinz Liaoning (Dachuantou 1987 und Wuhuanchi 1987) deutlich, daß die eingesetzte Menge organischen Düngers, die statistisch nicht erfaßt wird, in den letzten Jahren zugenommen hat und die Anwendung und Zusammensetzung des chemischen Düngers sorgfältiger erfolgt.

Zu den Investitionen, die eine langfristige Wirkung auf die Erhaltung und Steigerung der Bodenfruchtbarkeit haben, zählen Anlagen für die Bewässerung und Drainage, Melioration alkalischer Böden, Maßnahmen gegen Bodenerosion und Überschwemmungsschutz. Vor der Zuteilung von Bodennutzungsrechten wird über die Durchführung entsprechender Investitionen auf lokaler Ebene innerhalb der Produktionsgruppen, auf Brigade- oder Kommuneebene entschieden. Die Finanzierung innerhalb der Produktionsgruppen erfolgt über die kollektive Akkumulation und durch Arbeitsleistungen der Kollektivmitglieder. LAW (1988),S.326 weist darauf hin, daß die einkommensmaximierende Sicht der Mitglieder der Produktionsgruppe nicht nur eine Steigerung ihrer laufenden Einkommen umfaßte, sondern daß sie auch über Zuweisungen an den Akkumulationsfonds an einem steigenden Kapitalstock interessiert waren, der ihr Einkommen langfristig erhöhen sollte. CROOK (1975),S. 397 gibt die Höhe des kollektiven Akkumulationsfonds in den Produktionsgruppen Mitte der 70er Jahre mit 10 % und höher an.

Besteht nach der Verlängerung der Bodennutzungsrechte für die individuellen Haushalte nun ein Anreiz, Investitionen in Projekte durchzuführen, die vor der Reform aus dem kollektiven Akkumulationsfonds oder durch staatliche Mittel finanziert wurden, und zu denen die Bauern entsprechend dem Parteidokument von 1983 EINIGE FRAGEN ZUR GEGENWÄRTIGEN LÄNDLICHEN WIRTSCHAFTSPOLITIK ermutigt werden sollten?

Es kann angenommen werden, daß dies nur der Fall sein wird, wenn die individuelle Zurechenbarkeit der Investitionswirkung auf die zugeteilte Nutzungsfläche innerhalb der Bodennutzungsdauer gegeben ist. Auch LAW (1988), S.37 führt aus, daß die Bauern nicht in large-scale Projekte zur Verbesserung der landwirtschaftlichen Infrastruktur investieren, wenn ihre Einkommens-, Kontroll- oder Nutzungsrechte hierbei nicht eindeutig bestimmt sind.

Projekte größeren Umfangs werden von den Selbstverwaltungsorganisationen auf Dorfebene, den Gemeinden und Kreisen durchgeführt. Die Finanzierung erfolgt weiterhin über den kollektiven Akkumulationsfonds. In den Dörfern wird an die Zuteilung von Bodennutzungsrechten die Ablieferung kollektiver Abgaben (jiti tiliu) und eine bestimmte Arbeitsleistung gebunden. Ein Teil dieser Abgaben ist für den kollektiven Akkumulationsfonds bestimmt, der größere Projekte ermöglichen soll. Seit der Auflösung der Produktionsgruppen ist jedoch der Anteil der kollektiven Abgaben im Verhältnis zu den Nettoeinnahmen in den ländlichen Gebieten stark zurückgegangen.

Dies wird auch in den Untersuchungseinheiten in der Provinz Liaoning deutlich. Die Entwicklung der kollektiven Abgaben im Verhältnis zu den Nettoeinkommen zeigt hier, daß im Zeitraum 1979 bis 1984 in den meisten Dörfern und Gemeinden das Finanzierungspotential für Infrastrukturprojekte erheblich eingeschränkt ist (Vgl. Tab. 6.2 im Anhang).

Die mangelnden Investitionen in wasserwirtschaftliche Anlagen und Bodenmelioration seit 1984 bis 1987 führen in Gesamt-China denn auch nur zu einer geringen Zunahme der gegen Überschwemmung und Versalzung geschützten Felder[3]. Dies ist einerseits auf die rückläufigen Investitionsmittel auf lokaler Ebene zurückzuführen, aber auch auf die Reduzierung der staatlichen Investitionen für die Landwirtschaft. Auch CHINA NEWS ANALYSIS (1988), S.3 weist auf die seit Jahren vernachlässigten Wasserbauanlagen hin und auf den unzureichenden Schutz vor Überschwemmungen und Dürrekatastrophen.

Nach WANG HUI (1986) steht der Nutzung der landwirtschaftlichen Anbauflächen keine ausreichende Bodenmelioration und Investition in den landwirtschaftlichen Investbau gegenüber. Die zunehmende Verschlechterung der landwirtschaftlichen Ressourcenausstattung führt nach WANG HUI unter den derzeitigen Produktionstechniken insbesondere zu steigender Bodenerosion, Ausbreitung von Wüsten und Verschlechterung des Graslandes.

LAW (1988), S.330-331 sieht in der Vernachlässigung der infrastrukturellen Investitionen vor allem eine Gefährdung der Getreideertragsstabilität, die abhängig ist vom Anteil der durch Überschwemmung und Trockenheit betroffenen Anbauflächen.

<u>Investitionen der Haushalte in Anlagen und Maschinen, die direkt den Output der zugeteilten Nutzungsfläche erhöhen, sind dagegen in den letzten Jahren erheblich gestiegen</u>. Wie dem Schaubild 6 entnommen werden kann, vergrößert sich zwischen 1984 bis 1986 beispielsweise der Anteil der landwirtschaftlich genutzten Bewässerungsmaschinen und Wasserpumpen im Eigentum der ländlichen Haushalte auf Landesebene von 44 % auf 55,7 % und von 39,2 auf 53,7 %. Diese Entwicklung ist auch in den Untersuchungseinheiten in der Provinz Liaoning festzustellen, in denen bereits 1985 ein großer Teil der Maschinen für die Bewässerung individuelles Eigentum der Bauern sind.

Investitionen in Traktoren und andere landwirtschaftliche Produktionsmittel sind relativ unabhängig von der zeitlichen Befristung der Bodennutzungsrechte. In den Jahren 1982 bis 1986 vergrößert sich die maschinelle Ausstattung der Haushalte in Gesamt-China relativ schnell.

Schaubild 6: **Maschinelle Ausstattung im Eigentum der ländl. Haushalte in Gesamtchina (in Prozent)**

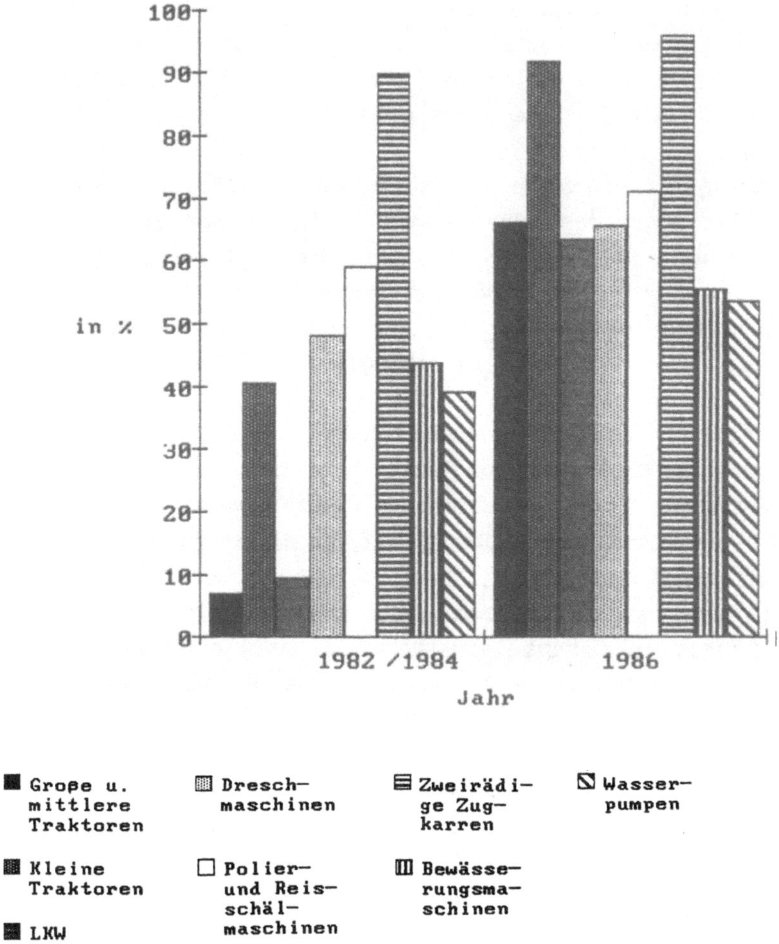

Quelle: ZGNYNJ (1982),S.74; (1983),S.100,101,111; (1984), S.143,152,153; (1985),S.211; (1986),S.255; (1987),S.329.

Bei den großen und mittleren Traktoren steigt der Anteil von 7,3 % im Jahre 1982 auf 66,3 % im Jahre 1986. Im genannten Zeitraum erhöht sich der Anteil der kleineren Traktoren von 40,7 % auf 92 %. Die Zahl der in der

Landwirtschaft genutzten Lastkraftwagen in den bäuerlichen Haushalten erhöht sich von 9,7 % im Jahre 1982 auf 63,7 % im Jahre 1986. Der Anteil der landwirtschaftlich genutzten Verarbeitungsmaschinen im individuellen Eigentum nimmt ebenfalls rasch zu, so daß 1986 bereits 65,8 % der Dreschmaschinen und 71,3 % der Polier- und Reisschälmaschinen den Bauern gehören.

Auch in den befragten Einheiten in der Provinz Liaoning ist die deutliche Zunahme der Produktionsausstattung im individuellen Eigentum der Bauern festzustellen. Der Umfang kleinerer Traktoren und LKW, die für den Transport benutzt werden, steigt in den letzten Jahren besonders schnell (Vgl. Tab. 3.4 im Anhang).

An die Stelle der einheitlichen Organisation und den durch das Kollektiv geplanten Einsatz der maschinellen Ausstattung tritt zunehmend die dezentrale Entscheidung der einzelnen Bauern. Obwohl der Gesamtumfang der maschinellen Ausstattung in Gesamt-China und in der Provinz Liaoning bis 1986 zunimmt, steigt der prozentuale Anteil der maschinell bewirtschafteten Anbauflächen nur wenig und geht in den Jahren 1984/85 in manchen Bereichen sogar erheblich zurück (Vgl. Tab. 3.5 im Anhang).

Entsprechend der ZUSAMMENFASSUNG DER REPRÄSENTATIVEN UNTERSUCHUNG ÜBER DIE SOZIALE UND WIRTSCHAFTLICHE SITUATION IN DEN LÄNDLICHEN GEBIETEN nimmt der Anteil der maschinell bewirtschafteten Flächen 1984/85 insbesondere in Heiliongjiang, Guilin, Shanghai und Jiangsu zu, während er in den meisten Gebieten zurückgeht. In neun Provinzen und autonomen Gebieten sinkt der Anteil der maschinell gepflügten Flächen sogar um 40 % und der Anteil der maschinell bewässerten Flächen um 3,4 %.

Mit der Zuweisung von Nutzungsrechten am Boden ist eine starke Parzellierung der Anbauflächen verbunden, die eine

Kombination von manueller Arbeit mit traditionellen Geräten und Zugtieren gegenüber dem Einsatz von Maschinen kostensparender werden läßt. Da außerdem die Einkommen aus der Nutzung der Traktoren für den Transport gegenüber ihrem Einsatz im Anbau sehr hoch sind, kann die geringe Zunahme der maschinell bearbeiteten Anbauflächen als rationale Antwort der Bauern verstanden werden. Auch die durchschnittliche Zusammensetzung des Produktionsvermögens in Gesamt-China und in der Provinz Liaoning im Zeitraum 1985 - 1987 zeigt die Investitionsprioritäten der ländlichen Haushalte. So ist der Anteil der Investitionen für die Anschaffung von Zug- und Lasttieren mit jeweils 37 % am höchsten, gefolgt von 22 % für Produktionsgebäude (16 % in Liaoning) sowie 17 % für Transportmaschinen (24 % in Liaoning) (Vgl. Tab. 3.6 im Anhang).

Die Anzahl der Haushalte, die über eine maschinelle Produktionsausstattung verfügt oder einen Teil ihres Einkommens in eine Spezialisierung auf andere Produktionsbereiche als den Anbau investiert, ist in jedem Dorf in den untersuchten Gemeinden und Kreisen in der Provinz Liaoning jedoch noch relativ gering. Für die überwiegende Zahl der befragten Haushalte mit einem geringerem Einkommen hat zunächst die Verbesserung ihres Lebensstandards Priorität, und der Kauf langlebiger Konsumgüter wie Fernsehen, Waschmaschinen, Kassettenrecorder etc. steht dabei für die meisten Haushalte im Vordergrund.

Die ZUSAMMENFASSUNG DER REPRÄSENTATIVEN UNTERSUCHUNG ÜBER DIE SOZIALE UND WIRTSCHAFTLICHE SITUATION IN DEN LÄNDLICHEN GEBIETEN von 1984/85 kommt zu ähnlichen Ergebnissen. In einem durchschnittlichen 4,8-Personen-Haushalt verbleibt vom jährlichen Familieneinkommen von 3.089 Yuan nach Abzug der Steuern, kollektiven Abgaben, Lebenshaltungskosten und der Anschaffung von festen Anlagewerten nur noch ein geringer Überschuß für Investitionen in Produktionserweiterungen in Höhe von 203 Yuan. Der Anteil der Haushalte, in denen das jährliche Pro-Kopf-Einkommen der Haushaltsmitglieder weniger als 300 Yuan ausmacht, beträgt 47 %, d.h. in diesen Haushalten verbleibt kein Überschuß für Investitionen, während mit steigendem Einkommen die Überschüsse zunehmen und damit die potentiellen Möglichkeiten, Investitionen für Produktionserweiterungen durchzuführen[4].

In der im Herbst 1987 vor Beginn des 13. Parteitages durchgeführten Anschlußuntersuchung in den ausgewählten ländlichen Gebieten der Provinz Liaoning war die Kontinuität der Landwirtschaftspolitik und damit die Stabilität der vertraglich festgelegten Nutzungsrechte am Boden für alle befragten Bauern und Kader ein wichtiges Thema. Die Unsicherheit des überwiegenden Teils der ländlichen Bevölkerung über eine mögliche kurzfristige Rücknahme der wirtschaftlichen Liberalisierungspolitik war zum Zeitpunkt der Zuteilung von Nutzungsrechten noch relativ groß und ist dagegen heute im wesentlichen überwunden. Dennoch bestehen Zweifel bei den Bauern an der rechtlichen Durchsetzbarkeit der heute auf 15 Jahre und länger befristeten Nutzungsverträge.

Eine Begründung scheint nach PRYBYLA (1986), S.69-70 darin zu liegen, daß die zwischen der kollektiven Organisation und den Haushalten abgeschlossenen Produktionsverträge, die auch die Bodennutzungsrechte regeln, keine Verträge zwischen gleichberechtigten Vertragsparteien sind. So dominieren in den Verträgen der Untersuchungseinheiten die an die Zuteilung der Anbaufläche gebundenen Restriktionen für die Haushalte sowie Sanktionen bei Nichtbeachtung dieser Bestimmungen. Die wirtschaftlichen Verpflichtungen des Haushalts gegenüber Kollektiv und Staat werden detailliert aufgeführt, während nähere Bestimmungen über die rechtlichen Ansprüche des Haushalts an das Kollektiv fehlen[5].

Um die individuelle vertragliche Nutzung der Anbauflächen im kollektiven Eigentum (genau im kollektiven Eigentum der Bauern eines Dorfes), die von der Wirtschaftsorganisation des Dorfes oder durch das Dorfkomitee verwaltet werden, rechtlich abzusichern und das Vertrauen der Bauern in die Langfristigkeit der Reformpolitik zu stärken, wird 1986 ein neues Bodengesetz beschlossen, das am 1. Januar 1987 in Kraft getreten ist. Danach werden Landeigentum und das Recht der Landnutzung auf vertraglicher Basis rechtlich geschützt.

Die Untersuchung des Investitionsverhaltens der Bauern als Reaktion auf eine Variation der Bodennutzungsdauer kommt zu folgenden Ergebnissen. Bei kurzfristigen Nutzungsverträgen (1 - 3 Jahre) steigt die eingesetzte Menge chemischen Düngers, während eine größere Nutzungsdauer zu einer Reduzierung des chemischen Düngers, besserer Düngernutzung und verstärktem Einsatz von nicht-chemischen Düngersorten führt. Da das staatliche Zuteilungsssystem die Entscheidungsrechte der Bauern beim Einsatz chemischen Düngers beschränkt,ist der Zusammenhang zwischen der Nutzungsdauer und der Düngermenge jedoch nicht eindeutig zu erklären.
Durch die Verlängerung der Nutzungsrechte werden individuelle Investitionen, die direkt den Output der den Haushalten zugeteilten Nutzungsflächen steigern, positiv beeinflußt. Bei Nutzungsverträgen mit einer längeren Dauer (15 Jahre und mehr) sind individuelle Investitionen in größere Projekte zur Be- und Entwässerung, Bodenmelioration etc. jedoch nicht zu erwarten. Hierzu müßten den landwirtschaftlichen Produzenten Einkommens-, Kontroll- und Nutzungsrechte übertragen werden.
Da das Finanzierungspotential der Dörfer und Gemeinden für größere Projekte im Infrastrukturbereich aufgrund einer reduzierten kollektiven Akkumulation zurückgegangen ist und nicht durch staatliche Investitionen kompensiert wird, scheint die Sicherung der langfristrigen Ertragsstabiltität gefährdet.

Der Umfang der maschinellen Ausstattung im Eigentum der ländlichen Haushalte steigt ab 1984 sehr schnell. Ein Teil der Investitionen für z.B. Traktoren und andere Fahrzeuge ist jedoch unabhängig von der Länge der Bodennutzungsverträge und wird auch eher für die Spezialisierung im Transportbereich eingesetzt als im Pflanzenanbau.

Die Allokation von Bodennutzungsrechten erfolgt zusammen mit einer Aufteilung der sonstigen Produktionsmittel an die Mitglieder der Produktionsgruppe. Im folgenden Ab-

schnitt werden alternative Zuteilungsregeln für Verfügungsrechte an der Produktionsausstattung und damit verbundene Wirkungen näher analysiert.

3.2 Zuteilung von Verfügungsrechten an der landwirtschaftlichen Produktionsausstattung

Neben der Zuteilung von Bodennutzungsrechten müssen die Mitglieder der Produktionsgruppe über die Zuteilung von Verfügungsrechten an der sonstigen landwirtschaftlichen Produktionsausstattung entscheiden. Die Produktionsgruppe verfügt über eine für die Bewirtschaftung der kollektiven Bodenfläche notwendigen relativ großen Anzahl von Zugtieren, Pferdewagen und sonstigen kleineren landwirtschaftlichen Geräten, jedoch nur über eine sehr begrenzte Zahl größerer Produktionsmittel wie Traktoren. Wenn alle Haushalte einen Teil der Realkapitalausstattung fordern, sind folgende Zuteilungsregeln möglich:

- Die Produktionsausstattung wird an die meistbietenden Haushalte verkauft.
- Jeder Haushalt kann abhängig von der Nutzungsfläche die zur Bewirtschaftung notwendige Ausstattung mit Pferden, Zugtieren etc. von der Produktionsgruppe kaufen.
- Jeder Haushalt erhält entsprechend der ihm zugeteilten Bodenfläche das Nutzungsrecht an der Produktionsausstattung, die kollektives Eigentum bleibt.

Alle Haushalte ohne Ersparnisse werden bei den ersten zwei Zuteilungsregeln diskriminiert, so daß die Mitglieder " armer " Produktionsgruppen dieser Zuteilungsregeln wahrscheinlich nicht oder kaum zustimmen werden. Dagegen bietet ein Verkauf der Produktionsausstattung gegen Kreditgewährung allen Mitgliedern eine Chance, Produktionsmittel zu erwerben. Stehen nicht für alle Haushalte Produktionsmittel in ausreichender Anzahl zur Verfügung, könnten diese ebenfalls Kredite zum Kauf der notwendigen Ausstattung erhalten.

Da alle Haushalte Vorteile aus dem Einsatz größerer Produktionsmittel erhalten wollen, muß das Nutzungsrecht so gestaltet werden, daß jeder Haushalt die Gewißheit hat, die Dienstleistungen z.B. eines Traktors in Anspruch nehmen zu können.

Wenn die Zuteilung der sonstigen Produktionsmittel entsprechend der zugeteilten Nutzungsfläche erfolgt und ein Verkauf an Meistbietende ausgeschlossen wird, trägt die Zuteilung von Produktionsmitteln nur proportional zum Einkommen der Haushalte bei und ist somit nach CHAI (1985), S.98 verteilungsneutral.

Die Untersuchung in den befragten Einheiten in der Provinz Liaoning kommt zu dem Ergebnis, daß die Zuteilung des überwiegenden Teils der kleineren landwirtschaftlichen Produktionsausstattung an die Haushalte entsprechend der ihnen übertragenen Bodennutzungsfläche erfolgt.

Für Zugtiere, Pferdewagen und landwirtschaftliche Geräte wird ein Preis bestimmt, und die Ausstattung entsprechend der zugeteilten Bodennutzungsfläche gegen Kreditgewährung an die Haushalte verkauft, die jährliche Ratenzahlungen an die Produktionsgruppe leisten. Der Verkauf der Produktionsausstattung und die Rückzahlungsbedingungen des Kredits werden im "Produktionsverantwortungsvertrag" festgelegt, der auch die Anfangszuteilung von Bodennutzungsrechten enthält (z.B. Dorf Shangchangyang 1985).

Viele Produktionsgruppen besitzen zum Zeitpunkt der Zuteilung der maschinellen Ausstattung an die Haushalte keine eigenen Traktoren, sondern es existiert auf Brigadeebene (heutiges Dorf) eine Traktorenstation, die den maschinellen Einsatz auf den Anbauflächen der Produktionsgruppe kollektiv organisiert. Bei der Zuteilung der maschinellen Ausstattung bleiben zunächst in fast allen untersuchten Dörfern die großen und mittleren Traktoren kollektives Eigentum.

Im Dorf Baoli werden bei der Zuteilung der Bodennutzungsrechte an Haushalte im Jahr 1983 die vorhandenen acht kleineren Handtraktoren an Haushalte verkauft, während die drei großen (75 PS) und zwei mittleren (28 PS) Traktoren kollektives Eigentum bleiben und für das maschinelle Pflügen der landwirtschaftlichen Anbauflächen eingesetzt werden. In den 21 Dörfern der Kleinstadt Baoli wird auch 1987 noch der Einsatz der 103 im kollektiven Eigentum befindlichen Traktoren durch Gruppen (Jigengdui) organisiert.

Bei der Übertragung von Nutzungsrechten an der maschinellen Produktionsausstattung wird zwischen den Brigaden und Gruppen oder spezialisierten Arbeitskräften - in der Regel sind dies die Traktorfahrer der Brigade - ein Nutzungsvertrag abgeschlossen. Im Dorf Shangchangyang beispielsweise erfolgt 1982 eine vertragliche Vereinbarung über die Traktornutzung zwischen der Brigade und spezialisierten Arbeitskräften. In diesem Vertrag wird der für die kollektive Organisation zu leistende Traktoreinsatz pro Stunde in Geld bewertet, die Art des maschinellen Einsatzes bestimmt, die Kosten einschließlich der Abschreibung und das Einkommen der vertragsabschließenden Arbeitskräfte sowie der an die Brigade abzuliefernde Gewinn festgelegt. Ein 1984 im gleichen Dorf abgeschlossener neuer Nutzungsvertrag legt demgegenüber nur noch fest, wieviel Traktorstunden für das Dorf zu leisten sind, während alle übrigen wirtschaftlichen Entscheidungen über die Nutzung des Traktors von der spezialisierten Arbeitskraft getroffen werden können[6].

Der überwiegende Teil der kleineren Traktoren und auch andere Produktionseinrichtungen wie Maschinen für die Verarbeitung landwirtschaftlicher Produkte und Werkstätten auf Dorfebene werden verkauft oder einzelnen Personen mit den erforderlichen Kenntnissen zur Nutzung überlassen.

Mit dem Verkauf und der Nutzungsüberlassung größerer Produktionsmittel an bestimmte Personen werden individuelle Einkommensmöglichkeiten unterschiedlich verteilt. Bei der Zuteilung dieser Produktionsmittel haben insbesondere Personen mit technischen Kenntnissen und Fähigkeiten in der Wirtschaftsführung Vorteile, oft sind dies die ehemaligen Leiter der Produktionsgruppen, Buchhalter oder technisches Personal wie Traktorenfahrer oder Leiter der Reparaturwerkstätten für landwirtschaftliche Maschinen. Auch OI (1986a), S.244 berichtet, daß vor der Aufteilung des Kollektiveigentums die ländlichen Kader Informationsvorteile hatten und einen Teil der Traktoren entweder selbst kauften oder den Kauf für Verwandte oder Freunde arrangierten.

Die individuellen Nutzungsrechte an den im kollektiven Eigentum befindlichen Traktoren werden in den Untersuchungseinheiten in der Provinz Liaoning jedoch eingeschränkt durch die Festlegung bestimmter Arbeitsleistungen für das Kollektiv, wie beispielsweise Pflügen und Eggen. Hierdurch soll eine Monopolstellung bestimmter Haushalte als Folge der Zuteilung maschineller Ausstattung im Dorf vermieden werden.

Die Zuteilung von Rechten an den zur Bewirtschaftung notwendigen Geräten, Zugtieren etc. erfolgt entsprechend der jedem Haushalt vertraglich zugewiesenen Anbaufläche. Während durch diese Zuteilungsregel die Einkommen aller Haushalte nur proportional beeinflußt werden, bedeutet die Nutzungsüberlassung und der Verkauf von Traktoren und größeren Maschinen dagegen eine Verbesserung der Einkommensmöglichkeiten nur weniger Haushalte.

Im Rahmen der Haushaltsvertragssysteme werden den Bauern nicht nur Bodennutzungsrechte zugeteilt, sondern sie erhalten auch das Recht, über den alternativen Einsatz ihrer Arbeitskraft selbst zu bestimmen. Im folgenden Kapitel wird das individuelle Arbeitsverhalten unter Berücksichtigung der Restriktionen und Anreize in den landwirtschaftlichen Produktionsgruppen und im Haushalt als Produktionseinheit näher untersucht und miteinander verglichen. Darüberhinaus werden die Wirkungen der Arbeitsallokationsentscheidungen der Haushalte hinsichtlich Spezialisierung, Einstellung externer Arbeitskräfte und ihr Einfluß auf Arbeitsproduktivität, Beschäftigungsstruktur und Mobilität analysiert.

4. Kollektive und individuelle Verfügungsrechte an der Arbeit

Neben Bodennutzungsrechten und Eigentumsrechten an der landwirtschaftlichen Produktionsausstattung beeinflußt die Gestaltung der Verfügungsrechte an der Arbeit das individuelle wirtschaftliche Verhalten am stärksten. Auch hier gilt: Je weitgehender andere Individuen von Nutzungsrechten ausgeschlossen werden können, desto genauer lassen sich die Kosten und Gewinne der Entscheidungen über den Einsatz der Arbeitskraft zuordnen und bieten damit einen Anreiz zu einer effizienten Nutzung.

In der kollektivierten Landwirtschaft Chinas sind die Verfügungsrechte der Arbeitskräfte über die eigene Arbeit vor der Reform insoweit eingeschränkt, als ihnen lediglich die Entscheidung über die Qualität ihrer Arbeitsleistung innerhalb der kollektiven Produktionsorganisation zugestanden wird. Die Arbeitskräfte können sich weder zwischen Tätigkeiten innerhalb noch außerhalb der Produktionsgruppe entscheiden, noch verfügen sie über eine regionale oder sektorale Mobilität. Eine Wahl zwischen alternativen Beschäftigungen mit unterschiedlichen Einkommensmöglichkeiten ist damit nicht gegeben.

Ob die Arbeitskräfte innerhalb der kollektiven Produktionsorganisation ihre maximale Arbeitsleistung für die kollektive Produktion einsetzen, ist davon abhängig, welche Anreize zum "shirking" bestehen und welches Verhalten sie von den übrigen Kollektivmitgliedern erwarten.

Zunächst wird untersucht, inwieweit die Bedingungen in einer kollektiven Produktionsorganisation, in der nur beschränkte individuelle Nutzungsrechte an der Arbeit bestehen, das Verhalten der landwirtschaftlichen Arbeitskräfte beeinflussen. Im Anschluß daran wird das aus diesen Restriktionen resultierende Verhalten demjenigen in der ökonomischen Organisation Haushalt gegenübergestellt.

4.1 Verfügungsrechte an der Arbeit in kollektiven Produktionsorganisationen und individuelles Arbeitsverhalten

4.1.1. Anreize zum "shirking" in landwirtschaftlichen Produktionsgruppen

Grundlegende Probleme bei der kooperativen Produktion einer Gruppe von Individuen sind Entlohnung und Sicherung der gleichen Effizienz des Arbeitseinsatzes aller Gruppenmitglieder. Die Feststellung des individuellen Grenzprodukts der Arbeit ist bei kooperativer Produktion nur indirekt über Rückschlüsse auf die Inputproduktivität möglich, also über Beobachtung des Arbeitsverhaltens eines Gruppenmitgliedes.

Die Kontrolle des Arbeitsverhaltens eines Gruppenmitglieds ist jedoch mit bestimmten Bewertungs- und Überwachungskosten verbunden, die wiederum das Ausmaß der Kontrolle einschränken. Hierdurch entsteht ein Anreiz für die Gruppenmitglieder, ihren Arbeitseinsatz zu reduzieren: "shirking". Die mit einem geringeren Arbeitseinsatz verbundenen Einkommenswirkungen trägt das einzelne Gruppenmitglied nicht allein, sondern auch alle übrigen Mitglieder der Gruppe. Da die Alternativkosten des "shirking" für das einzelne Gruppenmitglied relativ niedrig sind und andererseits eine zunehmende Überwachung steigende Kontrollkosten für alle Gruppenmitglieder verursacht, gehen ALCHIAN UND DEMSETZ (1972) davon aus, daß "shirking" in der Gruppenproduktion nicht gänzlich ausgeschlossen werden kann.

Dieser allgemeine Erklärungsansatz ist auch hilfreich bei der Analyse des individuellen Verhaltens der Bauern in den landwirtschaftlichen Produktionsgruppen. ALCHIAN UND DEMSETZ sehen jedoch "shirking" lediglich als Problem der mit Kosten verbundenen externen Überwachung des Arbeitseinsatzes. Das individuelle Verhalten wird als unabhängig vom Verhalten der übrigen Mitglieder in der Gruppe betrachtet. Wird dagegen nach BRANDES UND WEISE (1987), S. 64-94, ein Interdependenzgeflecht von Handlungen vorausgesetzt, dann ist das individuelle Verhalten nicht isoliert vom Verhalten der übrigen Mitglieder der Gruppe zu betrachten.

Eine nähere Untersuchung der Kosten der Bewertung und Überwachung des Arbeitseinsatzes innerhalb der Produktionsgruppen zeigt, daß auch für die Mitglieder der kollektiven Produktionsorganisation Anreize zum "shirking" bestehen.

Die Bewertung der Arbeitsleistung innerhalb der Produktionsgruppen erfolgt seit Mitte der 60er Jahre nach Arbeitspunkten. Diese können nach CROOK (1975), S. 401, BURKI (1975), S. 27 und NG (1976), S. 18, entweder durch ein Grundpunktesystem vergeben werden, bei dem jeder Arbeitskraft entsprechend festgelegten Kriterien wie Körperkraft, Qualifikation, Geschlecht, Einstellung zur kollektiven Arbeit etc. eine bestimmte Anzahl von Arbeitspunkten pro Tag zugeteilt wird.

Andererseits können wie DUTT (1963),S. 126 und MARCHISIO, (1972), S. 78 - 80 hinweisen, Arbeitsnormen für einzelne Arbeitsgänge aufgestellt und ihre Erfüllung innerhalb einer vorgegebenen Zeit mit einer bestimmten Anzahl von Arbeitspunkten bewertet werden[1]. Die Vielfältigkeit der landwirtschaftlichen Aktivitäten erfordert hierbei ein komplexes Normensystem, das u.a. auch Witterungsbedingungen oder durch Mechanisierung bedingte Veränderungen im Produktionsablauf berücksichtigen muß. Außerdem werden hohe Anforderungen an die buchhalterischen Fähigkeiten der ländlichen Kader gestellt, die aus den Arbeitsnormen das individuelle Einkommen errechnen müssen.

Für das einzelne Kollektivmitglied ist der Anreiz zum "shirking" geringer, wenn die Erfüllung der Arbeitsleistung durch Arbeitsnormen kontrolliert wird. Andererseits ist die Bewertung durch Arbeitsnormen mit hohen Kontrollkosten verbunden. Die Höhe dieser Kosten zusammen mit politischen Kampagnen gegen eine Zuteilung der Arbeitspunkte nach einem komplizierten Normensystem, das nach WEGGEL (1972), S. 21 zu Beginn der Kulturrevolution aufgrund der zunehmenden Bürokratisierung der ländlichen Kader kritisiert wird, begründen, daß der überwiegende

Teil der Produktionsgruppen seit Mitte der 60er Jahre das Grundpunktesystem praktizierte[2].

Im kulturrevolutionären Modell für die landwirtschaftliche Entwicklung, der Produktionsbrigade Dazhai, wird nach MARCHISIO (1972), S. 83 - 85 und NG (1976),S. 34 ein Grundpunktesystem propagiert, bei dem die Anzahl der Arbeitspunkte aufgrund einer Selbsteinschätzung und im Vergleich mit festgelegten Kriterien zugeteilt werden, zu denen neben der Arbeitsqualifikation auch die politische Zuverlässigkeit zählt.

Zwar wird bereits mit Beginn der 70er Jahre von der chinesischen Führung der Versuch aufgegeben, ein am Dazhai-Model ausgerichtetes Verteilungssystem durchzusetzen, doch scheint damit keine Abkehr von der Bewertung der Arbeitsleistung nach Grundpunkten verbunden gewesen zu sein, wie auch WATSON (1984), S.89, NOLAN UND PAINE (1986), S.84 und JEC (1975), S. 400-401 berichten.

Dies wird auch bei der Befragung in ausgewählten Einheiten in der Provinz Liaoning deutlich, in denen überwiegend die Zuteilung der Arbeitspunkte nach dem Grundpunktesystem (pinggong jifen) erfolgte. Nach Aussagen der Bauern bot dieses Bewertungssystem jedoch nur wenig Anreize, da sich eine größere Arbeitsanstrengung nicht in einer entsprechenden Einkommenserhöhung widerspiegelte, jeder fast die gleiche Punktzahl erhielt oder lediglich Punkte für die Anwesenheit vergeben wurden.

Auch die befragten Kader beurteilten die Verteilung nach Grundpunkten negativ, da sie mit langen politischen Diskussionen über Einstufung und Selbstkritik verbunden war und letztlich keiner mehr auf dem Feld arbeiten wollte (Bajiazi/1985). Hinsichtlich der mangelnden Arbeitsmoral der Bauern wird von den Kadern berichtet, daß die Bauern zwar zur kollektiven Arbeit erschienen, sich jedoch nicht anstrengten, gute Arbeit zu leisten (chu gong bu chu li) (Bezirk Yuhong/85).

Unabhängig von den Kosten der Bewertung und Kontrolle der Arbeitsleistung, von denen die Kollektivmitglieder ihren Arbeitseinsatz abhängig machen, besteht ein Anreiz zum "shirking" auch immer dann, wenn für die Gruppenmitglieder der Grenznutzenentgang der Arbeit nicht gleich dem zusätzlichen Einkommensgewinn der Arbeitsanstrengung in der Produktionsgruppe ist. Hierzu kann es nach CHINN (1980) beispielsweise durch die Gestaltung der kollektiven Einkommensverteilung kommen.

In der Produktionsgruppe setzt sich das individuelle Einkommen eines Mitglieds aus einer Zuteilung von Naturalien und aus einem monetären Einkommensanteil zusammen. Um die Grundversorgung der ländlichen Bevölkerung sicherzustellen, hat jedes Kollektivmitglied einen Anspruch auf eine Grundration an Nahrungsmitteln. Von der Jahresernte kann nach MARCHISIO (1972), S. 91 - 92 sowie DÜRR UND WIDMER (1980), S.16 der für die Grundration bestimmte naturale Einkommensanteil abgezogen und auf einer Pro-Kopf-Basis an die Mitglieder verteilt werden, unabhängig von der individuellen Arbeitsleistung. Auch eine Zuteilung der Grundration aufgrund erworbener Arbeitspunkte ist möglich. Hierfür wird der Produktionsertrag der Gruppe durch die insgesamt geleisteten Arbeitspunkte der Mitglieder dividiert, um die Menge der Grundnahrungsmittel festzustellen, zu der ein Arbeitspunkt berechtigt.

NOLAN und WHITE (1981), S. 55 weisen darauf hin, daß diejenigen Kollektivmitglieder, die nicht genügend Arbeitspunkte entsprechend dem Wert der Grundration erwerben, trotz allem diese Mindestration erhalten, jedoch zu Schuldnern des Kollektivs werden.
Der Anteil der Grundration, der auf einer Pro-Kopf-Basis an die Kollektivmitglieder verteilt wird, scheint in

vielen Produktionsgruppen relativ hoch gewesen zu sein. Dies kann aus den zu Beginn der Reformperiode veröffentlichten BESTIMMUNGEN ÜBER DIE ARBEIT IN DEN LÄNDLICHEN VOLKSKOMMUNEN abgeleitet werden. Hier wird von der allgemeinen Praxis der Produktionsgruppen berichtet, bei der Verteilung der Rationen die Zuteilung einer Grundration und eine Verteilung nach Arbeitspunkten zu verbinden und darauf verwiesen, daß die Verteilung von Getreide nach Arbeitspunkten und die Grundgetreideration in einem Verhältnis von 3 : 7 oder 4 : 6 stehen soll.

Je höher der Anteil des Einkommens ist, der unabhängig von der Arbeitsleistung als Grundration auf einer Pro-Kopf-Basis an die Gruppenmitglieder verteilt wird, desto weniger Anreize bestehen für das einzelne Mitglied der Produktionsgruppe, seinen Arbeitseinsatz zu intensivieren.

Wie gezeigt werden konnte, bestand in den landwirtschaftlichen Produktionsgruppen ein Anreiz, den individuellen Arbeitseinsatz zu reduzieren. Da die Bewertung der Arbeitsleistung nach Arbeitsnormen mit hohen Kosten verbunden war, setzte sich statt dessen das Grundpunktesystem durch. Entsprechend diesem System der Arbeitsbewertung erhielt jede Arbeitskraft eine festgelegte Zahl von Arbeitspunkten, deren Höhe nicht in direkter Verbindung zur Arbeitsleistung stand. Ein Anreiz zum shirking bestand für die Gruppenmitglieder auch aufgrund der Einkommensverteilung, durch die ein Teil des kollektiv erwirtschafteten Gewinns an die Mitglieder unabhängig von der individuell erworbenen Anzahl der Arbeitspunkte verteilt wurde.

Im folgenden Abschnitt wird das Arbeitsverhalten der Gruppenmitglieder als eine strategische Entscheidung unter Unsicherheit betrachtet und mit Hilfe des spieltheoretischen Ansatzes näher analysiert.

4.1.2 Individuell rationale Entscheidungen und Lösung von Prisoner's Dilemma Situationen

Auch wenn das einzelne Kollektivmitglied einen Anreiz zum "shirking" hat, wird es seine Arbeitsleistung noch abhängig machen von derjenigen der übrigen Mitglieder in der Produktionsgruppe. Da das individuelle Einkommen beeinflußt wird durch die Höhe des kollektiven Gesamteinkommens, das wiederum mit dem Arbeitseinsatz aller Arbeitskräfte variiert, ist neben der eigenen Arbeitsanstrengung der Arbeitseinsatz der Gruppenmitglieder von Bedeutung. Die Arbeitskräfte treffen die Entscheidungen über ihren Arbeitseinsatz jedoch unter Unsicherheit darüber, wie sich die übrigen Gruppenmitglieder verhalten werden, also ob diese ihre maximale Arbeitsleistung in der kollektiven Produktion einsetzen werden oder nicht.

Um Entscheidungen von Individuen in Situationen zu analysieren, in denen die Ergebnisse der Entscheidungen auch durch Handlungen anderer Individuen bestimmt werden, bietet sich der spieltheoretische Ansatz an. Angenommen wird hierbei, daß jeder Spieler über mehrere Strategien verfügt und ihm die Ergebnisse der Kombination verschiedener Strategien bekannt sind, er jedoch nicht weiß, welche Strategie der andere wählen wird. Während beim Nullsummenspiel der Gewinn eines Spielers gleich dem Verlust des anderen ist, und somit Kooperation zwischen beiden ausgeschlossen ist, wird im folgenden Beispiel des "Prisoner's Dilemma" von RAPOPORT (1974) von einem Nichtnullsummenspiel ausgegangen, bei dem beide Spieler durch Kombination ihrer Strategien verlieren oder gewinnen können.

Angenommen werden soll, daß eine Anzahl von Arbeitskräften zusammengefaßt ist zu einer Arbeitsgruppe, also einer Unterorganisation der Produktionsgruppe. Aus dem Verhalten zweier Arbeitskräfte kann das Verhalten der übrigen Arbeitskräfte in der kollektiven Produktionsorganisation abgeleitet werden. Beide Arbeitskräfte verfügen über jeweils zwei Strategien, eine kooperative "fleißig arbeiten" und eine nicht kooperative "faul sein", die sich auf ihre Arbeitsleistung in der Produktionsgruppe bezieht.

		ARBEITSKRAFT B	
		fleißig arbeiten	faul sein
ARBEITSKRAFT A	fleißig arbeiten	3,3 (1)	1,4 (2)
	faul sein	4,1 (3)	2,2 (4)

Die Bewertung der verschiedenen Spielzustände erfolgt durch eine ordinale Messung mit einer Skala von 1 bis 4, wobei die Ziffer 4 das höchste erreichbare Nutzenniveau darstellt. Die Arbeitskraft A bewertet die Situation (3) am höchsten, in der sie selbst die "faul sein"-Strategie verfolgt, während die andere Arbeitskraft B "fleißig arbeitet". Die am zweithöchsten bewertete Situation (1) erreicht die Arbeitskraft A, wenn auch die Arbeitskraft B ihre kooperative Strategie "fleißig arbeiten" verfolgt. Verhalten sich beide Arbeitskräfte dagegen nicht kooperativ, führt dies zu der am dritthöchsten bewerteten Situation (4). Am schlechtesten bewertet die Arbeitskraft A die Situation (2), in der sie selbst "fleißig arbeitet", die andere Arbeitskraft jedoch ihre "faul sein"-Strategie einsetzt.

Nun sind zwei Verhaltensregeln möglich. Die Arbeitskräfte könnten versuchen, ihren Vorteil zu maximieren und verändern bei konstanter Strategie der anderen Arbeitskräfte ihre eigene Strategie solange, bis keine Arbeitskraft einen Anreiz hat, das Spielergebnis zu verändern. Aus dieser Verhaltensregel resultiert die Situation (4). Andererseits könnten die Arbeitskräfte versuchen, den schlechtesten Zustand zu vermeiden, der durch die ungünstigste Strategiewahl der anderen Arbeitskräfte enstehen kann. Auch diese Verhaltensregel führt zur Situation (4), die als Prisoner's Dilemma bezeichnet wird. Während die kooperative Strategie aus der Sicht der Arbeitsgruppe rational ist, da sie den kollektiven Gewinn maximiert (Situation (1)), wird durch die Verfolgung individuell rationaler Ziele nur die suboptimale Situation (4) erreicht.

Wie kann nun die aus kollektiv rationaler Sicht bevorzugte Situation (1) erreicht werden, in der die Arbeitskräfte ihre kooperative Strategie "fleißig arbeiten" einsetzen?

Eine Lösung von Prisoner's Dilemma Situationen kann nach EGER UND WEISE (1978), S. 148 durch Vertrauen, kollektive Abstimmungen und Verträge sowie über Veränderungen der internen Verfügungsbeschränkungen erreicht werden.

Da die Arbeitskräfte ein höheres Einkommen vorziehen, könnten sie beispielsweise einen Vertrag abschließen, durch den alle verpflichtet werden, "fleißig zu arbeiten". Die Einhaltung der expliziten oder impliziten Verträge wird auch davon abhängig sein, welches Vertrauen die Kollektivmitglieder zueinander bzw. in das Verhalten der anderen Arbeitskräfte haben. Bestanden zwischen Arbeitskräften bereits vor der Bildung von Produktionsgruppen enge soziale Beziehungen wie Verwandtschafts- und Nachbarschaftsbande, wird ein von den kollektiven Zielen abweichendes Verhalten wenig wahrscheinlich sein.

ISHIKAWA (1984), S. 12 f. weist darauf hin, daß zwar bei der Bildung der Produktionsgruppen in China die Grenzen des traditionellen natürlichen Dorfes berücksichtigt und dabei die Dorfbewohner Mitglieder der kollektiven Produktionsorganisationen werden. Solche Produktionsgruppen könnten das bestehende gegenseitige Vertrauen bzw. die Gemeinschaftssolidarität als organisatorisches Element in der kollektiven Produktion einsetzen, um ein free-rider-Verhalten auszuschalten. Allerdings sei von einem Fortbestand dieser traditionellen Solidarität nicht für ganz China auszugehen. Durch die seit dem 10. Jahrhundert in Nordchina einfallenden Nicht-Han-Völker, die die traditionellen Dorfgemeinschaften zerstörten, sieht Ishikawa das Fortbestehen der gemeinschaftlichen Solidarität im nördlichen China weniger gegeben als in größeren Gebieten des Südens[3].

Doch auch in Produktionsgruppen, in denen das Verhalten nicht durch die traditionelle Solidarität bestimmt wird, kann nach ISHIKAWA gegenseitiges Vertrauen vorherrschen, so daß Prisoner's Dilemma Situationen durch Übereinkunft vermieden werden könnten. Dies setzt jedoch voraus, daß zwischen den verantwortlichen ländlichen Partei- und Regierungskadern der Kommunen, Bezirke und Kreise und den Bauern ein Vertrauensverhältnis besteht. Die Beziehung zwischen ländlichen Kadern und Bauern wurde jedoch dadurch bestimmt, daß die Kader an der Steigerung der Verkaufsverpflichtungen der kollektiven Produktionsorganisation interessiert waren, während die Bauern befürchteten, durch diese Politik Einkommensverluste zu erleiden. Dies war beispielsweise der Fall, wenn die Aktivitäten der Bauern auf die Getreideproduktion beschränkt wurden. Die Konzentration der Arbeitskräfte im Anbaubereich führte zu niedriger Arbeitsproduktivität und einem geringen Einkommensniveau, so daß für die Arbeitskräfte ein Anreiz bestand, ihre Arbeitsleistung innerhalb der Produktionsgruppe zu beschränken und in der häuslichen Nebengewerbeproduktion einzusetzen.

<u>Sind also die Ziele der Kader und Bauern nicht identisch und gegenseitiges Mißtrauen dominiert die Beziehungen,</u>

dann ist mit eigennützigem Verhalten und Prisoner's Dilemma Situationen zu rechnen.

CHINN (1980) benutzt den spieltheoretischen Ansatz, um Wirkungen eines steigenden Nutzenentgangs der Arbeit unter Berücksichtigung alternativer Verteilungssysteme auf die individuellen Entscheidungen der Arbeitsallokation in landwirtschaftlichen Produktionsgruppen in China anhand eines einfachen numerischen Beispiels zu untersuchen. Er kommt zu dem Ergebnis, daß bei einer rein egalitären Verteilung die Produktion der gesamten Gruppe abhängig ist von der Lösung der Prisoner's Dilemma Situationen. Bei einer reinen Verteilung des Einkommens entsprechend der Arbeitsleistung ist es im Interesse des individuellen Haushalts, andere zu ermutigen, ihre Arbeitsleistung einzuschränken. Mit steigendem Nutzenentgang der Arbeit wird sowohl bei der rein egalitären oder rein auf Arbeitsleistung basierenden Verteilung oder einer Kombination beider Systeme eine Situation entstehen, die zu einer allgemeinen Einschränkung des Arbeitseinsatzes führt.

Das niedrige Niveau der Produktivität und der Einkommen vor 1978 weist auf den steigenden Nutzenentgang der Arbeit im kollektiven Sektor hin. Hierdurch ist auch die von CHINN (1980), S. 339-340 erwähnte geringe Wirkung bestimmter in den Produktionsgruppen praktizierter Methoden zur Lösung von Prisoner's Dilemma Situationen zu erklären, wie die tägliche Veröffentlichung der Arbeitspunkte der Gruppenmitglieder oder Versammlungen, auf denen durch Kritik und Selbstkritik der Gruppenmitglieder das Arbeits- und Gruppenverhalten beeinflußt werden sollte.

Die Analyse des strategischen Verhaltens der Arbeitskräfte zeigt, daß bei individuell rationalen Entscheidungen eine Prisoner's Dilemma Situation entsteht. In den landwirtschaftlichen Produktionsgruppen Chinas waren Lösungen hierfür vor allem deshalb schwierig, weil die staatliche Politik zu einem steigenden Nutzenentgang der Arbeit im kollektiven Sektor führte. In dieser Situation

dominierte gegenseitiges Mißtrauen in die Arbeitsanstrengungen der anderen das Verhalten der Gruppenmitglieder.

Inwieweit die Beschränkung privater wirtschaftlicher Aktivitäten innerhalb der kollektiven Produktionsorganisation die Ressourcennutzung beeinflußt, wird im folgenden Abschnitt untersucht.

4.1.3 Restriktionen privater Wirtschaftsaktivitäten der Bauern innerhalb der kollektiven Landwirtschaft

Je größer der Nutzenentgang in den kollektiven Produktionsorganisationen ist, um so eher werden die Arbeitskräfte versuchen, ihre Arbeitsleistung in der Produktionsgruppe zu beschränken und durch häusliche Nebenproduktion ihr Einkommen zu erhöhen. Erstrecken sich die Beschränkungen der Nutzungsrechte an der Arbeit auch auf die privaten Wirtschaftsaktivitäten der Bauern außerhalb ihrer Arbeitsverpflichtung in der kollektiven Landwirtschaft, bedeutet dies, daß sie keine Wahl zwischen mehr Arbeitszeit oder mehr Einkommen haben. Die Freizeit der Arbeitskräfte außerhalb der kollektiven Produktion hat keinen ökonomischen Wert oder anders formuliert: die Alternativkosten der Freizeit sind gleich Null[4].

Die Beschränkungen der "privaten" wirtschaftlichen Aktivitäten beeinflussen nicht nur den ökonomischen Wert der Freizeit der Arbeitskräfte in einer kollektiven Produktionsorganisation, sondern reduzieren auch die Möglichkeit, die im landwirtschaftlichen Produktionsprozeß auftretende Unterauslastung der Faktoren auszugleichen.

Georgescu Roegen (1969) setzt die zeitliche Nutzungsdauer eines Faktors innerhalb einer Produktionsperiode mit seinem effizienten Einsatz im Produktionsprozeß gleich. Während in der industriellen Fließbandproduktion alle elementaren Prozesse[5] zu unterschiedlichen Zeitsequenzen begonnen werden können, um die Produktionsfaktoren oder Bestandselemente, zu denen Land, Realkapital und Arbeit zählen, aktiv zu halten, ist dies in der landwirtschaftlichen Produktion nicht möglich. Der zeitliche Rythmus der Wachstumsprozesse, insbesondere in der Anbauproduktion, bedingt Inaktivitäten der Bestandselemente. So kann beispielsweise im Getreideanbau abhängig von saisonalen Temperaturschwankungen nur zu einer bestimmten Zeit mit der Aussaat begonnen werden; Arbeitskräfte oder landwirtschaftliche Maschinen sind nur zu Beginn und am Ende der Wachstumsphase sinnvoll einsetzbar. Der aus einer zeitlichen Operationssequenz bestehende Prozeß der Getreideproduktion benötigt also die Leistung unterschiedlicher Bestandselemente zu verschiedenen Zeiten; im industriellen Fließbandprozeß dagegen können alle Operationen simultan und in einer besonderen Anordnung durchgeführt werden[6].

Durch den Einsatz inaktiver Bestandselemente in anderen Elementarprozessen kann jedoch die Intensität der Nutzung der Faktoren gesteigert werden. Existieren keine Beschränkungen für die Arbeitskräfte außerhalb der kollektiven Produktionsorganisationen, können sie durch intertemporale Arbeitsteilung die Inaktivität der Arbeit reduzieren und ihre Arbeitskraft effizient einsetzen[7].

Werden die Einsatzbeschränkungen der Arbeitskräfte in privaten Wirtschaftsaktivitäten aufgehoben, wirkt sich dies auch positiv auf die Erhöhung der Arbeitsproduktivität im landwirtschaftlichen Sektor aus, da durch die zusätzliche Produktion im häuslichen Nebengewerbe etc. der gesamte landwirtschaftliche Output erhöht wird. Können die Arbeitskräfte zwischen alternativen Beschäftigungsmöglichkeiten innerhalb des landwirtschaftlichen Sektors wählen, steigt die Arbeitsproduktivität im kollektiven Bereich bereits durch die "Abwanderung" der Arbeitskräfte in neue Tätigkeitsbereiche. Die produktivitätssteigernde Wirkung ist dann besonders groß, wenn die Grenzproduktivität der Arbeit im kollektiven Sektor sehr niedrig ist.

Im Verlauf der Landwirtschaftsreform werden die Produktionsgruppen als kollektive Produktionsorganisationen aufgelöst und den Haushalten das Recht zugestanden, über den Einsatz der Arbeitskräfte selbst zu bestimmen; auch das Nutzungsrecht an der Arbeit wird den Haushalten übertra-

gen. Untersucht werden soll zunächst, welches indivduelle Arbeitsverhalten von den Mitgliedern eines bäuerlichen Haushalts zu erwarten ist und welchen Einfluß Restriktionen bei der Nutzung der Arbeit auf die Arbeitsallokationsentscheidungen haben.

4.2 Individuelle Nutzungsrechte an der Arbeit und Arbeitsallokationsentscheidungen der ländlichen Haushalte

4.2.1 Organisationsvorteile des Haushalts und individuelles Arbeitsverhalten

Aus der Verflechtung ökonomischer Aktivitäten und persönlicher Beziehungen der Familienmitglieder resultieren bestimmte <u>Anreiz- und Überwachungsvorteile</u>, die den Haushalt von anderen Organisationen unterscheidet. Nach POLLAK (1985),S. 581-608 entstehen Anreizvorteile aus Ansprüchen, die alle Haushaltsmitglieder an den Ressourcen des Haushalts besitzen, von denen manche kurzfristig realisierbar sind und andere erst im Verlauf der Mitgliedschaft im Haushalt, und die zu einer Berücksichtigung der Auswirkungen des individuellen Verhaltens auf das Wohlergehen der Familie führen. Die Stärke des Anreizes ist dabei abhängig von der Größe des Haushalts und von einer an das individuelle Verhalten gebundenen Verhaltensregel. Die Erwartungen lebenslanger Mitgliedschaft im Haushalt wirkt sich als Anreizvorteil aus, der Individuen dazu bewegt, langfristige Vorteile gegenüber kurzfristigen Gewinnen vorzuziehen; die über die eigene Lebensdauer hinausgehende Sorge für die Kinder oder Enkel verstärkt den Anreiz, ein fortdauerndes Interesse am Wohlergehen der Familie zu entwickeln.

Da Fleiß, Arbeitsverhalten, Konsumgewohnheiten etc. beim engen Zusammenleben der Familienmitglieder relativ leicht beobachtbar sind, existieren im Haushalt bestimmte Informations- und Überwachungsvorteile. Auch ESWARAN UND KOTWALL (1985), S.354 machen bei der Gegenüberstellung verschiedener Pachtsysteme deutlich, daß die Pächter bei der Kontrolle des Arbeitseinsatzes der Familienmitglieder bestimmte Überwachungsvorteile besitzen.

BECKER (1981) weist darauf hin, daß durch die affektive Bindung der Familienmitglieder opportunistisches Verhalten begrenzt wird. Allgemein akzeptierte Normen und Verhaltensstandards bestimmen das Verhalten zwischen Familienmitgliedern, das durch Sanktionen verstärkt wird, und bilden die soziale Basis der Loyalität in der Familie.

Unter Berücksichtigung der traditionellen chinesischen Wertestruktur sind nach HERMANN-PILLATH und HERMANN-PILLATH (1987), S. 6 -7 die sozialen Beziehungen in der Familie weniger durch emotionale Bindungen charakterisiert, und die Stabiltität der Familie ist auf der Durchsetzung ihrer normativen Basis und langfristigen Reziprozität zurückzuführen.

Die interne Organisation der Familie ist eine wichtige Bestimmungröße für ihre Wirksamkeit als die von WILLIAMSON (1984) bezeichnete "gouvernance structure" ökonomischer Aktivitäten. So stellt nach POLLAK (1985) insbesondere die Institution der Ehe in ihrer Form eines langfristigen Vertrages eine relativ sichere Basis für die Stabilität der familialen Beziehungen dar.

Die Übernahme landwirtschaftlicher Produktionsaufgaben durch den Haushalt bietet sich als Organisationslösung bei Schwierigkeiten der Überwachung von Arbeitskräften an. Aufgrund von Anreiz- und Überwachungsvorteilen der Familienorganisation und der Existenz spezieller Informationen und Kenntnisse lokaler Bedingungen bestehen Unterschiede im Verhalten der Arbeitskräfte in der Familie und in anderen Organisationen. Die Familie als Organisation, in der das individuelle Verhalten durch Loyalität und Vertrauen bestimmt wird, ist nach POLLAK eher in einer Umgebung zu finden, in der solche Bedingungen unverzichtbare Voraussetzungen für das Verhalten der Arbeitskräfte sind sowie in Sektoren mit relativ einfacher Technologie.

Die obigen Überlegungen sind auch bei der Erklärung der Existenz alternativer Organisationen in der chinesischen Landwirtschaft hilfreich, da sie die Aufmerksamkeit auf die Bedingungen lenken, unter denen eher spezialisierte Gruppen als eine Form der kollektiven Arbeitsorganisation oder einzelne Haushalte anzutreffen sind.

In wirtschaftlichen Aktivitäten, wie z.B. beim Anbau von Gemüse mit Hilfe von Treibhäusern, Weiterverarbeitung von Produkten für die Tiefkühllagerung, beim Betreiben von Lager- und Tiefkühlhäusern etc. , die besondere Technologie erfordern und sehr kapital-intensiv sind, ist eher die Organisation der landwirtschaftlichen Arbeitskräfte durch spezialisierte Gruppen zu finden. Diese Aktivitäten setzen spezielle Kenntnisse und einen hohen Kapitaleinsatz voraus, über den durchschnittliche Haushalte nicht verfügen. Die Organisation von Arbeitskräften für solche Arbeitsaufgaben ist mit relativ geringen Überwachungskosten verbunden und setzt Loyalität und Vertrauen nur in einem geringen Maße voraus. Dies gilt auch für den Gruppeneinsatz von Arbeitskräften bei landwirtschaftlichen Aufgaben, bei denen die individuelle Outputmenge relativ einfach meßbar ist, wie z.B. in der Ernte.

Der Haushalt als Organisation dominiert dagegen bei wirtschaftlichen Aktivitäten, die nur eine relativ einfache Technologie benötigen, jedoch arbeitsintensiv sind und eine besondere Sorgfalt und Anstrengung verlangen. Da die Haushalte bei der Überwachung dieser Aktivitäten bestimmte Vorteile besitzen, kann mit einem kooperativen Arbeitsverhalten der Familienmitglieder gerechnet werden.

Zusammenfassend weisen Haushalte gegenüber den kollektiven Produktionsorganisationen hinsichtlich Anreizstruktur und Kontrolle der Arbeitsleistung der Gruppenmitglieder organisatorische Vorteile auf. Unter den Bedingungen einer arbeitsintensiven Bewirtschaftung, die charakteristisch für den überwiegenden Teil der chinesischen Landwirtschaft ist, sind mit der Nutzung dieser organisatorischen Vorteile positive ökonomische Wirkungen verbunden.

Im Verlauf der Landwirtschaftsreform erhalten die landwirtschaftlichen Produzenten das Recht, zwischen alternativen wirtschaftlichen Aktivitäten zu wählen. In welchem Umfang sich die Bauern auf bestimmte Produktionsbereiche spezialisieren und welchen Restriktionen sie sich bei ihren Entscheidungen gegenübersehen, wird im folgenden Abschnitt untersucht.

4.2.2 Spezialisierung ländlicher Haushalte

Die Ausweitung der individuellen Verfügungsrechte an der Arbeit erfolgt in mehreren Schritten. Einige Beschränkungen der privaten Wirtschaftsaktivitäten werden bereits durch den BESCHLUSS DES ZENTRALKOMITEES DER KPCH ÜBER EINIGE FRAGEN ZUR BESCHLEUNIGUNG DER LANDWIRTSCHAFTLICHEN ENTWICKLUNG von 1978 aufgehoben. Dazu zählen die Bewirtschaftung der Privatparzellen, die Durchführung häuslicher Nebenbeschäftigung der Bauern und der Handel auf ländlichen Märkten.

Wie WALKER (1984), S. 788 anmerkt, waren in der kulturrevolutionären Periode Privatparzellen zwar überwiegend erlaubt, doch durften diese nicht für den Anbau marktfähiger Produkte genutzt werden; es war den Bauern ebenfalls nicht erlaubt, Großvieh zu halten. Auch in den Untersuchungseinheiten in der Provinz Liaoning wird von starken Einschränkungen bei der Durchführung der häuslichen Nebengewerbeproduktion vor 1978 berichtet (Changtu 1987 und Shangchangyang 1985).

Um die individuelle Nebengewerbeproduktion und die Entwicklung einer diversifizierten Wirtschaft zu fördern, wird entsprechend dem BERICHT ÜBER DIE AKTIVE ENTWICKLUNG

DER DIVERSIFIZIERTEN WIRTSCHAFT IN DEN LÄNDLICHEN GEBIETEN des staatlichen Landwirtschaftskomitees von 1981 u.a. der Umfang der Privatparzellen auf 15 % der Anbauflächen erhöht sowie die Bildung spezialisierter Haushalte in der Vieh- und Fischzucht, der Forstwirtschaft und industriellen Weiterverarbeitung unterstützt.

Durch die Möglichkeit privater Wirtschaftsaktivitäten steigt der Wert der Freizeit für die Bauern wieder an, und sie erhalten eine Wahlmöglichkeit zwischen verschiedenen Handlungsalternativen.

Die Aufhebung der politischen Beschränkungen über die Beschäftigung in alternativen wirtschaftlichen Aktivitäten führt zur Konzentration der Bauern auf die Produktionsbereiche, in denen sie "komperative Vorteile" aufweisen bzw. besondere Kenntnisse und Fähigkeiten besitzen.

Bei der Spezialisierung auf bestimmte Produktionsbereiche werden entweder die Aktivitäten in der häuslichen Nebengewerbeproduktion verstärkt oder die Arbeitskräfte in der Familie wenden sich neuen Beschäftigungsmöglichkeiten im Produktions- und Dienstleistungsbereich zu.

Allerdings sind mit einer Spezialisierung Kosten für den Haushalt verbunden, deren Höhe die Entscheidung einer Konzentration auf bestimmte Produktionsbereiche beeinflussen. Spezialisierte Haushalte im Pflanzenanbau und der Viehzucht, aber auch in nicht-landwirtschaftlichen Bereichen wie Transport und Industrieproduktion, sind auf die zentrale Zuteilung der erforderlichen Inputs wie Saatgut, Dünger, Benzin und andere Brennmaterialien angewiesen.

Um die Diversifizierung der Produktionsstruktur in den ländlichen Gebieten zu beschleunigen, sollen spezialisierte Haushalte durch Bereitstellung von Krediten, Technologietransfer und einer bevorzugten Lieferung von Produktionsmitteln gefördert werden[8].

Einerseits sind spezialisierte Haushalte also von der Zuteilung der notwendigen Inputs abhängig und andererseits vom "goodwill" der ländlichen Kader, die ihre Entwicklung unterstützen sollen.

Produzieren spezialisierte Haushalte direkt für den Markt, tragen sie auch das Preis- und Absatzrisiko. Die Beschaffung von Marktinformationen und Anpassung an sich verändernde Märkte erfordern ein flexibles Handeln der spezialisierten Bauern. Die Höhe der mit einer Spezialisierung verbundenen Kosten erklärt, warum sich nicht alle Bauern für eine Spezialisierung entscheiden.

Die Befragung in den ausgewählten Einheiten in der Provinz Liaoning in den Jahren 1985 und 1987 macht die zwischen dem Durchschnittshaushalt und den spezialisierten Haushalten bestehenden Unterschiede deutlich.

Voraussetzung für die Konzentration der Haushalte auf bestimmte Produktionsbereiche ist neben den erforderlichen Kenntnissen und Erfahrungen insbesondere ein "unternehmerisches Verhalten", das sich im selbständigen Wirtschaften, Risikobereitschaft, Planung von Konsum und Investition und Übernahme neuer Techniken widerspiegelt.

Eine relativ große Arbeitskräftezahl ist für viele spezialisierte Haushalte zwar charakteristisch und reduziert das Spezialisierungsrisiko durch interne Arbeitsteilung. Mangelnde Arbeitskräfte werden jedoch durch die Einstellung fremder Arbeitskräfte ausgeglichen und stellen keine Restriktionen bei der Bildung oder Vergrößerung des wirtschaftlichen Umfangs spezialisierter Haushalte dar.

Von den befragten spezialisierten Haushalten mit einem sehr hohen Einkommensniveau (über 10.000 Yuan/Jahr) hatten die meisten ein überdurchschnittliches Bildungsniveau und/oder berufliche Kenntnisse und Erfahrungen, die sie außerhalb der Produktionsgruppen, z.B. in gemeindeeigenen Industriebetrieben (spezialisierter Haushalt, der Maisschnaps herstellt /Baoli/1985), in Verkaufsgenossenschaften der Gemeinde (spezialisierter Haushalt im Bereich Einzelhandel und Transport /Xi/1985), in Betrieben auf Dorfebene (spezialisierter Haushalt für Ankauf, Schlachtung und Vermarktung von Schweinen /Baoli/1987) oder bei der Armee (auf den Transport spezialisierte Haushalte) erworben haben.

Andere spezialisierte Haushalte mit einem hohen Einkommensniveau, deren Arbeitskräfte über ein relativ niedriges Bildungsniveau (Grundschule) verfügen, bewiesen mit der Entdeckung einer "Marktlücke" für ihre ökonomischen Aktivitäten die notwendige Initiative und Risikobereitschaft und sind insbesondere im Bereich des Handels, der Gastronomie und sonstiger Dienstleistungen zu finden (u.a. Baoli/1987, Dagujia 1985, Shangchangyang/1987, Yingshou/1987).

Wirtschaftlich erfolgreiche Haushalte sind nach einer Untersuchung von WU YUQING (1985) in den ländlichen Gebieten der Stadt Yancheng zu 71,3 % in nicht-landwirtschaftlichen Produktionsbereichen zu finden. Auch landesweit ist diese Tendenz festzustellen, wie aus der ZUSAMMENFASSUNG DER REPRÄSENTATIVEN UNTERSUCHUNG ZUR SOZIALEN UND WIRTSCHAFTLICHEN SITUATION IN DEN LÄNDLICHEN GEBIETEN hervorgeht. Der Anteil der auf nicht-landwirtschaftliche Aktivitäten spezialisierten Haushalte beträgt in dieser Untersuchung im Jahre 1984 62 %; ein Drittel der gesamten spezializierten Haushalte waren im Transportbereich konzentriert.

In den ersten Jahren der Reform ist die Ungewißheit über die Stabilität der politischen Entwicklung bei den Bauern noch sehr groß und viele wollen das Risiko nicht eingehen, nach ihrer Spezialisierung erneut als "kapitalistisch" kritisiert zu werden. BERNSTEIN (1985),S. 48 berichtet über die auch später noch bestehende Unsicherheit über die Legitimität spezialisierter reicher Haushalte, die zu zahlreichen Übergriffen lokaler Behörden führt.

Zu den ersten spezialisierten Haushalten zählen in den befragten Einheiten denn auch ehemalige Brigade- und Produktionsgruppenkader, Buchhalter und Personal kollektiver Betriebe (Shihugou/85, Shangchangyang/85, Changtu/85). <u>Neben ihren Spezialkenntnissen in der Wirtschaftsverwaltung verfügt diese Gruppe über Verbindungen zu übergeordneten Einheiten, die wichtig bei der Belieferung der notwendigen Inputs und einer positiven politischen Unterstützung sind.</u>

Ähnliche Ergebnisse sind in chinesischen Analysen über die Struktur spezialisierter Haushalte zu finden. WAN LI (1984),S. 44-52 weist in seiner Rede auf der Konferenz zur Arbeit in den ländlichen Gebieten am 29.11.1983 auf eine Untersuchung spezialisierter Haushalte im Kreis Ying, Provinz Shanxi hin. Der Anteil der ehemaligen Brigade- und Produktionsgruppenkader an der Gesamtzahl der spezialisierten Haushalte beträgt hier 43 %. Diese Gruppe wird dadurch charakterisiert, daß sie über gute Wirtschafts- und Verwaltungskenntnisse verfügt und die neue Politik in den ländlichen Gebieten schnell umsetzt. Mit 42 % stellen die nach Abschluß ihrer Schulausbildung ins Dorf zurückgekehrten jüngeren Personen und ehemaligen Armeeangehörigen den zweitgrößten Anteil dar. Sie weisen ein höheres Bildungsniveau auf, das über die untere Stufe der Mittelschule hinausgeht, besitzen spezielle Erfahrungen und sind neuen Techniken gegenüber aufgeschlossen.

"Tüchtige und geschickte Handwerker" bilden mit 9 % die drittgrößte Gruppe.

Nur dort, wo traditionelle Handwerkskunst einen Markt findet, ist der prozentuale Anteil der ehemaligen Kader sehr gering. So kommt SONG LINFEI (1984),S. 107-130 in seiner Untersuchung im Kreis Nantong, Provinz Jiangsu, zu dem Ergebnis, daß hier in 45 % der spezialisierten Haushalte traditionelle Handwerkskenntnisse (insbesondere im Bambusflechten) die Basis der Spezialisierung bildeten. In 35 % der spezialisierten Haushalte wiesen die Arbeitskräfte einen Mittelschulabschluß auf, und nur in 10 % der spezialisierten Haushalte waren ehemalige Brigade- oder Produktionsgruppenkader zu finden. Bei der Wahl der ökonomischen Beziehungen zum Kollektiv haben sich über 60 % der spezialisierten Haushalte in diesem Kreis für eine eigenverantwortliche Bewirtschaftung mit eigenem Kapital und eigenen Arbeitskräften entschieden. Nur 10 % der spezialisierten Haushalte schlossen mit dem Kollektiv Verträge über die Nutzung kollektiver Ressourcen ab. Lediglich 7 % gingen mit dem Kollektiv ökonomische Verbindungen ein, in denen das Kollektiv Kapital, Rohmaterialien, Vermarktung etc. bereitstellte.

Der Versuch, ökonomisch relativ unabhängig vom staatlichen Zuteilungssystem zu sein, spiegelt sich auch in der Konzentration der spezialisierten Haushalte in bestimmten Produktionsbereichen wider. So ist in den Untersuchungseinheiten in der Provinz Liaoning der Anteil der spezialisierten Haushalte in den Bereichen Dienstleistungen, Transport und Industrie in den ersten Jahren besonders hoch, und die Bewirtschaftung auf eigenen Gewinn und Verlust mit ökonomischen Beziehungen außerhalb des Dorfes dominiert. Mit zunehmender Akzeptanz spezialisierter Haushalte und der Möglichkeit, den Boden zu transferieren, steigt auch die Anzahl der spezialisierten Haushalte im Pflanzenanbau an (Vgl.Tab.4.1 im Anhang).

Die zahlenmäßige Entwicklung der spezialisierten Haushalte in den Untersuchungseinheiten seit 1982 zeigt, daß eine starke Zunahme dieser Haushalte in den einzelnen Gemeinden und Dörfern erfolgt. In den Kreisen Jin und Kuandian beträgt der prozentuale Anteil der spezialisierten Haushalte 1985 jeweils 7 %, im Kreis Fuxin 3 % und im Kreis Changtu macht dieser Bereich bereits 19 % aus und steigt bis 1987 auf 29 %[9].

Die Zahl der spezialisierten Haushalte in Gesamtchina ist in RMRB vom 12.12.1983 mit 15,6 Mio. bzw. 10 % der Gesamthaushalte angegeben und steigt nach SCHÄDLER (1989), S. 147 auf 13 % bis 1984.

Statistische Angaben über die Entwicklung spezialisierter Haushalte auf Landesebene werden seit 1984 nicht mehr veröffentlicht. Mit der Förderung wirtschaftlicher Zusammenschlüsse zwischen Bauern und zwischen Bauern und kollektiven Organisationen und zwischen Bauern und staatlichen Organisationen im Rahmen einer kooperativen Wirtschaft konzentriert sich die offizielle Statistik auf die Entwicklung dieser neuen ökonomischen Zusammenschlüsse (xin lianheti).

Auf Provinzebene wird jedoch die statistische Erfassung weiter fortgesetzt. In der Provinz Liaoning steigt der prozentuale Anteil der spezialisierten Haushalte von 7.1% im Jahre 1984 auf 8,4 % im Jahre 1986 an. Obwohl sich die Anzahl der spezialisierten Haushalte im Pflanzenanbau kaum verändert, sinkt ihr prozentualer Anteil von 46 % auf 37 %, während bis 1986 insbesondere die Anzahl der spezialisierten Haushalte im Transportbereich (auf 15 %) und in den Bereichen Handel, Dienstleistungen und Gastronomie (auf 14 %) steigt (Vgl. Tab. 4.2 im Anhang).

Bei der Spezialisierung sehen sich die landwirtschaftlichen Produzenten einer Reihe von Restriktionen gegenüber, die ihre Entscheidungsalternativen beschränken. Neben be-

sonderen Kenntnissen und Fähigkeiten setzt die Konzentration auf bestimmte Produktionsbereiche auch eine Risikobereitschaft voraus. Risiken entstehen durch die Abhängigkeit von der zentralen Zuteilung industrieller Inputs und von der politischen Unterstützung durch die ländlichen Kader. Andererseits tragen die spezialisierten Haushalte auch das Absatz- und Preisrisiko, wenn sie nicht Verkaufsverträge mit staatlichen Handelsstationen abschließen. Das Aufzeigen dieser Restriktionen macht die mit einer Spezialisierung verbunden Kosten für die landwirtschaftlichen Produzenten deutlich.

Inwieweit durch die Ausweitung der individuellen Verfügungsrechte an der Arbeit die Mobilität der Arbeitskräfte beeinflußt wird und die Haushalte externe Arbeitskräfte beschäftigen können, wird im folgenden Abschnitt untersucht.

4.2.3 Beschäftigung externer Arbeitskräfte durch ländliche Haushalte und Arbeitskräftemobilität

Die individuelle Beschäftigung von Arbeitskräften wird im Dokument Nr. 1 des Zentralkomitees von 1983 EINIGE FRAGEN ZUR GEGENWÄRTIGEN LÄNDLICHEN WIRTSCHAFTSPOLITIK beschränkt auf einen Austausch von Arbeitskräften zwischen Haushalten und die Unterstützung durch saisonale, spezialisierte oder technische Arbeitskräfte im Rahmen der kooperativen Wirtschaft, um eine "kapitalistische Ausbeutung" zu verhindern. Private Industrie- und Handelsbetriebe können entsprechend den POLITISCHEN RICHTLINIEN UND BESTIMMUNGEN DES STAATSRATES ÜBER DIE NICHTLANDWIRTSCHATLICHE INDIVIDUELLE WIRTSCHAFT IN DEN STÄDTEN UND KLEINSTÄDTEN Arbeitskräfte, Auszubildende oder Aushilfen einstellen.

Auch im folgenden Jahr wird im RUNDSCHREIBEN DES ZENTRALKOMITEES DER KPCH ÜBER DIE ARBEIT IN DEN LÄNDLICHEN GEBIETEN 1984 die Frage der Beschäftigung von Arbeitskräften erneut aufgegriffen, jedoch auf die Bestimmungen des Vorjahres verwiesen und nochmals eine Abgrenzung zwischen privaten und Brigade- und Kommunebetrieben vorgenommen, die unbeschränkt Arbeitskräfte einstellen dürfen.

Entsprechend den Ergebnissen der Befragungen in den Untersuchungseinheiten der Provinz Liaoning nimmt jedoch mit der Entwicklung der spezialisierten Haushalte der Umfang der Beschäftigung von externen Arbeitskräften zu. Im weiteren Verlauf des Reformprozesses fallen die an die Beschäftigung von Arbeitskräften gebundenen Restriktionen fast völlig weg.

Während die Anzahl der Arbeitskräfte, die zu Beginn der Reform von den Haushalten beschäftigt werden dürfen, auf 5 - 7 Personen begrenzt ist (Kreis Changtu/1985 und Kreis Jin/1985), können spezialisierte Haushalte 1985 bereits Arbeitskräfte in unbeschränkter Zahl einstellen (Kreis Kuandian/1985 und Kreis Changtu/1985).

Im Kreis Changtu beispielsweise gilt diese Regelung für diejenigen spezialisierten Haushalte, die durch Bodentransfer mehr Anbauflächen bewirtschaften und die saisonale Arbeitskräfte zum Pflanzen und Ernten einstellen und für spezialisierte Haushalte in der industriellen und Nebenproduktion, die Arbeitskräfte ganzjährig beschäftigen. Die Höhe des an die Arbeitskräfte gezahlten Lohnes wird zwischen den Arbeitskräften und den spezialisierten Haushalten eigenständig festgelegt und beträgt 1985 im Kreis Changtu z.B. 5 - 10 Yuan pro Tag im Pflanzenanbau. Die von einem auf die Maisschnapsproduktion spezialisierten Haushalt eingestellten Arbeitskräfte im Dorf Baoli erhalten 1985 50 Yuan pro Monat und 1987 im Durchschnitt bereits 100 Yuan monatlich. Mit 150 Yuan pro Monat liegt der Lohn für diejenigen Arbeitskräfte noch höher, die 1987 für einen auf die Schlachtung von Schweinen spezialisierten Haushalt in demselben Dorf arbeiten.

Während einerseits die Beschäftigung externer Arbeitskräfte den spezialisierten Haushalten erlaubt, den Umfang ihrer wirtschaftlichen Aktivitäten zu erweitern, bietet sie andererseits Arbeitskräften ohne bzw. mit unzureichenden Verdienstmöglichkeiten einen alternativen Einsatz ihrer Arbeitskraft.

Mit der Auflösung kollektiver Produktionsorganisationen ist die Mobilität der Arbeitskräfte gestiegen, so daß Arbeitskräfte aus wirtschaftlich wenig entwickelten Regionen nicht nur eine Beschäftigung innerhalb der Grenzen ihres Dorfes, Gemeinde oder Kreises suchen können, sondern auch in anderen Provinzen. So arbeiten in der Gesellschaft für zusammengeschlossene Industriebetriebe der Landwirtschaft, Industrie und des Handels (nong gong shang lianh qiye gongsi) Bajiazi, im landwirtschaftlichen Außenbezirk der Provinzhauptstadt Shenyang, im Jahre 1987 im Durchschnitt 300 - 400 Arbeitskräfte pro Jahr, die überwiegend aus der Provinz Shandong kommen. Ein Teil der Arbeitskräfte wird im Gemüseanbau von den "Groß-Haushalten" (dahu) zu einem durchschnittlichen Lohn von 3 bis 4 Yuan pro Tag beschäftigt (Bajiazi/1987). Auch in der Gesamtgesellschaft zusammengeschlossener Industriebetriebe (lianhe qiye zong gongsi) des Dorfes Yingshou werden ebenfalls 300 Arbeitskräfte jährlich von außerhalb beschäftigt. Der größte Teil dieser Arbeitskräfte stammt aus den Provinzen Shanxi und Shandong. In der landwirtschaftlichen Produktion arbeiten ca. 20 % dieser Arbeitskräfte, die einen Monatlohn von 144 Yuan und entsprechend der Arbeitsleistung einen zusätzlichen Bonus erhalten (Yingshou/1987).

Der Anteil der Arbeitskräfte in den Untersuchungseinheiten in der Provinz Liaoning, die ihr Heimatdorf verlassen, um in den umliegenden Kreisstädten oder weiter entfernt liegenden Großstädten eine Beschäftigung zu suchen, ist in den letzten Jahren stark gestiegen. Um einen Zuzug in die bereits übervölkerten Großstädte zu vermeiden, dürfen ländliche Arbeitskräfte jedoch ihren Wohnsitz (hukou) nicht in die Städte verlegen.

Die Beschäftigung der Arbeitskräfte außerhalb ihrer Dörfer ist i.d.R. auf eine Saison, manchmal auch auf einen längeren Zeitraum befristet. Die ländlichen Arbeitskräfte finden eine Beschäftigung überwiegend im Baubereich, Dienstleistungs- und Transportsektor sowie in der städtischen Industrie. In der Kleinstadt Wuhuanchi, Kreis Fuxin, arbeiten beispielsweise 380 ländliche Arbeitskräfte in Bautrupps in der Kreisstadt und rd. 200 Arbeitskräfte treiben in Shenyang und anderen Großstädten Handel. Während der Abwesenheit dieser Arbeitskräfte bewirtschaften Verwandte für sie die landwirtschaftlichen Nutzungsflächen (Wuhuanchi/87).

Die Anzahl der außerhalb der landwirtschaftlichen Saison (1.5. bis 30.10) im Baubereich oder im Handel Beschäftigten im Dorf Xi beträgt bereits 50 Arbeitskräfte bzw. 13 % der gesamten Arbeitskräfte (Xi/87). Auch im Kreis Faku arbeitet ein großer Teil der überschüssigen Arbeitskräfte in den Städten; allein in der Gemeinde Sijiazi sind 900 Arbeitskräfte (20 % der Gesamtarbeitskräfte) außerhalb der Gemeinde beschäftigt. Ähnlich ist die Entwicklung in anderen Gemeinden und Dörfern, die einen hohen Arbeitskräfteüberschuß und eine wenig diversifizierte Produktionsstruktur aufweisen (Kreise Changtu und Kuandian, Kleinstadt Baoli sowie die Gemeinde Dachuantou,1987).

UNGER (1985/86), S. 599-601 berichtet, daß bereits 1982-83 der größte Teil der Arbeitskräfte in den von ihm untersuchten Dörfern (überwiegend in der Provinz Guangdong) eine Möglichkeit gefunden hatte, durch wirtschaftliche Aktivitäten außerhalb ihres Wohnsitzes ein Einkommen zu erzielen.

Die Gesamtzahl der Arbeitskräfte in der Provinz Liaoning, die nach der Verbreitung der individuellen Produktionsverantwortungssysteme außerhalb ihrer Dörfer arbeiten, steigt von 1,9 % im Jahre 1983 auf 3 % im Jahre 1986 an (Vgl. Tab. 4.3 im Anhang). Auch in Gesamtchina beträgt dieser Anteil im Jahre 1982 1,2 % und erhöht sich laut dem STATISTISCHEN JAHRBUCH CHINAS (1983), S. 19 und (1985), S. 123 bis 1984 auf 1,7 % bzw. 6 Mio Arbeitskräfte[10]. Nach VAN GINNEKEN (1988), S. 66 arbeiten zu diesem Zeitpunkt jedoch bereits ca. 10 Mio ländliche Arbeitskräfte als "ungeplante Beschäftigte" in städtischen Industriebetrieben. Diese schließen zwar einen Vertrag mit den Arbeitskräften aus den ländlichen Gebieten ab, behandeln sie allerdings nicht wie reguläre Beschäftigte. So erhalten sie zwar oft einen höheren Lohn als reguläre Beschäftigte, haben jedoch keinen Anspruch auf soziale Leistungen des Betriebes und Lebensmittelkarten.

Die Ausweitung der individuellen Verfügungsrechte an der Arbeit führte sowohl zu einer Beschäftigung externer Arbeitskräfte durch die Haushalte als auch zu einer steigenden Mobilität der ländlichen Arbeitskräfte. Während die gesetzlichen Bestimmungen für die private Beschäftigung von Arbeitskräften in den ländlichen Gebieten zunächst nur den Austausch von Arbeitskräften im Rahmen der gegenseitigen Hilfe vorsahen, setzte sich mit der Entwicklung spezialisierter Haushalte die unbeschränkte private Einstellung von Arbeitskräften durch.

Die Auswirkungen veränderter Rechte an der Nutzung der individuellen Arbeitskraft spiegeln sich auch in der Arbeitskräftestruktur und der Arbeitsproduktivität wider. Im letzten Abschnitt dieses Kapitels werden zunächst Veränderungen in der Zusammensetzung der Arbeitskräfte und der Arbeitsproduktivität untersucht und dann gesamtwirtschaftliche Wirkungen der neuen Rechtestruktur diskutiert.

4.2.4 Individuelle Verfügungsrechte an der Arbeit und ihr Einfluß auf Arbeitskräftestruktur und Arbeitsproduktivität

<u>Die Durchsetzung individueller Verfügungsrechte an der Arbeit spiegelt sich auch in der Veränderung der Arbeitskräftestruktur nach 1978 und insbesondere nach der Einführung des Haushaltsproduktionsvertragssystems wider.</u> In allen Untersuchungseinheiten in der Provinz Liaoning geht

der prozentuale Anteil der Arbeitskräfte im Pflanzenanbau zugunsten einer Zunahme in anderen Produktionsbereichen, vor allem in der ländlichen Industrie zurück, wenn auch in unterschiedlichem Ausmaße. Während in einigen Einheiten der Anteil der Beschäftigten in den neuen Wirtschaftsbereichen wie Industrie, Handel, Dienstleistungs- und Transportsektor vor allem nach 1983 relativ stark ansteigt, ist in den auf Getreideproduktion spezialisierten Kreisen Changtu und Faku die Anzahl der Arbeitskräfte im Anbau noch relativ hoch. Bis 1986 beträgt der prozentuale Anteil der Arbeitskräfte in den neuen Wirtschaftsbereichen in Changtu erst 14 % und in Faku 16 %, obwohl in einigen ausgewählten Gemeinden und Dörfern dieser Kreise bereits eine stärkere Veränderung der Arbeitskräftestruktur erfolgt. Die Wirkung alternativer Beschäftigungsmöglichkeiten und Sepzialisierung der Haushalte als Folge erweiterter individueller Verfügungsrechte an der Arbeit, ist z.B. im Kreis Faku besonders groß, da hier seit 1983 die Gesamtzahl der Arbeitskräfte stark gestiegen ist (Vgl. Tab. 4.3 im Anhang).

Zusammenfassend läßt sich feststellen, daß insbesondere nach 1983 zwar einerseits bereits viele Arbeitskräfte aus dem Pflanzenanbau in neue Produktionsbereiche abgewandert sind, doch vollzieht sich andererseits aufgrund des weiteren relativ hohen Anstiegs der Arbeitskräftezahl und der mangelnden Aufnahmefähigkeit neuer Produktionsbereiche die Veränderung der Arbeitskräftestruktur in vielen Untersuchungseinheiten noch relativ langsam.

Auch in der Provinz Liaoning sinkt der prozentuale Anteil der im Pflanzenanbau beschäftigten Arbeitskräfte im Zeitraum 1978 bis 1986 entsprechend dem Schaubild 7 von insgesamt 76 % auf 65 %, während vor allem der Anteil der Beschäftigten in der ländlichen Industrie auf 13 % steigt.

Schaubild 7: **Ländliche Arbeitskräftestruktur in der Provinz Liaoning 1978 und 1986 (in Prozent)**

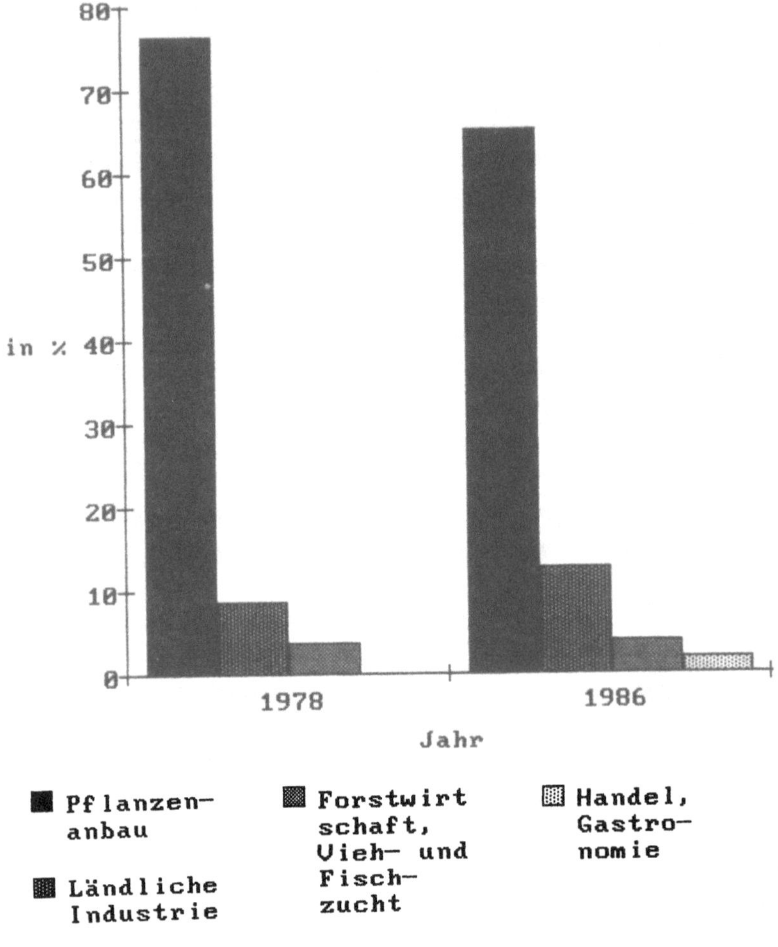

Quelle: LNJJTJNJ (1980),S. 511; ZGNYNJ (1987), S.197-198.

Die zunehmende Zahl der gesamten ländlichen Arbeitskräfte führt zunächst bis 1983 auch zu einer Steigerung der Arbeitskräfte im Pfanzenanbau. Als Folge der Haushaltsvertragssysteme und zunehmender Spezialisierung der ländlichen Haushalte sinkt ab 1984 der absolute und prozentuale Anteil. Der Zuwachs der gesamten Arbeitskräftezahl wirkt sich jedoch auch auf den prozentualen Anteil der Arbeitskräfte in anderen Wirtschaftsbereichen aus. So bleibt dieser Anteil beispielsweise in der Forstwirtschaft, Vieh- und Fischzucht bei rd. 4 % konstant und erreicht bis 1986 erst ein relativ niedriges Niveau in den Bereichen Bauwesen 5 %, Transport, Post- und Fernmeldewesen 2 %, Handel und Gastronomie 2,1 % (Vgl. auch Tab. 4.4 im Anhang).

Eine ähnliche Entwicklung der Arbeitskräftestruktur ist in Gesamtchina festzustellen. Die Arbeitskräfte der traditionellen Bereiche Anbau, Forstwirtschaft, Vieh- und Fischzucht sowie Wasserwirtschaft werden in der Statistik für Gesamtchina jedoch nicht getrennt aufgeführt.

Wie im Schaubild 8 dargestellt, geht der prozentuale Anteil dieser Arbeitskräfte von 89,4 % im Jahr 1978 auf 79,2 % im Jahr 1987 zurück, während gleichzeitig der Anteil der Arbeitskräfte in der ländlichen Industrie von 5,6 % auf 8,5% steigt. Im genannten Zeitraum erhöht sich jedoch die Gesamtzahl der Arbeitskräfte real um rd. ein Drittel (81,62 Mio), und auch in den traditionellen fünf Wirtschaftsbereichen steigt die Arbeitskräftezahl noch um 33,82 Mio. Andere Wirtschaftsbereiche wie z.B. Bauwesen, Verkehr und Transport sowie Handel weisen zwar auch absolut bereits hohe Steigerungsraten der Arbeitskräftezahl auf, doch bleibt ihr prozentualer Anteil aufgrund der Erhöhung der gesamten Arbeitskräftezahl bis 1987 noch relativ gering (Vgl. Tab. auch 4.5 im Anhang).

Schaubild 8: **Ländliche Arbeitskräftestruktur in Gesamt-China 1978 und 1987 (in Prozent)**

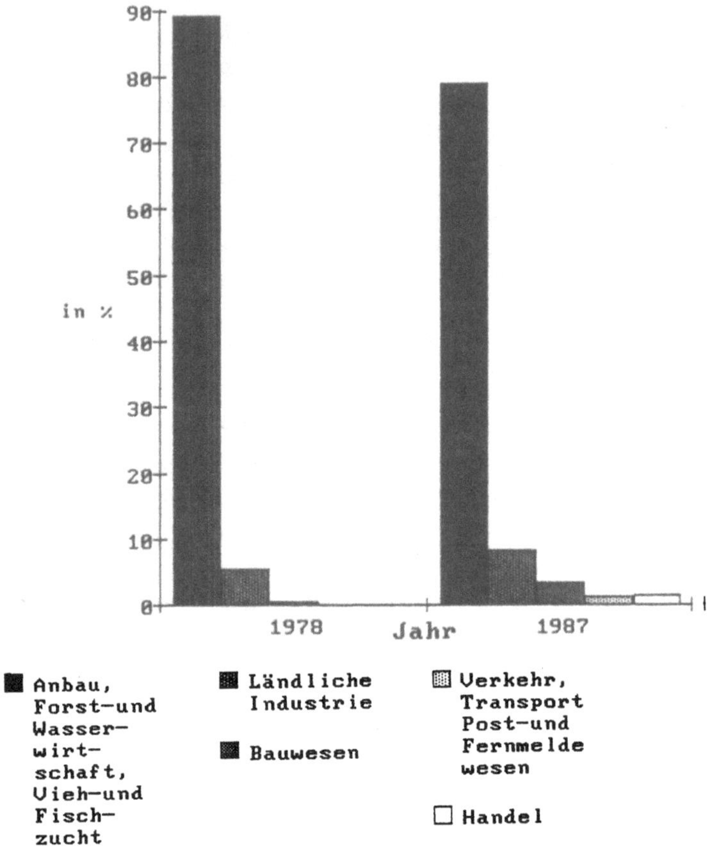

Quelle: ZGTJNJ (1988), S. 172.

Im Rahmen des Haushaltsproduktionsvertragssystems können die Bauern nach Erfüllung der Verkaufsverpflichtungen an den Staat über die Produktionsüberschüsse, die aus einer Verlängerung ihrer Arbeitszeit oder Intensivierung des Arbeitseinsatzes resultieren, selbst verfügen. Mit steigendem Wert ihrer Arbeitszeit besteht ein starker Anreiz, Arbeit sowohl in der Vertragsproduktion als auch in der Nebengewerbeproduktion möglichst einkommensmaximierend einzusetzen. Die Veränderung der individuellen Arbeitsallokationsentscheidungen spiegelt sich auch in der Steigerung der Arbeitsproduktivität in den ländlichen Gebieten wider.

Die Arbeitsproduktivität wird zunächst in den Untersuchungseinheiten in der Provinz Liaoning mit Hilfe der Getreidemenge pro Arbeitskraft (im Pflanzenanbau) sowie durch die Höhe des landwirtschaftlichen Bruttoproduktionswertes (einschließlich des Produktionswertes ländlicher Industrie) pro Arbeitskraft ermittelt. Ein Vergleich der Veränderung der Arbeitsproduktivität vor und nach der Einführung des Haushaltsproduktionssystems kommt zu dem Ergebnis, daß in der überwiegenden Anzahl der Untersuchungseinheiten in der Provinz Liaoning mit der individuellen Bewirtschaftung durch die Haushalte eine Erhöhung der Arbeitsproduktivität verbunden ist. Allerdings ist die Steigerung der Arbeitsproduktivität nach Einführung der Haushaltsvertragssysteme gemessen in der Getreidemenge pro Arbeitskraft geringer als die Erhöhung des landwirtschaftlichen Bruttoproduktionswertes (einschließlich ländlicher Industrie) pro Arbeitskraft im gleichen Zeitraum. Dies ist einerseits auf die weitere Zunahme von Arbeitskräften im Pflanzenanbau und andererseits auf den schnellen Zuwachs des Produktionswertes in der Nebengewerbeproduktion und ländlichen Industrie zurückzuführen (Vgl. Tab. 4.6 im Anhang).

Einige Untersuchungseinheiten im Kreis Kuandian weisen eine abnehmende Arbeitsproduktivität im Getreideanbau auf. Hier steigt die Arbeitskräftezahl im Anbau noch sehr stark, während die Getreideproduktion als Folge einer Reduzierung der staatlichen Anbauquoten planmäßig zurückgeht[11].

Für die Steigerung der Arbeitsproduktivität nach Einführung der häuslichen Bewirtschaftung der Nutzungsflächen ist auch die Zunahme der Überschußarbeitskräfte bzw. überschüssigen Arbeitszeit in den Untersuchungseinheiten ein Beweis. Aus dem Dorf Xi wird beispielsweise berichtet, daß für die Arbeitskräfte in den ehemaligen Produktionsgruppen eine jährliche Arbeitszeit im Maisanbau von 10 Monaten bestanden hat. Nach der Zuteilung von Nutzungsflächen verwendet eine Arbeitskraft für die jedem Haushalt im Durchschnitt übertragenen 15 Mu Anbaufläche heute eine Arbeitszeit von 4 Monaten. In der überschüssigen Arbeitszeit können die Bauern ihre Arbeitskraft durch eine Beschäftigung außerhalb der landwirtschaftlichen Saison im Handel, Baubereich etc. für eine Steigerung ihrer Einkommen einsetzen. Nach Angaben der landwirtschaftlichen Abteilung der Kreisregierung Fuxin (1987) bewirtschaften in diesem Kreis heute überwiegend Frauen und über 60jährige Arbeitskräfte die landwirtschaftlichen Nutzungsflächen, während viele der überschüssigen Arbeitskräfte in anderen Produktionsbereichen und außerhalb ihres Wohnsitzes beschäftigt sind.

Der Zusammenhang zwischen Arbeitsproduktivität und überschüssigen Arbeitskräften wird am Beispiel des Kreises Changtu deutlich. Hier werden rd. 40 % der gesamten Arbeitskräfte und rd. 50 % der Arbeitskräfte im Pflanzenanbau im Jahre 1987 als überschüssig eingeschätzt. Nach der Steigerung der Arbeitsproduktivität steht der Kreis Changtu dementsprechend vor dem Problem, mehr als 100.000 Arbeitskräfte in neuen Produktionsbereichen beschäftigen zu müssen.

Auch im Dokument des Zentralkomitees STÄRKUNG DER IDEOLOGISCHEN UND POLITISCHEN ARBEIT IN DEN LÄNDLICHEN GEBIETEN von 1983 wird darauf hingewiesen, daß seit der überwiegenden Praktizierung des ertragsabhängigen Verantwortungssystems mit einzelnen Haushalten die Effizienz gestiegen ist und Arbeitskräfte überschüssig geworden sind.

Tabelle 1: **Entwicklung der Arbeitsproduktivität in der Provinz Liaoning und in Gesamtchina (Getreide in to, BPW in Yuan)**

1. Provinz Liaoning

	1978	1983	1985	1986	1987	Wachstumsrate 78-86	83-86
A:	2.207	2.476	1.658	2.132	k.A.	-0,4	-3,6
B:	1.450	1.478	1.486	1.632	k.A.	1,3	2,5
C:	k.A.	k.A.	2.405	2.836	k.A.	k.A.	k.A.

2. Gesamtchina

	1978	1983	1985	1986	1987	78-87	83-87
A:	1.109	1.276	1.249	1.285	1.311	1,7	0,3
B:	642	809	939	965	1.010	4,6	2,2
C:	781	1.088	1.433	1.593	1.791	8,6	10,5

Anmerkungen:
A: **Getreideoutput pro Arbeitskraft**, Arbeitskräfte der Bereiche Pflanzenanbau, Forstwirtschaft, Vieh- und Fischzucht sowie Wasserwirtschaft.
B **Landwirtschaftlicher BPW pro Arbeitskraft** (ohne ländliche Industrie), Zusammensetzung der Arbeitskräfte siehe A.
C: **Ländlich-gesellschafticher BPW pro Arbeitskraft**, berechnet auf der Grundlage der Gesamtarbeitskräfte.

Quellen:
Provinz Liaoning: Arbeitskräfte: LNJJTJNJ (1987), S. 511; Getreideoutput: LNJJTJNJ (1987), S. 516; Landwirtschaftl. BPW: LNJJTJNJ (1987), S. 511; Ländl.-ges. BPW: LNJJTJNJ (1987), S. 509.
Gesamtchina: Arbeitskräfte: Vgl. Tabelle 4.5, Getreideoutput: ZGTJNJ (1988), S.248; Landwirtschaftl. BPW: ZGTJNJ (1988), S. 216, Ländl.-ges. BPW: ZGTJNJ (1988), S. 214 und SCHÄDLER (1989), S. 10.

Über die Anzahl der Arbeitskräfte im Pflanzenanbau liegen Daten für die Provinz Liaoning, nicht aber für Gesamtchina vor. Für die Ermittlung der Arbeitsproduktivität auf Provinz- und Landesebene, errechnet als Getreideoutput pro Arbeitskraft und landwirtschaftlicher Bruttoproduktionswert (ohne ländliche Industrie) pro Arbeitskraft wird die Gesamtzahl der Arbeitskräfte in den Bereichen Pflanzenanbau, Forstwirtschaft, Vieh- und Fischzucht sowie Wasserwirtschaft herangezogen. Für die Provinz Liaoning kann die Arbeitsproduktivität bis 1986 und für Gesamtchina bis 1987 ermittelt werden. Ergänzend erfolgt die Messung der Arbeitsproduktivität des ländlich-gesellschaftlichen Bruttoproduktionswertes pro Arbeitskraft (Basis: Gesamtzahl der Arbeitskräfte), die allerdings nur für Gesamtchina möglich ist.

Wie der Tabelle 1 zu entnehmen ist, schwankt der Getreideoutput pro Arbeitskraft in der Provinz Liaoning im Zeitraum 1978 bis 1986 sehr stark und sinkt vor allem im Jahr 1985 aufgrund des rd. 3o %-igen Outputrückgangs. Insgesamt ergibt sich zwischen 1978 - 1986 eine negative Wachstumsrate von minus 0,4 % und zwischen 1983 - 1986 von minus 3,6 % .
Auf Landesebene erhöht sich der Getreideoutput pro Arbeitskraft zwischen 1978 - 1987 mit einer Steigerungsrate von 1,7 %, zwischen 1983 - 1987 dagegen nur um 0,3 %.

Auf Provinzebene ist die jährliche Wachstumsrate des landwirtschaftlichen Bruttoproduktionswertes nach Einführung des Haushaltsvertragssystems (1983 - 1986) höher als in den Jahren 1978 - 1986. Im erstgenannten Zeitraum steigt diese Arbeitsproduktivität in der Provinz Liaoning um 2,5 % , während sie in den Jahren 1978 bis 1986 um 1,3 % zunimmt.

In Gesamtchina steigt der landwirtschaftliche Bruttoproduktionswert pro Arbeitskraft zwischen 1978 bis 1987 zwar um 4,6 %, im Zeitraum 1983 - 1987 dagegen macht die Wachstumsrate nur 2,2 % aus. Die Erhöhung der Arbeitsproduktivität seit der Einführung des Haushaltsvertragssystems wird jedoch deutlicher am Beispiel des ländlich-gesellschaftlichen Bruttoproduktionswertes pro Arbeitskraft, der u.a. auch die ländliche Industrie einbezieht. In Gesamtchina steigt dieser in der gesamten Reformperiode um 8,6 % und zwischen 1983 - 1987 sogar um 10,5 %.

Mit der Auflösung der kollektiven Produktionsorganisationen und steigender Arbeitsproduktivität tritt das Problem überschüssiger Arbeitskräfte in der Landwirtschaft deutlich zu Tage. FANG SHAN (1986),S. 62-63 errechnet für die Provinz Liaoning eine Anzahl von 1,92 Mio überschüssiger Arbeitskräfte bzw. rd. 30 % zu Beginn der 80er Jahre. Für Gesamtchina ermittelt er einen prozentualen Anteil von rd. 35 % oder 107.11 Mio Arbeitskräfte. Auch PEOPLE'S DAILY vom 20.12.1986 gibt die Höhe der überschüssigen Arbeitskräfte mit ca. 100 Mio Personen an.

Die ländlichen Gebiete Chinas sind nach ORLEANS (1961), S. 58 und TIMMERMANN (1973), S. 289 bereits Mitte der 5oer Jahre überbevölkert ; die Unterbeschäftigungsquote wird auf 35 % geschätzt. ELLMANN (1981), S. 981 führt an, daß durch eine kollektivierte Landwirtschaft, die den ideologischen Vorstellungen sozialistischer Länder nach der bäuerlichen Einzelwirtschaft ökonomisch überlegen ist, sowohl das Problem der ländlichen Unterbeschäftigung gelöst als auch die Arbeitsproduktivität im landwirtschaftlichen Sektor gesteigert werden sollte.
Mit der Gründung ländlicher Volkskommunen wurden die Überschußarbeitskräfte mobilisiert und insbesondere in Infrastrukturprojekte wie beim Bau von Bewässerungssystemen und in der Neugewinnung landwirtschaftlicher Anbauflächen eingesetzt. Nach der maoistischen Entwicklungsstrategie sollten die durch diese Arbeitskräfte erwirtschafteten Überschüsse die Grundlage steigender Produktion, Einkommen und Kapitalakkumulation bilden. Die Realisierung arbeitsintensiver ländlicher Infrastrukturprojekte war jedoch nur mit langfristigen Produktions- und Einkommenseffekten verbunden, während kurzfristig sogar die Einkommen zurückgingen. Nach PERKINS (1975),S. 350-355 konnte die Beschäftigung der Überschußarbeitskräfte im landwirtschaftlichen Investbau die Arbeitsproduktivität und den landwirtschaftlichen Output nur in einem geringen Maße steigern.

Da außerdem die Zahl der Arbeitskräfte seinen Schätzungen zufolge vom Beginn der 60er Jahre bis Mitte der 70er Jahre um 20 % zunahm und die Relation zwischen Nutzungsflächen und Arbeitskräftezahl zurückging, bewertet PERKINS die Arbeitsproduktivität in diesen Jahren als sehr gering.

Eine Erklärung für die geringe Steigerung der Arbeitsproduktivität vor der Reform ergibt sich also einerseits durch einen Blick auf den Anstieg der in der landwirtschaftlichen Produktion beschäftigten Arbeitskräfte: Ihre Anzahl steigt im Zeitraum 1957 bis 1978 um 52 % von 193.1 Mio auf 294.26 Mio. Der im Verhältnis zu anderen Inputfaktoren stark gestiegene Arbeitskräfteeinsatz bis 1978 ist auch nach CHOW (1985), S. 96 mit einem Rückgang der Grenzproduktivität der Arbeit verbunden. Weiterhin sinkt in den Jahren 1957 - 1978 die landwirtschaftlich genutzte Anbaufläche um 4,5%[12], so daß bei steigendem Arbeitskräfteeinsatz die Anbaufläche pro Arbeitskraft von 12.2 Mu auf 7.7 Mu, also um 37 % zurückgeht.

Die zunehmende Zahl der Arbeitskräfte im ländlichen Bereich konnte weder durch eine Migration in die Städte bzw. den städtischen Industriesektor noch durch die Entwicklung der ländlichen Industrie verringert werden, die nach WONG (1976), S. 493 Mitte der 70er Jahre erst 5 % der Arbeitskräfte absorbiert hatte. Während der Kulturrevolution bis 1978 ist außerdem die häusliche Nebengewerbeproduktion starken politischen Restriktionen ausgesetzt, ebenso wie sonstige wirtschaftliche Aktivitäten, die außerhalb der saisonalen Beschäftigungsspitzen durchgeführt werden können.
Für das Fortbestehen der Unterbeschäftigung seit Gründung der Volkskommunen bis zur Reform sprechen demnach der relativ geringe Beitrag der Überschußarbeitskräfte in landwirtschaftlichen Infrastrukturprojekten zur gesamten

Agrarproduktion sowie die hohe Konzentration der Arbeitskräfte im Anbaubereich bei abnehmenden Anbauflächen pro Arbeitskraft. Diese Gründe zusammen mit der Beschränkung privater Nebengewerbeaktivitäten erklären, daß zwar die landwirtschaftliche Produktion insgesamt zugenommen hat, die Grenzproduktivität der Arbeit jedoch niedrig blieb.

Die Auflösung der kollektiven Produktionsorganisationen macht zwar einerseits das Ausmaß der Unterbeschäftigung deutlich, doch trägt die Aufhebung der an die Nutzungsrechte der Arbeit gebundenen Restriktionen dazu bei, die Anzahl der überschüssigen Arbeitskräfte und Überschußarbeitszeit im landwirtschaftlichen Sektor zu reduzieren. Von besonderer Bedeutung ist dabei nach FANG SHAN (1986), S. 65 die Möglichkeit der ländlichen Arbeitskräfte, außerhalb der landwirtschaftlichen Saison in nichtlandwirtschaftliche Produktionsbereiche wie Transport, Dienstleistungen, Handel, Industrie und häusliche Nebengewerbeproduktion überzuwechseln, während die landwirtschaftliche Produktion zunächst ihre Hauptbeschäftigung bleibt.

Auch VAN GINNEKEN (1988), S. 65 kommt zu dem Schluß, daß die Unterbeschäftigung durch die Entwicklung spezialisierter Haushalte, ländlicher Industrie und der Land-Stadt-Migration zurückgegangen ist.

Die Ausweitung der individuellen Verfügungsrechte an der Arbeit beeinflußt sowohl die Arbeitskräftestruktur als auch die Arbeitsproduktivität in den ländlichen Gebieten. Während im Untersuchungszeitraum die Anzahl der Arbeitskräfte im Pflanzenanbau zurückgeht, steigt ihre Zahl im den Bereichen Dienstleistungen, Transport und vor allem in der ländlichen Industrie. Allerdings erschwert die weiterhin hohe jährliche Zuwachsrate der gesamten Arbeitskräfte eine schnelle Diversifizierung der Arbeitskräftestruktur.
Die Einführung von Haushaltsvertragssystemen war auch mit einer Steigerung der Arbeitsproduktivität verbunden und machte das Aumaß der überschüssigen Arbeitskräfte in den ländlichen Gebieten deutlich. Erweiterte individuelle Verfügungsrechte an der Arbeit, die eine größere Mobili-

tät, Spezialisierung und die Beschäftigung externer Arbeitskräfte durch ländliche Haushalte ermöglichen, können zur Reduzierung der Überschußarbeitskräfte beitragen.

Zu den zentralen Elementen der Landwirtschaftsreform zählt die Veränderung des landwirtschaftlichen Planungssystems. Im folgenden Kapitel werden die Wirkungen dezentraler Entscheidungsrechte in der Produktion, staatlicher Preisanreize und Märkte untersucht und die im Verlauf des Reformprozesses entstehenden Probleme eines dualen Preissystems näher analysiert.

5. Staatliche Planung und individuelle Handlungsmöglichkeiten landwirtschaftlicher Produzenten

5.1. Planung und Markt in sozialistischen Wirtschaftssystemen

Charakteristisch für sozialistische Wirtschaftssysteme ist die Zentralisierung bestimmter Entscheidungen. BRUS (1964) unterteilt diese in makroökonomische Hauptentscheidungen, laufende oder sektorale sowie individuelle Entscheidungen. Von der Zentralisierung bzw. Dezentralisierung der Entscheidungsrechte ist es abhängig, ob staatliche Pläne in Form direkter administrativer Anweisungen obligatorisch sind oder als Indikativplanung mit monetären Anreizen den einzelnen Entscheidungsebenen diskretionäre Handlungsspielräume zugestehen[1].

Die zentrale Planung und Lenkung setzt nach QUAISSER (1987),S. 19 und LEIPOLD (1983) im landwirtschaftlichen Sektor die Kollektivierung bzw. Sozialisierung sowie den Aufbau hierachischer Verwaltungsstrukturen voraus. Insgesamt dominieren vertikale Transaktionen mit Anweisungen übergeordneter Instanzen und Realisierung durch untergeordnete Ebenen.

Bei der Dezentralisierung des Planungssystems erhalten Produktionsorganisationen unterer Entscheidungsebenen einen größeren Einfluß auf Produktionsplanung und Durchführung. PRYBYLA (1987), S.46 - 48 weist darauf hin, daß die Dezentralisierung auch innerhalb der kollektiven Produktionsorganisationen zur stärkeren Partizipation der Bauern an Entscheidungsprozessen führen kann, wenn bestimmte Teilrechte auf einzelne Arbeitsgruppen oder individuelle Haushalte übertragen werden.

Bei der dezentralen Planung treten nach LEIPOLD (1983) an die Stelle quantitativer Direktiven monetäre Indikatoren; hierachische Transaktionen werden durch Markttransaktionen ergänzt. WÄDEKIN (1982) und KLOTEN (1985),S. 34-35 führen an, daß Reformen zentralisierter Wirtschaftssysteme nicht darauf abzielen, die staatliche Planung durch den Markt völlig zu ersetzen, sondern auf eine Kombination plan- und marktlicher Elemente[2]. Dabei sollen nach KOSTA (1974),S. 34 f die negativen Wirkungen der Mengenplanung wie beispielsweise die Vernachlässigung der Produktqualität und fehlende Anpassung der Produktionsstruktur an den Bedarf sowie eine unzureichende Berücksichtigung von Effizienz- und Wirtschaftlichkeitsberechnungen vermieden werden.

Das staatliche Ankaufssystem, Rationierung landwirtschaftlicher Inputs und staatlich fixierte Preise beschränken die Entscheidungs- und Verfügungsrechte der Bauern am stärksten.

Preise beeinflussen dabei bestehende Handlungsalternativen insoweit, als angenommen werden kann, daß die Bauern ihre Entscheidungen unter Berücksichtigung der Höhe der staatlichen Aufkaufspreise in Relation zu den industriellen Inputpreisen, der Höhe der einzelnen Aufkaufspreise zueinander und im Vergleich zu freien Marktpreisen treffen werden.

Liegen die staatlichen Aufkaufspreise unterhalb der Marktpreise, werden die Bauern abhängig von den Alternativkosten staatlicher Planauflagen versuchen, den Umfang der Produktion für den staatlichen An- und Verkauf zugunsten anderer wirtschaftlicher Aktivitäten zu reduzieren.
Ob Preise ihre Informationsfunktion erfüllen können, ist von der relativen Bedeutung der Mengenplanung im Verhältnis zu monetären Anreizen abhängig.

Wie CHOW (1985), S. 107-113 ausführt, wirken sich administrative Preiserhöhungen innerhalb des staatlichen

An- und Verkaufssystems insoweit aus, als die Bauern ihre Produktion ausweiten bzw. diversifizieren; die landwirtschaftlichen Produzenten treffen ihre Entscheidungen dann auf der Grundlage relativer Preise. Allerdings spiegeln diese Preise lediglich die Ziele der staatlichen Planer wider und nicht tatsächliche Knappheiten. Um die ökonomischen Wirkungen des staatlichen Aufkaufs zu analysieren, vergleicht CHOW dies System mit einem freiwilligen Verkauf auf Märkten. Vorausgesetzt wird die Existenz privaten Bodeneigentums und Mobilität der Arbeitskräfte. Der Einfachheit halber wird nur von einem Produkt und zwei Preisen, einem staatlichen Aufkaufspreis und einem Marktpreis, sowie von einem einzigen Markt ohne Berücksichtigung von Transport- und Verteilungskosten der Produkte ausgegangen.

Schaubild 9: **Grenzkosten und Durchschnittskosten eines landwirtschaftlichen Produktionshaushalts**

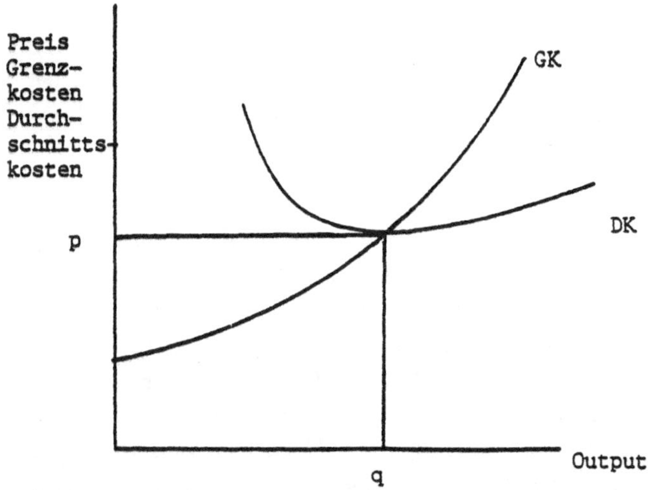

Das Schaubild 9 zeigt die Durchschnittskostenkurve (DK) und die Grenzkostenkurve (GK), die gleichzeitig die Angebotskurve eines einzelnen Haushalts ist. Zwar erzielt der Haushalt zu dem durch Angebot und Nachfrage entstandenen Marktpreis keinen Gewinn, da Durchschnittskosten und Preis gleich sind, doch kann er die Kosten aller landwirtschaftlichen Inputs decken. Bei einem höheren Marktpreis macht der Haushalt einen Gewinn, im umgekehrten Fall einen Verlust.

Schaubild 10: **Bestimmung von Preisen und Output**

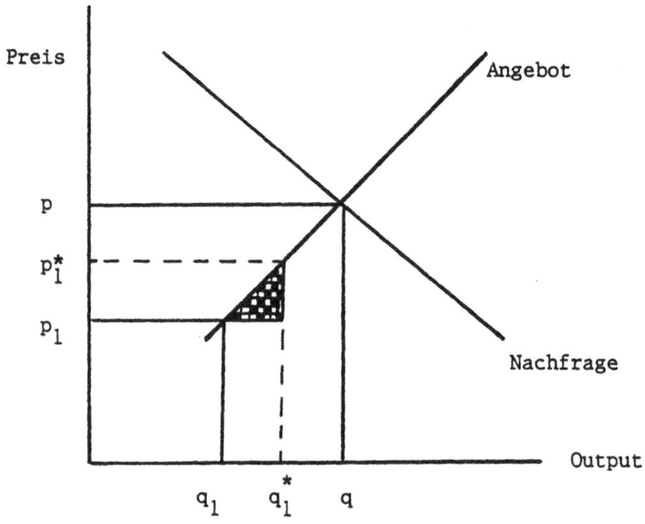

Im Schnittpunkt der aggregierten Angebots- und Nachfragekurve im Schaubild 10 entsteht ein Gleichgewichtspreis p, zu dem die landwirtschaftlichen Produzenten die Menge q anbieten. Setzt der Staat den Preis auf p_1 fest, würden die Bauern bei autonomer Entscheidung die Produktionsmenge q_1 produzieren. Sollen die Produzenten bei einem Aufkaufspreis von p_1 die Menge q^*_1 abliefern, sind die Grenzkosten der Produktion dieser Menge höher als p_1, nämlich p^*_1; die Fläche des schattierten Dreiecks in der Abbildung stellt den Einkommensentgang dar. Wenn den Bauern erlaubt wird, ihre Produktionsmenge den tatsächlichen Kosten anzupassen, jedoch der Preis p_1 nicht angehoben wird, bleibt die Nachfrage bei diesem Preis im Umfang q_1-q_2 unbefriedigt und die staatliche Aufkaufsmenge von q_1 wird rationiert werden müssen.

Nun wird angenommen, daß der Staat die Verteilung der landwirtschaftlichen Produkte übernimmt. Hierbei setzt er Aufkaufsmengen und einen Aufkaufsspreis fest, der unterhalb des Marktpreises liegt, um die städtischen Konsumenten preiswerter zu versorgen. Die Haushalte werden in kollektive Produktionsorganisationen zusammengeschlossen und die individuellen Verfügungsrechte in kollektive umgewandelt, durch die Bodentransfer und Mobilität der Arbeitskräfte zwischen den Produktionseinheiten ausgeschlossen wird.
Für die ländlichen Haushalte bedeutet die Bindung an die kollektive Produktionsorganisation, daß sie ihre Arbeitskräfte nicht dort einsetzen können, wo ihr Grenzprodukt der Arbeit bzw. ihr Einkommen höher ist.
Durch das Verbot des Bodentransfers wird verhindert, daß der Boden von alternativen Produzenten bewirtschaftet wird, die bereit wären, eine höhere Pacht zu zahlen, weil sie die Anbauflächen besser nutzen könnten. Ein daraus resultierender Rückgang des landwirtschaftlichen Outputs müssen alle Gesellschaftsmitglieder tragen.

Die Veränderung der Verfügungsrechte beeinflußt die Höhe der Inputpreise, die der kollektiven Produktionsorganisation als Basis der Kostenkalkulation dienen. Da Märkte zur Bewertung der Inputs Boden und Arbeitskräfte ausgeschaltet sind, spiegeln die Inputpreise nicht tatsächliche Knappheiten und alternative Nutzungsmöglichkeiten wider.
Für die kollektive Produktionsorganisation besteht eine Grenzkostenkurve, deren Grundlage die durch staatliche Eingriffe beeinflußten Inputpreise sind. In der Kostenkalkulation der landwirtschaftlichen Produktionsgenossenschaften im Kommunesystem werden die Kosten der Bodennut-

zung nicht berücksichtigt, sondern lediglich die staatlich festgelegten Preise für Saatgut, Dünger, Pestizide und intern bestimmte Kosten für z.B. den Einsatz von Arbeitskräften, Zugtieren, Maschinen und Bewässerungskosten. Für die ländlichen Haushalte als selbständige Produktionseinheiten ist ein Verkauf ihrer Produkte zu einem Preis, der unterhalb des Marktpreises liegt, mit einem Einkommensentgang verbunden. Dagegen können die landwirtschaftlichen Produktionsgruppen aufgrund der veränderten Inputpreise zu dem niedrigeren staatlichen Aufkaufspreis noch ein positives Einkommen erzielen. Da jedoch durch die in der kollektivierten Landwirtschaft bestehenden Verfügungsbeschränkungen eine effiziente Nutzung von Boden und Arbeitskräften ausgeschlossen wird, ist ein Rückgang der Produktivität wahrscheinlich. Um den zum Marktpreis angebotenen Output auch beim staatlichen Aufkauf zu sichern, müssen höhere Inputmengen eingesetzt werden.

Durch eine Reform des An- und Verkaufs landwirtschaftlicher Produkte können die quantitativen Planvorgaben bzw. Aufkaufspläne reduziert und ein Teil der Input- und Outputentscheidungen auf kollektive Produktionsorganisationen und Bauern übertragen werden.

Mit der Dezentralisierung werden die Entscheidungsrechte neu verteilt und damit Kosten und Gewinne, die an diese Rechte gebunden sind. Durch die Zuteilung individueller Entscheidungsrechte in der Produktionsplanung und -realisierung und von Verfügungsrechten bei der Produktverwendung werden Anreize zu einer effizienten Ressourcenverwendung gesetzt. Das Nebeneinander von quantitativen Planvorgaben, die gesamtwirtschaftliche Ziele widerspiegeln, und Marktelementen, die dezentrale Entscheidungen ermöglichen, kann jedoch wie KLOTEN (1985),S. 36 - 45 anführt, im Verlauf des Reformprozesses zu ungeplanten und negativen Ergebnissen führen.

Im Verlauf der Reform des Planungssystems erfolgt eine schrittweise Ausweitung der Handlungsrechte der landwirtschaftlichen Produzenten. Die ersten Reformbeschlüsse der Regierung begrenzen die Rechte der Bauern noch erheblich. Durch die individuelle Adaption der Rechte und abhängig von den Alternativkosten, die bei einer Umgehung der staatlichen Planvorgaben und Restriktionen entstehen, versuchen die Bauern, ihre faktischen Handlungsrechte auszuweiten. Die gesamtwirtschaftlichen Auswirkungen der einzelnen Reformmaßnahmen und der Druck der Bauern auf eine Veränderung der Rechtestruktur führen jedoch zu Anpassungen und neuen Reformbeschlüssen der Regierung.

Im folgenden Abschnitt werden zunächst die in den Produktionsverantwortungssystemen bestehenden unterschiedlichen Entscheidungs- und Verfügungsrechte am Beispiel lokaler Bestimmungen miteinander verglichen.

5.2 Individuelle Entscheidungsrechte in der Produktion

5.2.1 Entscheidungsrechte in unterschiedlichen Produktionsverantwortungssystemen

Vor der Reform des landwirtschaftlichen Planungssystems und den ersten Jahres des Reformprozesses werden die staatlichen Planvorgaben über die dreistufige Kommuneorganisation an die kollektiven Produktionseinheiten, die landwirtschaftlichen Produktionsgruppen, weitergeleitet. Diese sollen nach der Umgestaltung der Kommunestrukturen im Jahre 1962 über den Einsatz der Arbeitskräfte, Produktionsmethoden und Einkommensverteilung entscheiden sowie für Gewinn und Verlust aus den kollektiven Wirtschaftsaktivitäten selbst verantwortlich sein. Die Entscheidungsrechte der Produktionsgruppen über Faktoreinsatz, Produktionsstruktur und Produktverwertung werden eingeschränkt durch staatliche Planprioritäten; einen Einfluß auf Produktionsentscheidungen haben die Bauern nur indirekt über die kollektiven Produktionsorganisationen, die bei der Planaufstellung und -erfüllung bestimmte Vorschlags- und Detaillierungsrechte gegenüber Brigaden und Kommunen besitzen.
Erst ab 1979 werden die Entscheidungsrechte dezentralisiert und die Produktionsverantwortung entweder auf

Arbeitsgruppen, Haushalte oder spezialisierte Personen übertragen. Der Unterschied zwischen den beiden wichtigsten Produktionsverantwortungssystemen, der Zuteilung der Produktionsverantwortung auf Gruppen (Baochan dao zu) und auf Haushalte (Baochan dao hu oder Baogan dao hu) besteht im Umfang der Planung und Kontrolle der Produktionsentscheidungen durch die Produktionsgruppe und der Verteilung der Einkommen und Gewinne.

Am Beispiel der BESTIMMUNGEN DER STADT JINZHOU ZUM ERTRAGSABHÄNGIGEN VERANTWORTUNGSSYSTEM DER ÜBERTRAGUNG DER ARBEITSAUFGABEN UND DES OUTPUTS AUF GRUPPEN (Baogong baochan dao zu lian chan jichou) wird die Abgrenzung der Entscheidungs- und Verfügungsrechte zwischen Produktionsgruppe und Arbeitsgruppe deutlich. So heißt es hier u.a.:

"Die einheitliche Wirtschaftsführung durch die Produktionsgruppe bleibt bestehen. Die Arbeitsgruppe ist keine selbständige Wirtschaftseinheit, hat keine Eigentumsrechte an Produktionsmitteln und darf Produkte nicht selbst verteilen.
Fünf Bereiche werden festgelegt:
-Produktionsmittel sind kollektives Eigentum der Produktionsgruppe,
-Arbeitskräfte werden kollektiv eingesetzt,
-die Planung erfolgt kollektiv,
-wirtschaftliche Aktivitäten werden kollektiv berechnet und
-Produktionseinkommen kollektiv verteilt.

Entsprechend den Produktionsanforderungen wird der landwirtschaftliche Anbau auf Gruppen verteilt. In der Forstwirtschaft, Viehzucht, Nebenproduktion, Fischzucht und in kollektiv bewirtschafteten Industriebetrieben wird die Verantwortung für die Produktion auf spezializierte Arbeitskräfte, Haushalte und Arbeitsgruppen übertragen. Die Größe der Arbeitsgruppen soll i.d.R. 10 - 15 Arbeitskräfte betragen. Im Anbau werden spezialisierte Gruppen für Baumwoll-, Ölfrüchteanbau u.a.m. gebildet."

Den Beschäftigten in der Arbeitsgruppe wird zwar eine Entlohnung entsprechend ihrem Arbeitseinsatz zugesichert, jedoch keine Partizipation an Produktionsentscheidungen. Nach Teilnahme an kollektiven Produktionsaufgaben können die Arbeitskräfte der Gruppe in der häuslichen Nebengewerbeproduktion arbeiten, ein Verlassen der kollektiven Organisation und damit selbständige Tätigkeiten sind ihnen jedoch nur unter besonderen Umständen erlaubt.

Mit der Übertragung der Produktionsverantwortung auf Gruppen wird zwar durch die ertragsabhängige Entlohnung die Motivation der Arbeitsgruppenmitglieder verstärkt, eine weitreichende Dezentralisierung der Entscheidungsrechte in der Produktion wird jedoch erst durch das Baogan dao hu-System erreicht. Im Gegensatz zur Zuteilung der Produktionsverantwortung auf Arbeitsgruppen bestimmen die Bauern bei diesem "Haushaltsvertragssystem" individuell über den Einsatz der Arbeitskräfte und über die Verwendung der sonstigen Produktionsmittel und sind auch individuell für Gewinn bzw. Verlust ihrer Aktivitäten verantwortlich.

Die rechtlichen Beziehungen zwischen Produktionsgruppe und Vertragshaushalt zum Zeitpunkt der Einführung des Baogan dao hu-Systems lassen sich am Beispiel der VORLÄUFIGEN BESTIMMUNGEN DES KREISPARTEIKOMITEES CHU ÜBER DIE PERFEKTIONIERUNG UND WEITERENTWICKLUNG DES VERANTWORTUNGSSYSTEMS MIT ÜBERTRAGUNG DER VOLLEN VERANTWORTUNG IN DER PRODUKTION AUF HAUSHALTE darstellen.

"Die Produktionsgruppe teilt die Produktionsmittel zu, schützt das Kollektiveigentum und kann entsprechend der Entwicklung der Produktion eine Anpassung der auf die

Vertragshaushalte übertragenen Produktionsmittel vornehmen. Sie organisiert die Produktionsplanung, beschließt Maßnahmen zur Produktionssteigerung, setzt Arbeitskräfte entsprechend der saisonalen Beschäftigungssituation für Bewässerungs- und sonstige Arbeiten des landwirtschaftlichen Investbaus ein, für die industrielle Produktion und Nebengewerbeproduktion sowie für andere kollektive Aufgaben. Außerdem führt sie die einheitliche Verwaltung und Nutzung der landwirtschaftlichen Maschinen und Bewässerungsanlagen durch, setzt die Verträge durch und plant einheitlich die Landwirtschaftssteuer, die Höhe des Akkumulations- und Wohlfahrtsfonds, die Produktionskosten, den Getreidereservefonds, die Abschreibung auf landwirtschaftliche Maschinen und die Entlohnung und Unterstützung der Brigadekader, Dorflehrer, Barfußärzte, Angehörige revolutionärer Märtyrer, Familien von Armeeangehörigen und andere Kosten. Die Produktionsgruppe legt ein Sanktionssystem für die Durchführung der Familienplanung fest und ist verantwortlich für die politische und ideologische Arbeit und kann Streitigkeiten zwischen den Bauern in der Produktionsgruppe schlichten.

Der Vertragshaushalt unterwirft sich der einheitlichen Planung der Produktionsgruppe, führt den Anbau des ihm übertragenen Bodens entsprechend den örtlichen Bedingungen durch, kann die Fruchtfolge bestimmen sowie eigene Maßnahmen zur Produktionssteigerung wie Wahl der Saatgutsorte, des Düngers, landwirtschaftlicher Maschinen und sonstiger wissenschaftlicher Methoden des Anbaus. Nach Ablieferung der Landwirtschaftssteuer, der landwirtschaftlichen Produkte im Rahmen des staatlichen An- und Verkaufssystems und der kollektiven Abgaben verfügt der Haushalt über die Produkte und Geldeinkommen selbst und kann nach Erfüllung des kollektiven Arbeitseinsatzes für den landwirtschaftlichen Investbau seine Arbeitszeit für die landwirtschaftliche Produktion und familiäre Nebengewerbeproduktion selbst einteilen."

Die Entscheidungsrechte der Vertragshaushalte in der Produktion werden eingeschränkt durch staatliche Planvorgaben hinsichtlich Produktion und Ablieferung bestimmter Produkte. Die rechtlichen Beziehungen zwischen kollektiver Einheit (Produktionsgruppe oder später Produktionsgenossenschaft oder Dorfkomitee) und dem Haushalt bzw. Arbeitsgruppe werden vertraglich fixiert; dies gilt auch für die Bodennutzungsrechte, die Ablieferungsverpflichtungen landwirtschaftlicher Produkte, aber auch hinsichtlich der Arbeitsleistungen der Bauern für den kollektiven Investbau und die Geburtenplanung. Vertraglich festgelegt ist auch die Zuteilung industrieller Inputs für die landwirtschaftliche Produktion an den Haushalt, wie Dünger, Pestizide, Dieselöl und in den ersten Jahren der Planungsreform auch die Nutzung landwirtschaftlicher Maschinen. Mit der Auflösung der Produktionsgruppen ab 1983 ist nochmals eine Ausweitung der Entscheidungsrechte der individuellen Haushalte bei der Realisierung der landwirtschaftlichen Produktion verbunden.

Wie die Gegenüberstellung der zwei wichtigsten Formen der Verantwortungssysteme zeigt, erhalten die Produzenten umfassendere Entscheidungs- und Verfügungsrechte durch die Haushaltsvertragssysteme. Hierbei ist der Umfang der Planung und Kontrolle durch die kollektive Produktionsorganisation reduziert und die Haushalte bestimmen über den Einsatz ihrer Arbeitskräfte und anderer Produktionsmittel sowie über die Verwendung ihrer Gewinne selbst.

Da mit der Veränderung der Entscheidungs- und Verfügungsrechte durch die Einführung von Haushaltsvertragssystemen für die Bauern Einkommensvorteile verbunden sind, werden sie an der Durchsetzung dieser Verantwortungssysteme eher interessiert sein. Andererseits bedeutet die Dezentralisierung für die ländlichen Kommunekader, daß sie einen Machtverlust hinnehmen müssen. Ihr Interesse an der Einführung von Haushaltsvertragssystemen wird dementsprechend nur gering sein. Im folgenden wird zunächst der Durchsetzungsprozeß alternativer Systeme der Produktionsverantwortung auf Landesebene und dann in den ausgewählten Einheiten in der Provinz Liaoning analysiert.

5.2.2 Durchsetzungsprozeß alternativer Produktionsverantwortungssysteme

In den ersten Parteidokumenten zur Wirtschaftsreform in den ländlichen Gebieten steht die erneute Bestätigung der Rechte der Produktionsgruppen im Vordergrund. Die zwangsweise Anpassung ihrer Pläne über Produktion, Investbau, Einsatz von Arbeitskräften, Allokation der Einnahmen und Ausgaben durch übergeordnete Organisationsebenen wird untersagt. Eine Übertragung von Entscheidungsrechten auf Arbeitsgruppen unter der Voraussetzung der einheitlichen Rechnungsführung und Allokation durch die Produktionsgruppen ist im Dokument BESCHLUSS DES ZENTRALKOMITEES DER KPCH ÜBER EINIGE FRAGEN ZUR BESCHLEUNIGUNG DER LANDWIRTSCHAFTLICHEN ENTWICKLUNG von 1978 zwar bereits vorgesehen, nicht jedoch die Aufteilung von Nutzungsflächen und die selbständige Bewirtschaftung durch einzelne Haushalte bzw. Bauern.

Gegen diese Form der "Produktionsverantwortung" besteht zunächst ein starker Widerstand im Zentralkomitee und bei einer großen Zahl ländlicher Kader, weil durch die Übertragung individueller Produktionsverantwortung eine Rückkehr zur bäuerlichen Einzelwirtschaft bzw. eine Dekollektivierung befürchtet wird.
Andererseits wird nach BERNSTEIN (1984),S. 36 bereits 1977, also vor den Reformbeschlüssen des Parteitages Ende 1978, in der von schweren Dürrekatastrophen betroffenen Provinz Anhui, Kreis Feixi, in 800 Produktionsgruppen versuchsweise die Übertragung der Produktionsverantwortung auf Haushalte praktiziert, um schnelle Verbesserungen in der Produktion und im Lebensstandard der Bauern zu erreichen. Aufgrund der guten wirtschaftlichen Erfolge übernehmen weitere Produktionsgruppen dieses System. Ihr Anteil steigt in der ersten Hälfte des Jahres 1979 auf 10 % in der Provinz Anhui und auch andere arme Provinzen wie Guizhou, Sichuan, Gansu

und Henan führen dieses System der Produktionsverantwortung ein.

Das Dokument des Zentralkomitees von 1980 EINIGE FRAGEN ZUR WEITEREN STÄRKUNG UND VERBESSERUNG DER VERANTWORTUNGSSYSTEME IN DER LANDWIRTSCHAFTLICHEN PRODUKTION begrenzt allerdings die Dezentralisierung der Entscheidungsrechte auf "arme und rückständige Gebiete und abgelegene Bergregionen, in denen die Bauern das Vertrauen in die kollektive Wirtschaft verloren haben".

Das Zugeständnis der Parteiführung, Haushaltsvertragssystemen zumindest unter bestimmten Bedingungen zuzustimmen, ist einerseits mit den hohen Kontrollkosten zu begründen, die erforderlich wären, um in den "abgelegenen Regionen" die Durchsetzung dezentraler Verantwortungssysteme zu verhindern[3]. Andererseits sind die Bauern in Produktionsgruppen mit einem niedrigen wirtschaftlichen Entwicklungsniveau noch stärker an der Einführung solcher Vertragssysteme interessiert, als Bauern in Produktionsgruppen mit einem hohen Kollektiveinkommen und dementsprechend ist ihr Druck auf die Einführung von Haushaltsvertragssystemen auch größer.

Die Position der Bauern, Einfluß auf die Wahl der von ihnen gewünschten Verantwortungssysteme zu nehmen, wird bereits im oben genannten Dokument des Zentralkomitees von 1980 gestärkt. Damit wird die Übertragung individueller Produktionsverantwortung auf Haushalte in wirtschaftlich entwickelten Regionen mit stabiler Kollektivwirtschaft zwar abgelehnt, ihnen jedoch erlaubt, ein bereits gewähltes System auf "Wunsch der Massen" beizubehalten (also auch in dafür nicht "geeigneten" Regionen Haushaltsvertragssysteme weiter durchzuführen).

Die Verbreitung des Verantwortungssystems, durch die dem Haushalt die meisten Rechte der Produktionsgruppe (Baogan dao hu) übertragen werden, ist in den folgenden Jahren erstaunlich schnell. So erhöht sich der Anteil der Produktionsgruppen, in denen dies Haushaltsvertragssystem praktiziert wird, nach den Angaben in SCHINKE (1985), S. 143 landesweit von 5 % im Jahre 1980 auf 80 % im Jahre 1983.

Unterschiedliche ertragsabhängige Verantwortungssysteme sind Mitte 1981 entsprechend dem JAHRBUCH DER WIRTSCHAFTSSTATISTIK DER PROVINZ LIAONING (1984), S.III-63 zwar auch in der überwiegenden Anzahl der Produktionsgruppen in der Provinz Liaoning verbreitet, doch erst 3,2 % der Gruppen führen Baogan dao hu durch. Die Kreise mit einem niedrigen wirtschaftlichen Entwicklungsniveau wie Chaoyang und Fuxin sind die ersten, die mit den Haushaltsvertragssystemen in der Provinz beginnen. In den Jahren 1982 und 1983 steigt der Anteil der Produktionsgruppen, die in der gesamten Provinz Produktionsverträge mit Haushalten abschließen, von 31,8 % auf 87,9 %[4].

Diese Entwicklung weicht von den anfänglichen Reformvorgaben der Partei ab, da Haushaltsvertragssysteme zunächst nur auf bestimmte Produktionsgruppen beschränkt werden sollten. Sie kann einerseits mit dem Druck der Bauern auf die Einführung dezentraler Verantwortungssysteme und andererseits mit der Unterstützung dieser Forderung durch Vertreter des Reformkurses im Zentralkomitee begründet werden[5]. Eine weitere Erklärung für die schnelle Verbreitung der Haushaltsvertragssysteme gibt BERNSTEIN (1984),S. 30 - 47. Danach wird die anfänglich starke Opposition der ländlichen Kader durch die Kritik der Partei an "linker Ideologie" in eine Unterstützung für die Dezentralisierung umgewandelt; um ihre politische Loyalität zu beweisen, bemühen sich die ländlichen Kader aktiv um die lokale Umsetzung der Reformmaßnahmen[6]. Einige westliche Untersuchungen kommen dementsprechend zu dem Schluß, daß die Initiative "von oben" bei der Einführung des Haushaltsvertragssystems von entscheidener Bedeutung war. Zwar ist ohne einen politischen Grundsatzbeschluß über die Reform des Planungssystems eine umfassende Dezentralisierung der Entscheidungsrechte nicht denkbar, doch wird die Umsetzung der Reformen wesentlich vom Interesse der Bauern an möglichst weitgehenden Entscheidungs- und Verfügungsrechten bestimmt[7]. Auch aus den Befragungen der 1985 und 1987 in der Provinz Liaoning besuchten Einheiten wird dieser Einfluß der Bauern bei der Wahl alternativer Verantwortungssysteme deutlich.

Da die Bauern bei Haushaltsvertragssystemen Gewinn und Verlust ihrer wirtschaftlichen Aktivitäten selbst tragen und andere von der Nutzung ausschließen können, ist anzunehmen, daß sie Haushaltsvertragssysteme gegenüber Verantwortungssystemen mit Gruppen vorziehen. Inwieweit die Bauern ihre Präferenzen bei der Dezentralisierung der Entscheidungsrechte in den ausgewählten Einheiten in der Provinz Liaoning durchsetzen, wird im folgenden Abschnitt untersucht.

5.2.2.1 Einführung von Produktionsverantwortungssystemen in ausgewählten Untersuchungseinheiten in der Provinz Liaoning

Die Analyse der Durchsetzung unterschiedlicher Produktionsverantwortungssysteme in den befragten Einheiten in der Provinz Liaoning zeigt einerseits, daß die Bauern die Einführung solcher Systeme unterstützen, die ihnen die größten Entscheidungsrechte ermöglichen (Baogan da hu) und andererseits, daß sie ihre Entscheidung zwischen verschiedenen Verantwortungssystemen von einem Vergleich der Einkommensmöglichkeiten bei kollektiver oder individueller Bewirtschaftung abhängig machen.

Über die Einführung von Verantwortungssystemen in den 1985 und 1987 untersuchten Kreisen, Gemeinden und Dörfern in der Provinz Liaoning gibt die Tabelle 1 einen Überblick.

Tabelle 1: **Einführung von Verantwortungssystemen in der landwirtschaftlichen Produktion in ausgewählten Einheiten in der Provinz Liaoning**

Einheit	Verantwortungssysteme[1]		
	Baochan dao zu	Baochan dao hu	Baogan dao hu
Bezirk Dongling			
Dorf Bajiazi	1981/1985[2]		
Bezirk Yuhong	1981 erst wenige PG[3]		1982 erst wenige PG
	1987 noch einige PG		1983 fast alle PG
Dorf Yingshou	1982/1985[2]		
Bezirk Sujiatun			
Gemeinde Guanlipu	1979	-	1983
Dorf Dagujia	1979	-	1983
Kreis Jin	1981 erst einige PG	1983	1983
	1985 noch 16,7 % der PG		
	1987 noch einige PG		
Kleinstadt Daweijia	1981		
	1987 noch einige PG	1981	1985 ein Teil der PG
Dorf Houshi	1985[2]		
Kreis Changtu	1979	1982	1982 erst wenige PG
			1983 Beginn der Verbreitung
Kleinstadt Baoli	1981	1981 in 2 PG	
		1982 in 60 PG	1983
Dorf Baoli	1981	-	1983
Kreis Faku	1980		
	1983 in 10 % der PG		1983 in 90 % der PG
	1987 in 1 % der PG[4]	1981 ein Teil der PG	
Gemeinde Sijiazi	1980 erst einige PG	1982 in 3 PG	1983
Dorf Sijiazi	1980	-	1983

Fortsetzung Tabelle 1

Kreis Fuxin	1980	1980 nur in ärmeren PG	
		1981 in 70 % der PG	1982
Gemeinde Tabenzhalan	1980	1982	1982
Dorf Baiyudou	-	1982	1982
Gemeinde Wuhuanchi	1982 in ärmeren PG	-	1982 in 17 Dörfern
			1984 in restlichen 4 Dörfern
Dorf Xi	1981	1982 in einigen PG	1983
Kreis Kuandian	1980 nur einige PG		1983 fast alle PG
	1985 noch 2 PG	1981	
Gemeinde Shihugou	1981 einige PG	1981 einige PG	1982 in 50 PG
			1985 in restlichen 53 PG
Dorf Shangchangyang	-	1982 in 2 von 4 PG	1984 in der 1. PG
			1985 in allen PG
Gemeinde Dachuantou	1979 einige PG	1981 einige PG	1982 in den meisten PG
Dorf Xinfeng	1983	1983	1983

1) Andere Formen der Verantwortungssysteme wie "San bao yi jiang" (Übertragung der Verantwortung für die Arbeit, Output und Kosten und Prämie bei Überschreitung des Outputs) werden in Bajiazi (1979 -1980), Daweijia (1979), Houshi (1979 - 1984) und in der Gemeinde Sijiazi (1981) praktiziert. Gleichzeitig mit der Übertragung der Pro-produktionsverantwortung auf Gruppen (Baochan dao zu) erfolgt in den meisten Einheiten die Übertragung spezialisierter Produktionsaufgaben an einzelne Arbeitskräfte (Baochan dao lao).
2) In Bajiazi und Yingshou wird die Produktionsverantwortung auf einzelne Arbeitskräfte übertragen (i.d.R. auf die ehemaligen Leiter der Produktionsgruppen), die Arbeitskräfte einstellen und den Gewinn an Zusammengeschlossene Gesellschaft für Landwirtschaft, Industrie und Handel abzuliefern haben. Die landwirtschaftliche Nutzungsfläche wird bei diesem Verantwortungssystem (Baogan dao da hu) nicht einzelnen Haushalten bzw. den eingestellten Arbeitskräften zur Nutzung übertragen.
3) Zum Beispiel in den Gemeinden Zaohua und Lingdong
4) Betrifft spezialisierte Gruppen in der Forstwirtschaft

Quelle: Eigene Erhebungen 1985 und 1987

In den meisten Einheiten erfolgt bis 1983 ein Übergang zu einem Vertragssystem, durch das die Haushalte individuelle Rechte in der Produktionsplanung und Einkommensverteilung erhalten (Baogan dao hu). Lediglich in den Dörfern Bajiazi, Yingshou und Houshi wird 1987 noch eine kollektive Bewirtschaftung in Arbeitsgruppen durchgeführt.

Der Durchsetzungsprozeß unterschiedlicher Systeme der Produktionsverantwortung wird anhand folgender Beispiele deutlich. Im wirtschaftlich wenig entwickelten Kreis Fuxin wird innerhalb der Kreisparteiführung das Dokument Nr. 75 von 1980 des Zentralkomitees über die Einführung von Haushaltsvertragssystemen in "ärmeren Regionen" diskutiert und dann zusammen mit den Parteisekretären der Kommunen die lokale Umsetzung beschlossen, die versuchsweise auf einige Produktionsgruppen beschränkt wird. Doch schon 1981 übernehmen 70 % und im folgenden Jahr fast alle Produktionsgruppen dieses Verantwortungssystem. In den Gemeinden Wuhuanchi und Tabenzhalan, die im Vergleich zu den übrigen Gemeinden des Kreises ökonomisch besser entwickelt sind, wird mit Haushaltsvertragssystemen jedoch erst 1982 und in den vier reichsten Dörfern der Gemeinde Wuhuanchi sogar erst 1984 begonnen. Auch im Dorf Xi (Gemeinde Wuhuanchi) setzt sich das Baogan dao hu-System aufgrund hoher Kollektiveinkommen erst relativ spät durch.

Wie der Leiter des Dorfkomitees von Xi berichtet, waren die Kader der kollektiven Produktionsorganisationen der Dezentralisierung gegenüber noch kritisch eingestellt, während die Bauern bereits die Übertragung der Produktionsverantwortung auf einzelne Haushalte forderten. Die meisten Dörfer der Gemeinde hatten 1983 schon mit Erfolg Haushaltsvertragssysteme eingeführt, und auch die Zeitungen und das Fernsehen berichteten über die Vorteile dieser Systeme. Obwohl die Bauern in diesem Dorf ein relativ hohes Kollektiveinkommen erreichten, setzten sie dann 1983 durch Abstimmung die Einführung der Haushaltsvertragssysteme durch, da sie sich davon eine wesentliche Verbesserung ihrer wirtschaftlichen Situation versprachen.

Auch in der Gemeinde Shihugou, Kreis Kuandian, wird mit der Dezentralisierung der Entscheidungsrechte erst 1981 begonnen. Nach Aussage der Kader der Gemeinderegierung waren die Parteikader und Kader der Brigade- und Kommuneverwaltung zunächst gegen die Einführung von Haushaltsvertragssystemen. Auf den Versammlungen, die in allen Dörfern über die Einführung der Verantwortungssysteme abgehalten wurden, forderten die Bauern jedoch Haushaltsvertragssysteme. Nur einige Bauernfamilien, die über wenige Arbeitskräfte verfügten, lehnten eine individuelle Bewirtschaftung ab aus Furcht, daß sie die ihnen zugeteilten Nutzungsflächen nicht bearbeiten könnten. Versuchsweise wurden 1981 in einigen Produktionsgruppen einer Brigade die Anbauflächen, Produktions- und Getreideablieferungsquoten auf einzelne Haushalte übertragen und als Produktionsanreiz festgelegt, daß die Haushalte das Überschußgetreide behalten konnten. Aufgrund der guten wirtschaftlichen Ergebnisse entschieden sich im folgenden Jahr 50 der 103 Produktionsgruppen der Gemeinde ebenfalls, Haushaltsvertragssysteme durchzuführen.

In Shangchangyang, einem der Dörfer der Gemeinde Shihugou, wird dies Vertragssystem zuletzt, nämlich im Jahre 1984 in der ersten und 1985 in der letzten Produktionsgruppe eingeführt. Da die kollektive Wirtschaft in diesem Dorf gut entwickelt war und die Bauern ein vergleichsweise hohes Einkommen erreichten, lehnten sie zunächst eine individuelle Bewirtschaftung und Aufteilung des kollektiven Produktionsvermögens ab. Erst nachdem die Einkommen der Bauern in anderen Dörfern ihre kollektiven

Einkommen überstiegen, wurde auch hier das Baogan dao hu eingeführt.

Im gesamten Kreis Kuandian praktiziert 1983 bereits der überwiegende Teil der Produktionsgruppen Haushaltsvertragssysteme. Der Leiter der Landwirtschaftsabteilung bei der Kreisregierung Kuandian wies bei der im Sommer 1985 durchgeführten Untersuchung darauf hin, daß noch zwei Produktionsgruppen existierten, die noch keine Haushaltsvertragssysteme durchgeführt hatten (Gemeinde Taipingshao). Er bewertete dies als Beweis dafür, daß die Produktionsgruppen bzw. Bauern selbst entschieden hatten. Die Bauern in beiden Produktionsgruppen erwirtschafteten relativ hohe Kollektiveinkommen durch den Gemüseanbau, Nebengewerbeproduktion und industrielle Verarbeitung landwirtschaftlicher Produkte. Da nach Aufteilung der Anbauflächen die von jedem Haushalt zu bearbeitende Fläche sehr klein sein würde, wollten die Bauern 1985 noch keine individuelle Bewirtschaftung durchführen. Bis 1987 waren diese Produktionsgruppen jedoch auch zum Baogan dao hu-System übergegangen, da sich ihre Einkommensmöglichkeiten aus individueller Nebengewerbeproduktion in der Zwischenzeit verbessert hatten, so daß der Zusammenschluß im Kollektiv nicht mehr attraktiv war.

Auch in anderen Untersuchungseinheiten dient die relative Höhe der individuellen Einkommen beim Haushaltsvertragssystem im Vergleich zur Einkommenssituation in der kollektiven Produktionsorganisation den Bauern als Entscheidungsbasis für die Forderung nach dezentralen Verantwortungssystemen. Die Untersuchung in der Provinz Liaoning zeigt dementsprechend auch, daß sich die Bauern gegen die Einführung von Haushaltsvertragssystemen aussprechen, wenn ihre individuellen Einkommen aus der kollektiven Wirtschaft höher sind als die anderer Bauern nach der Dezentralisierung der Entscheidungsrechte.

Zu den Untersuchungseinheiten, die erst eine begrenzte Dezentralisierung vorgenommen haben, insbesondere Produktion und Verwaltung noch kollektiv erfolgt, zählt das Dorf Houshi in der Gemeinde Daweijia (Kreis Jin, Verwaltungsgebiet der Stadt Dalian) sowie die Dörfer Yingshou und Bajiazi (Bezirk Yuhong und Bezirk Dongling, Verwaltungsgebiet der Stadt Shenyang). Alle drei Dörfer weisen bereits 1978 eine relativ differenzierte Produktionsstruktur auf mit spezialisiertem Anbau und Nebengewerbeproduktion. Aufgrund der guten landwirtschaftlichen Ressourcenbedingungen ist hier bereits früh eine hohe Akkumulation und Investition in andere Produktionsbereiche als dem Pflanzenanbau möglich.

Charakteristisch für alle drei Einheiten sind die "unternehmerischen Fähigkeiten" der ehemaligen Brigadekader bzw. heutigen Parteisekretäre und Dorfleiter bei der Entwicklung ländlicher Industriebetriebe und einer diversifizierten Anbaustruktur. So ist Xu Zhengben, Parteisekretär des Dorfes Yingshou und gleichzeitig "Generaldirektor" (Zong Jingli) der Gesamtgesellschaft zusammengeschlossener Industriebetriebe (Lianhe qiye gongsi) "besonders vorbildlicher Arbeiter der Provinz Liaoning" (Liaoning sheng tedeng laodong mofan). Unter seiner Führung konnte die Mechanisierung des Reisanbaus, die anfänglich wirtschaftlicher Entwicklungsschwerpunkt des Dorfes Yingshou war, durchgeführt werden und die Anzahl der industriellen Dorfbetriebe von 1979 einem Betrieb auf sieben dorfgeleitete Betriebe im Jahr 1987 erhöht werden. Das Dorf Yingshou gilt heute als Musterbeispiel der kollektiven wirtschaftlichen Entwicklung der Provinz. Xu Zhengben, der die Politik des "gemeinsamen Reichwerdens" (zou jiti gongtong de fuyu daolu) verfolgt, weist als Erfolg auf das hohe Einkommen von 2.700 Yuan für die ländlichen Arbeitskräfte des Dorfes im Anbaubereich und auf die überdurchschnittlichen Wohlfahrtsleistungen hin.

Eine ähnliche Situation ist in Bajiazi anzutreffen. Unter der Leitung des "Generaldirektors" der "Zusammengeschlossenen Gesellschaft für Landwirtschaft, Industrie und Handel Bajiazi" (Nong gong shang lianhe gongsi bajiazi), Shi Gengtian, konnte die ehemals auf Gemüseanbau spezialisierte Brigade eine große Zahl ländlicher Industriebetriebe entwickeln. Im Jahre 1987 betrug der Anteil des industriellen Bruttoproduktionswertes hier bereits rd. 90% und die Anzahl der Beschäftigten im industriellen Bereich und im Handel erhöhte sich auf 80 %. Neben dem hohen Pro-Kopf-Einkommen von 1.215 Yuan sind auch hier die kollektiven Wohlfahrtsleistungen sehr umfangreich. Shi Gengtians Motto der wirtschaftlichen Entwicklung lautet "Geld als Kettenglied" (Yi tian wei gang) in Abwandlung der kulturrevolutionären Parole "Getreide ist das Hauptkettenglied" (Yi liang wei gang).

Zu den Dörfern mit einem hohen wirtschaftlichen Entwicklungsniveau in der Provinz Liaoning zählt auch das Dorf Houshi in der Gemeinde Daweijia, Kreis Jin. Bereits sehr früh (1960 - 62) galt das Dorf als vorbildliche Einheit (Hongqi danwei) und der ehemalige Brigadekader und heutige Dorfleiter Bai begründet die Beschleunigung der wirtschaftlichen Entwicklung ab Mitte der 70er Jahre mit dem "Lernen von Dazhai": Durch die Terrassierung der abschüssigen Felder, die ca. 60 % der gesamten Nutzfläche ausmachen, konnten höhere Getreideerträge erreicht werden[8]. Die Entwicklung der ländlichen Industrie zusammen mit der Ausweitung des Obstanbaus und der Fischzucht erfolgte ab 1978, insbesondere jedoch ab 1982, und die anfänglich 17 dorfgeleiteten Industriebetriebe im Jahre 1980 konnten bis 1987 auf 27 Betriebe ausgeweitet werden. Ebenso wie in Bajiazi und in Yingshou dominiert hier die kollektive Wirtschaft (kao jiti), und auch Houshi zählt seit 1983 zu den fortgeschrittenen Einheiten (Xianjin

danwei) und zu den "zivilisierten Dörfern" (Wenming jianshe mofan cun).
Aufgrund des erfolgreichen wirtschaftlichen "Managements" der Kader entschieden sich in diesen Dörfern die Bauern für die Einführung begrenzter dezentraler Verantwortungssysteme bzw. gegen die individuelle Bewirtschaftung.

Wie der Leiter der Abteilung für genossenschaftliche Wirtschaft im Büro für Anbau und Viehzucht der Provinz Liaoning, Jian Yusheng, im November 1987 berichtet, existierten zu diesem Zeitpunkt noch rd. 3.000 Produktionsgruppen, die nur eine begrenzte Dezentralisierung durchgeführt hatten bzw. in denen die Produktion und Verteilung noch kollektiv erfolgt. Da trotz einheitlicher Bewirtschaftung hohe Pro-Kopf-Einkommen erzielt werden, stimmten die Bauern hier gegen die Einführung von Haushaltsvertragssystemen.

Am Beispiel der Durchsetzung unterschiedlicher Systeme der Produktionsverantwortung in ausgewählten Einheiten in der Provinz Liaoning wird deutlich, daß den Bauern die relative Höhe ihres Einkommens als Bewertungsmaßstab bei der Zustimmung zu Haushaltsvertragssystemen dient. Ist die Bewirtschaftung der landwirtschaftlichen Ressourcen in kollektiven Produktionsorganisationen mit Einkommensvorteilen für die Bauern verbunden, haben sie kein Interesse an der Dezentralisierung der Entscheidungs- und Verfügungsrechte.

Inwieweit durch die Dezentralisierung die Anbaustruktur beinflußt wird, soll im folgenden Abschnitt untersucht werden.

5.2.3 Einfluß dezentraler Entscheidungsrechte auf die Anbaustruktur

Um bei staatlichen Aufkaufspreisen, die unterhalb der Marktpreise liegen, die Bevölkerung mit preiswerten Grundnahrungsmitteln versorgen zu können, wird die Regierung die Entscheidungs- und Verfügungsrechte der Bauern in einem bestimmten Ausmaße begrenzen müssen. Zunächst werden die noch bestehenden Restriktionen am Beispiel des Planungsprozesses in den Jahren 1985 und 1987 untersuchten Einheiten in der Provinz Liaoning analysiert.

5.2.3.1 Anbauplanung in ausgewählten Einheiten der Provinz Liaoning

Die Planvorgaben der städtischen Wirtschaftsplanungskommission an die Kreise enthalten in den Untersuchungseinheiten bis 1982 detaillierte Vorgaben über Mengen, Sorten und Flächen sowie Aufkaufsquoten für den überwiegenden Teil der landwirtschaftlichen Produkte. Da die Plandaten auf der Basis eines mehrjährigen Output- bzw. Aufkaufsdurchschnitts erstellt werden, ist die Erfüllung der Pläne in der Regel möglich. Allerdings führt die Politik der lokalen Getreideselbstversorgung und hohen Getreideablieferungspflichten an den Staat dazu, daß der Getreideproduktion im Anbau Priorität eingeräumt werden muß.

Gegen eine einseitige Betonung des Getreideanbaus, die in manchen Einheiten zu einer verzerrten landwirtschaftlichen Produktionsstruktur führt und die lokalen Produktionsbedingungen nicht immer ausreichend berücksichtigt, hatten die Kreise bzw. untergeordneten Entscheidungsebenen kein Einspruchsrecht. So mußte im Kreis Jin (Stadt Dalian) beispielsweise durch die Einhaltung der Getreideablieferungsquote der Obst- und Gemüseanbau sowie der Anbau von Ölsaaten, der den klimatischen Bedingungen und der Bodenqualität besser entspricht, stark vernachlässigt werden. Im Kreis Fuxin (Stadt Fuxin), in dem nur ein Teil der Anbauflächen aus Flachland besteht, das sich für den Getreideanbau eignet, hätten den natürlichen Bedingungen entsprechend mehr Ölsaaten wie Sesam und Erdnüsse angebaut werden müssen, die weniger Dünger verbrauchen und die Bodenerosion reduzieren. Auch im Kreis Kuandian (Stadt Dandong) beeinträchtigten die hohen Getreideablieferungsquoten den Anbau medizinischer Heilpflanzen sowie den Obst- und Gemüseanbau.
Ab 1982 werden für die oben genannten Kreise die Getreideablieferungsquoten reduziert - dies geschieht auch in

anderen Kreisen der Provinz, die sich im äußersten Westen, Norden und Osten Liaonings befinden und die aufgrund ihrer landwirtschaftlichen Ressourcenausstattung zu den relativ wenig entwickelten Gebieten zählen - und allen Kreisen größere Entscheidungsrechte in der Anbauplanung übertragen.

<u>Die Plandaten der jeweiligen Landwirtschaftsabteilung der Städte für die Kreise enthalten nach 1982 zwar immer noch Mengen-, Sorten- und Flächenvorgaben für den Anbau von Getreide und Industriepflanzen sowie Ablieferungsquoten, gelten jedoch vor allem als Referenzrahmen und erlauben Abweichungen bei den Flächen- und Sortenvorgaben (zhidao jihua).</u>

Im Kreis Fuxin kann z.B. die Zusammensetzung der von der Planungsabteilung der Stadt festgelegten Getreideaufkaufsmenge abhängig von den örtlichen Produktionsbedingungen der Gemeinden und Dörfer variiert werden. Beträgt die zu erfüllende Getreideaufkaufsquote beispielsweise 5.000 to Kolbenhirse und 10.000 to Mais, bestehen jedoch Produktionsvorteile im Anbau von Kolbenhirse, so kann die Planmenge durch eine höhere Ablieferungsquote von Kolbenhirse verändert werden.

Doch auch in Kreisen, in denen komparative Vorteile beim Anbau von Industriepflanzen bestehen, wird nach wie vor die Selbstversorgung mit Getreide für Nahrungsmittel- und Viehfutterzwecke als Ziel angestrebt. Dies wird von den Verantwortlichen auf Kreisebene mit Schwierigkeiten und Kosten begründet, die beim Transport und der Vermarktung der notwendigen Getreidemengen in die oft abgelegenen und verkehrstechnisch wenig erschlossenen Gemeinden und Dörfer existieren (Kuandian/1985).

Da die Getreideproduktion und der staatliche Getreideaufkauf auf Provinzebene durch Entwicklung von

Marktgetreidezentren erhöht werden soll, sind Kreise wie Faku und Changtu (Stadt Tieling), Sujiatun und Yuhong (Stadt Shenyang), die zu den 17 Getreideproduktionsbasen der Provinz zählen, bei der Diversifikation ihrer Anbaustruktur durch Vorgabe relativ hoher Getreideablieferungsquoten stärkeren Restriktionen ausgesetzt. Auf Kreissebene wird dazu ein Plan ausgearbeitet, der die zu produzierenden Mengen für den staatlichen Ankauf und Referenzdaten für Anbauflächen und Sorten sowie weitere wirtschaftliche Entwicklungsindikatoren enthält[9].

Im Kreis Fuxin ist die Flächenplanung lediglich auf Getreide und Ölsaaten beschränkt, für die Ablieferungsquoten an den Staat bestehen (Vgl. Tabelle 5.1 im Anhang).

Die Verteilung der staatlichen Aufkaufsmenge auf die Gemeinden berücksichtigt den Umfang der Anbauflächen, Bodenqualität und klimatische Bedingungen sowie das jeweilige wirtschaftliche Entwicklungsniveau. Für die Ermittlung des Gesamtoutputs und der Ablieferungsquote wird im Kreis Faku beispielsweise der Durchschnittsoutput für Böden durchschnittlich guter bzw. schlechter Qualität festgestellt.

Aufgrund der Planvorgaben der Kreise und gemäß den lokalen Produktionsbedingungen erstellen die Gemeinden eigene saisonale und jährliche Pläne für die landwirtschaftliche Entwicklung. Diese enthalten u.a. die Ablieferungsquoten für Getreide und Wirtschaftspflanzen und Daten über die gesamte Getreideproduktion, die anhand des durchschnittlichen Pro-Kopf-Getreideverbrauchs und des Viehbestandes ermittelt werden.

Um die Gemeinden bei der flächenmäßigen Planung des Getreideanbaus zu unterstützen, machen die Kreise Vorschläge über Anbauflächen, und die Gemeinden stellen eigene Flächenanbaupläne auf (Vgl. hierzu die Tab. 5.2 im Anhang).

In der Gemeinde Tabenzhalan, Kreis Kuandian, wird ein prozentualer Anteil für Getreideanbauflächen und Anbauflächen für Industriepflanzen festgelegt, der 1985 60 % bzw. 40 % beträgt.

Abweichungen der Gemeinden von der geplanten Zusammensetzung der staatlichen Aufkaufsmengen und der Flächenplanung sind möglich, während Veränderungen der gesamten Anbaustruktur der Gemeinden mit den Kreisen abgestimmt werden müssen.

Auf Dorfebene erstellen Produktionsgenossenschaften oder Dorfkomitees Pläne über die wirtschaftliche Gesamtentwicklung des Dorfes, die die jährliche Gesamtproduktion aller Bereiche spezifizieren sowie Ziele für eine prozentuale Steigerung des Durchschnittseinkommens der Bauern festlegen. Abhängig von ihren Produktionsbedingungen müssen die Dörfer bestimmte Planvorgaben der Gemeinden erfüllen, die sich jedoch nur auf die vertragliche Ablieferung von Getreide oder Wirtschaftspflanzen beschränken. Im Dorf Baoli, Kleinstadt Baoli, Kreis Changtu beispielsweise dominiert mit hohen Flächenerträgen die Maisproduktion. Die Gemeinde setzt zusammen mit dem Dorf die vertragliche Ablieferungsquote (Liangshe dinggou zhibiao) für den Maisverkauf an die staatlichen Handelsstationen fest; das Dorf selbst stellt eine Produktionsplanung mit Festlegung einer bestimmten Outputmenge auf (Liangshe chanliang zhibiao). Im Dorf Xi, Gemeinde Wuhuanchi, Kreis Fuxin, werden verschiedene Getreidesorten angebaut, hingegen nur für Soja bestehen feste Ablieferungsverpflichtungen, während die gesamte vertragliche Verkaufsmenge durch unterschiedliche Anbausorten erfüllt werden kann.

Flächenvorgaben der Gemeinden an die Dörfer gelten als Referenzdaten und erlauben Abweichungen; nur im Reisanbau sind auch die Flächenvorgaben zu erfüllen.

Die Ablieferungsquote des Dorfes wird auf die einzelnen Haushalte entsprechend ihrer vertraglichen Nutzungsfläche zur Erfüllung übertragen, wobei die festgelegte Aufkaufsmenge auf Outputdaten der letzten zwei Jahre basiert. Im Kreis Changtu beispielsweise werden die Planvorgaben mit Anbauflächen, Sorten, Produktionsmengen, Einkommen, Düngerverwendungsquoten, Anbauverfahren und Maßnahmen zur Steigerung der Getreideproduktion an die einzelnen Haushalte für die Planung des laufenden Jahres und die Erfüllung des vorangegangenen Jahres schriftlich weitergegeben (yi nian zao zhidao, xia nian zenme gao).

Die Bauern planen ihre landwirtschaftlichen Aktivitäten anhand von Informationen über den zukünftigen staatlichen Bedarf, staatliche Preise und Marktpreise. Bei der Bestimmung der Getreideproduktionsmenge wird der Eigenverbrauch, der Viehfutterbedarf und die Höhe der seit 1985 vertraglich fixierten Ankaufsquote von den Bauern berücksichtigt. Die Wahl der Anbauprodukte wird bestimmt durch die Produktionsmöglichkeiten, der Höhe der Marktpreise für Getreide und der lokalen Restriktionen im Anbau gewinnbringenderer Anbauprodukte als Getreide.

In vielen Dörfern können die Bauern die Nutzungsflächen statt für die Getreideproduktion für den Anbau von Wirtschaftspflanzen einsetzen und die Getreideablieferungssquote durch Getreidekäufe auf den freien Märkten decken. Allerdings setzt dies hohe Einnahmen aus einer spezialisierten Anbauproduktion voraus. Da oft dazu die notwendigen Anbaukenntnisse, Vermarktungsmöglichkeiten und Marktinformationen fehlen, ist der Anteil der befragten Bauern, die diese Rechte nutzten, noch gering.

Bauern, die über vertragliche Nutzungsrechte an Reisanbauflächen verfügen, haben keine Alternative bei der Wahl der Anbauprodukte, auch wenn beispielsweise die Gemüseproduktion ein höheres Einkommen ermöglichen würde. Dagegen ist es den Bauern in den Gebieten mit niedrigen Ablieferungsquoten möglich, ihre Produktionsplanung fast ausschließlich entsprechend den staatlichen Preisen und Marktpreisen durchzuführen.

In den untersuchten Einheiten können die Bauern seit Beginn der 80er Jahre ihre lokalen Produktionsbedingungen stärker berücksichtigen und bei der Erfüllung der Getreideaufkaufsquoten über die Zusammensetzung der Getreidesorten entscheiden. Preisdifferenzen zwischen Aufkaufspreisen für Getreide und Industriepflanzen führen zu unterschiedlichen Produktionsanreizen, doch beschränken Planvorgaben im Getreideanbau die Entscheidungsrechte der Bauern in regional unterschiedlichem Maße.

Um trotz höherer Preise für Industriepflanzen den staatlichen Getreideaufkauf zu sichern, wird in den untersuchten Einheiten die Lieferung industrieller Inputs an die Erfüllung der Getreideaufkaufsquoten gebunden[10]. Im Dorf Xi beispielsweise wird 1987 bei einer Ablieferung von 50 kg Kolbenhirse eine Düngermenge von rd. 3,5 kg zu einem Preis von 20,5 Yuan/50 kg bereitgestellt. Die Düngernachfrage in der gesamten Gemeinde Wuhuanchi kann jedoch nur zu 70 % befriedigt werden, so daß die Bauern für die restlich benötigte Düngermenge einen um 10 bis 20 % höheren Preis zahlen müssen, da der Dünger außerhalb des Kreises gekauft werden muß. Dementsprechend ist die Entscheidung der Bauern im Dorf Xi für den Anbau anderer Produkte als Getreide mit höheren Kosten bzw. dem Risiko verbunden, nicht genügend Düngemittel kaufen zu können. Auch in anderen Untersuchungseinheiten und auf Provinzebene besteht eine ähnliche Situation, wie Jian Yusheng, Leiter der Abteilung für genossenschaftliche

Wirtschaft im Büro für Anbau und Viehzucht der Provinz Liaoning bestätigt. So entspricht 1987 die Düngemittelproduktion in den Monaten April, Mai und Juni in einem Umfang von bis zu 50 % nicht der Nachfrage; Überplanmengen verkauften die Düngemittelfabriken mit einem Aufschlag von 20 bis 50 %.

Auch die Zuteilung anderer industrieller Inputs zum staatlichen Vorzugspreis wie z.B. Dieselöl, wird in einigen Dörfern an die Erfüllung der Getreideankaufsquote gebunden. Da die Differenz zwischen Vorzugspreis und Normalpreis 30 % und mehr beträgt und die staatliche Verkaufsmenge auf dem Lande oft nicht ausreichend ist, sehen sich die Bauern bei einer Abweichung vom Getreideanbau einer zusätzlichen Restriktion gegenüber.

An die Stelle der festgelegten Abnahmegarantie für die gesamte landwirtschaftliche Produktion tritt im Verlauf des Reformprozesses ein Ankauf, der sowohl auf wenige Produkte wie Getreide und Industriepflanzen beschränkt wird als auch ab 1985 vertraglich festgelegte Ankaufsmengen vorsieht. Diese Veränderung geschah auch vor dem Hintergrund hoher Produktionsergebnisse der vergangenen Jahre. Damit verbunden konnten die Bauern einen steigenden Anteil zu Überquotenpreisen verkaufen. Die Folge war eine zunehmende Belastung des staatlichen Finanzbudgets, da der staatliche Verkaufspreis für die städtischen Konsumenten niedriger als der Ankaufspreis war. In den ländlichen Gebieten nahmen nach OI (1986a),S.272 - 290 und WIENS (1987),S.373ff gleichzeitig die Probleme beim Ankauf, Transport und Lagerung vor allem der Getreideaufkaufsmengen zu.

Im Jahre der Einführung des vertraglich festgelegten Ankaufssystems sinkt das Getreideproduktions- und Aufkaufsniveau jedoch erheblich. Die staatlichen Aufkaufsstationen setzen daraufhin Verhandlungspreise für Überquotenverkäufe fest, die nur wenig unter den Marktpreisen liegen. Im Kreis Kuandian, Gemeinde Shihugou, beträgt dieser Preis 0,32 - 0,33 Yuan/Pfd. für Soja im Jahre 1985, während für den vertraglich festgelegten Ankauf ein Preis von 0.31 - 0,38 Yuan/Pfd besteht. Dementsprechend ist zu erklären, warum in den meisten Untersuchungseinheiten die Bauern auch im Jahre 1985 ihre Getreideüberschüsse an die staatlichen Getreideaufkaufsstationen und nicht auf dem Markt verkauften. Außerdem begründen sie diese Praxis mit fehlenden Lager- und Transportmöglichkeiten.

In den meisten Kreisen werden 1986 neue Verhandlungspreise für Überquotenverkäufe eingeführt, die deutlich höher als der Einheitspreis für festgelegte Ankaufsquoten sind, um weitere Produktionsanreize für den Anbau von Getreide zu setzen. Insgesamt kann damit von einem Rückgriff auf das Anreizsystem vor 1985 gesprochen werden, in dem ebenfalls Überquotenpreise existierten.

Wie die Analyse der Anbauplanung in den ausgewählten Einheiten in der Provinz Liaoning zeigt, werden die Entscheidungen der Bauern über den Anbau alternativer Kulturpflanzen nicht nur durch Preise beeinflußt, sondern durch zusätzliche Restriktionen. Diese bestehen insbesondere im Getreideanbau, in dem aufgrund relativ niedriger staatlicher Aufkaufspreise für die Bauern wenig materielle Anreize bestehen. Hier werden die Entscheidungsrechte der Bauern über Anbauflächen und -sorten in den Zentren der Getreideproduktion stark begrenzt und in Reisanbaugebieten völlig aufgehoben. Bei einem Rückgang der Gesamtproduktion wird die Lieferung knapper industrieller Inputs zu Vorzugspreisen an die Erfüllung der Aufkaufsverträge für Getreide durch die Haushalte gebunden, um die staatliche Getreideaufkaufsquote zu sichern.
Welche Wirkung die Dezentralisierung von Entscheidungsrechten und die stärkere Anpassung der Anbauplanung an lokale Produktionsbedingungen auf die Anbaustruktur hat, wird im folgenden Abschnitt untersucht.

5.2.3.2 Diversifizierung der Anbaustrukturen

Aufgrund der Planungspriorität für den Getreideanbau wird die Anbaustruktur sowohl von chinesischer Seite als auch von ausländischen China-Experten wie LARDY (1983) als ineffizient dargestellt. Die Veränderung der Anbaustruktur - bezogen auf die Relation zwischen Getreideanbaufläche und Anbaufläche für Industriepflanzen - wird anhand lokaler Daten sowie Statistiken der Provinz Liaoning und Gesamtchinas betrachtet.

Für die in den Jahren 1985 und 1987 untersuchten Einheiten in der Provinz Liaoning liegen Datenreihen von sieben Dörfern, acht Gemeinden und zwei Kreisen über die Veränderung ihres prozentualen Anteils der Getreideanbauflächen an den gesamten Anbauflächen im Zeitraum 1977 bis 1986/87 vor (Vgl. Tab. 5.3 im Anhang).

In den Gebieten mit überwiegendem Getreideanbau, die im fruchtbaren Einzugsbereich des Liao-Flusses liegen und zu denen die Kreise Changtu, Faku (Stadt Tieling) und die Bezirke Yuhong und Sujiatun (Stadt Shenyang) zählen, nimmt die Getreideanbaufläche entweder zu bzw. bleibt in den reinen Reisanbaugebieten mit 100 % konstant.

In den untersuchten Gemeinden und Dörfern des Kreises Fuxin (Stadt Fuxin), die in einer Region mit Produktionsvorteilen im Anbau von Ölsaaten liegen, sinkt bis 1985 der prozentuale Anteil der Getreideanbauflächen. Neue Anreize für die Getreideproduktion wirken sich hier in den folgenden Jahren 1986 und 1987 auf eine erneute Ausweitung der Getreideanbauflächen aus.

In den Gemeinden und Dörfern des Kreises Kuandian (Stadt Dandong) werden die Getreideanbauflächen zwar kontinuierlich reduziert, machen aber 1986/87 noch einen Anteil von 89,3 - 91,4 % aus. Kuandian zählt zu den verkehrstechnisch und wirtschaftlich wenig entwickelten Gebieten der Provinz, für die nur geringe staatliche Getreideaufkaufsquoten bestehen. Die Getreideproduktion dient hier insbesondere der eigenen Versorgung mit Nahrungsmittelgetreide und Viehfutter.

Die innerhalb der Provinz erfolgte Veränderung der Anbaustruktur wird am Beispiel unterschiedlicher landwirtschaftlicher Regionen deutlich[11]:
Die im Südwesten und Nordwesten der Provinz gelegenen Gebiete werden von den Städten Chaoyang und Fuxin verwaltet und zählen aufgrund ihrer natürlichen Ressourcenausstattung zu den ärmeren Gegenden der Provinz. In Chaoyang (die ländlichen Gebiete Chaoyangs haben 1985 einen Anteil von 13 % der Gesamtanbaufläche und 2,9 Mio ländliche Einwohner) entspricht der Anbau von Industriepflanzen wie Baumwolle, Ölsaaten und zuckerhaltigen Pflanzen eher den klimatischen Bedingungen und der Bodenbeschaffenheit als die Getreideproduktion. Die Reduzierung der Getreideanbaufläche von 77,7 % im Jahr 1981 auf 64,3 % im Jahr 1985 bei gleichzeitiger Erhöhung der Anbauflächen für Industriepflanzen von 14,2 % auf 27,7 % zeigt die Anpassung der Anbaustruktur an die natürlichen Produktionsbedingungen dieses Bezirks. Durch die Vergrößerung der Anbauflächen für Baumwolle beispielsweise, deren Flächenertrag über dem Provinzdurchschnitt liegt, erhöht sich die Baumwollproduktion von 1980 auf 1985 um 64 %. Bereits 1983 beträgt der Outputanteil Chaoyangs an der Gesamtproduktion von Baumwolle der Provinz 30 %, steigt 1984 auf 43,2 % und erhöht sich bis 1986 auf 68 %. Auch die Anbaustruktur von Getreide verändert sich; so werden z.B. die Anbauflächen dürreresistenter Pflanzen wie Hirse erweitert; ihr Anteil an der Gesamtanbaufläche steigt von 14,5 % im Jahre 1978 auf 29 % im Jahre 1984.

Eine vergleichbare Entwicklung der Anbaustruktur erfolgt in den ländlichen Gebieten der Stadt Fuxin (1985 haben diese Gebiete 8 % der gesamten Anbaufläche und rd. 1 Mio. ländlicher Einwohner). Hier wird die Getreideanbaufläche von 73,5 % im Jahre 1983 auf 54,8 % im Jahre 1985 reduziert und gleichzeitig diejenige der Industriepflanzen von 19,1 % auf 28,6 % erhöht. Die Ausweitung der Anbauflächen für Industriepflanzen kommt insbesondere dem verstärkten Anbau von Ölsaaten, wie Sonnenblumen, Erdnüssen und Sesam zugute, deren Output 1984 einen Anteil von 15,4% am Gesamtoutput der Provinz erreicht. Allerdings werden auch in den ländlichen Gebieten der Stadt Fuxin im Jahre 1986 aufgrund der provinzweiten Maßnahmen zur Stabilisierung der Getreideanbauflächen und Einschränkung der Flächen für Industriepflanzen die Anbauflächen für Ölsaaten reduziert. Ein Rückgang des Outputs an Ölsaaten war die Folge dieser Entscheidung.

In anderen Gebieten der Provinz, die ebenfalls komperative Produktionsvorteile beim Anbau von Wirtschaftspflanzen haben, wie beispielsweise in den Dörfern und Gemeinden der Städte Dandong und Dalian werden ebenfalls die Getreideanbauflächen reduziert, wenn auch in geringerem Maße. Der eigenen Versorgung mit Nahrungsmittel- und Viehfuttergetreide wird auch hier nach wie vor Priorität eingeräumt.

Die ländlichen Gebiete der im Norden der Provinz gelegenen Stadt Tieling (1985 weisen diese Gebiete 2,7 Mio. ländliche Einwohner und einen prozentualen Anteil an der Gesamtfläche von 18 % auf) sind auf den Getreideanbau spezialisiert; ihr Anteil am Getreideoutput der Provinz beträgt 1980 rd. 18 % und steigt bis 1985 auf 27 %. Aufgrund der in einigen Teilen des Bezirks relativ günstigen Anbaubedingungen für Wirtschaftspflanzen und ihrer höheren Aufkaufspreise sinkt der Anteil der Getreideanbauflächen von 94 % im Jahre 1984 auf 88,3 % im Jahre 1985, während die Anbaufläche für Industriepflanzen von 3,1 % auf 8 % erhöht wird. Von den schlechten Witterungsbedingungen und Überschwemmungen des Jahres 1985 werden jedoch rd. 67 % der Getreideanbauflächen Tielings betroffen, so daß der Getreideoutput um mehr als ein Drittel zurückgeht. Wie in Fuxin bewirken auch hier die verstärkten ökonomischen Anreize und der Druck auf die Bauern, die Anbaufläche für Industriepflanzen einzuschränken, daß im Jahre 1986 die Getreideanbauflächen auf 91,8 % ansteigen.

In Tieling wie in anderen Gebieten mit überwiegendem Getreideanbau kann nicht die Veränderung der Anbaustruktur, sondern eine Diversifizierung der Produktionsstruktur bei gleichzeitiger Stabilisierung und Erhöhung der Getreideproduktion Priorität haben, wenn die komparativen Vorteile im Getreideanbau wirksam werden sollen.

Die Diversifizierung der Anbaustruktur erfolgt in den Untersuchungseinheiten und den einzelnen genannten Gebieten der Provinz Liaoning in unterschiedlichem Maße, doch läßt sich insgesamt feststellen, daß die Getreideanbauflächen nur geringfügig und nur kurzfristig reduziert wurden. Der Grund hierfür liegt einerseits im wachsenden Bedarf an Nahrungsmittel- und Viehfuttergetreide, der in Gebieten mit niedrigen und instabilen Getreideerträgen eine relativ hohe Anbaufläche erfordert. Andererseits setzt die Spezialisierung der Einheiten in Getreideproduktionszentren voraus, daß der überwiegende Teil der Anbauflächen für den Getreideanbau genutzt wird.

Charakteristisch für die Entwicklung der Getreideproduktion in der gesamten Provinz Liaoning sind starke Schwankungen des Outputs und des Flächenertrages sowie große regionale Ertragsunterschiede. Die Stabilisierung und Erhöhung der Getreideproduktion sowie die Anpassung der Getreideproduktionsstruktur an die Konsumstruktur stellen Restriktionen bei der Veränderung der Relation von Getreideanbauflächen und Anbauflächen für Industriepflanzen dar. Nach den Angaben im JAHRBUCH DER WIRTSCHAFTSSTATISTIK DER PROVINZ LIAONING (1987),S. 149-153 stimmen erst 1983 und 1984 Getreideproduktion und Bedarf überein bzw. erst in diesen Jahren kann die Selbstversorgung erreicht werden. 1985 jedoch beträgt aufgrund des niedrigen Getreideoutputs die Differenz zwischen Produktion und Bedarf 3,74 Mio to Getreide, und obwohl 1986 die Getreideproduktion wieder ansteigt, macht diese Differenz 1,3 Mio to aus. Dementsprechend gering ist auch das Pro-Kopf-Getreideproduktionsniveau in der Provinz und liegt mit 328 Kilo unter dem Durchschnitt Gesamtchinas mit 371 Kilo Getreide pro Person.

Ein weiteres Problem besteht darin, daß die Produktions- und Konsumstrukturen von Getreide nicht identisch sind. Mit steigendem Lebensstandard wächst die Nachfrage nach Weizen und Reis, die 1986 mit 107,8 Kg (städtische Konsumenten) einen Anteil von 86 % am Gesamtverbrauch ausmachen, während die wichtigste Getreideanbausorte Mais ist.

Tabelle 2: **Anbauflächen und Erträge von Reis und Mais 1978 und 1987 in der Provinz Liaoning**

	1978	1987
Reisanbaufläche (Mio Mu)	5.6	8.0
Anteil an Gesamtanbaufläche (in %)	13,4	17,0
Reisoutput (Mio t)	2.1	3.4
Anteil am Gesamtoutput Getreide (in %)	18,5	26,5
Maisanbaufläche (Mio Mu)	20.1	20.1
Anteil an Gesamtanbaufläche (in %)	47,7	42,8
Maisoutput (Mio t)	5.6	6.7
Anteil am Gesamtoutput Getreide (in %)	50,1	52,6

Quelle: LNJJTJNJ (1987), S. 151 und ZGTJNJ (1988), S. 244 und 250.

Wie der Tabelle 2 entnommen werden kann, verändert sich die Getreideproduktionsstruktur der Provinz zwischen 1978 bis 1987 insoweit, als insbesondere die Reisanbauflächen an die steigende Marktnachfrage nach hochwertigen Getreidesorten angepaßt werden; die Maisanbaufläche bleibt dagegen relativ konstant, um den Viehfutterbedarf befriedigen zu können.

Auch in der gesamten Provinz verändert sich der prozentuale Anteil der Anbauflächen von Getreide und Industriepflanzen an der Gesamtanbaufläche im Zeitraum 1978 - 1987. Allerdings ist der Anteil der Getreideflächen im Jahre 1978 mit 82,3 % höher als derjenige Gesamtchinas, während der Anteil der Anbauflächen für Industriepflanzen mit 9,4 % einen vergleichbaren Umfang hat. Wie die Tabelle 3 zeigt, erfolgt der stärkste Rückgang der Getreideanbauflächen und die größte Ausdehnung der Anbauflächen für Industriepflanzen im Jahre 1985 mit 78 % bzw. 14,4 %. Da die Reduzierung der Anbauflächen für Getreide in ein Jahr starker Überschwemmungen fällt, durch die mehr als die Hälfte der Gesamtanbaufläche geschädigt wird, sinkt der Getreideoutput auf 9,76 Mio t bzw. um 31,6 %.

Tabelle 3: **Entwicklung der Anbaufächen für Getreide, Industriepflanzen und sonstige Pflanzen in Gesamtchina und der Provinz Liaoning 1978 - 1987 (Gesamtanbaufläche = 100)**

Jahr	Anbauflächen: Getreide[1)]		Industrie-[2)] pflanzen		Sonstige[3)] Pflanzen	
	Gesamt-China	Liao-ning	Gesamt-China	Liao-ning	Gesamt-China	Liao-ning
1978	80,3	82,3	9,6	9,4	10,1	8,3
1979	80,3	k.A.	10,0	k.A.	9,7	k.A.
1980	80,1	82,3	10,9	10,0	9,0	7,7
1981	79,2	81,6	12,1	10,7	8,7	7,7
1982	78,4	83,1	13,0	9,1	8,6	7,8
1983	79,2	84,8	12,3	7,8	8,5	7,4
1984	79,3	82,9	13,4	9,5	7,3	7,6
1985	75,8	78,0	15,6	14,4	8,6	7,6
1986	76,9	82,9	14,1	9,2	9,0	7,9
1987	76,8	86,5	14,3	5,5	8,9	8,0

Anmerkungen:
1) umfaßt u.a die Anbaufläche von Reis, Weizen, Mais Kolbenhirse, Hirse, Soja u. Kartoffelsorten.
2) umfaßt u.a. die Anbaufläche von Baumwolle, Ölsaaten, Hanf, Sisal, Jute, zuckerhaltige Pflanzen, Tabak Seidenkokons, Tee.
3) Gründüngerpflanzen, Gemüse und Grünfutterpflanzen.

Quellen: ZGTJNJ (1988), S. 242 u. 243 sowie LNJJTJNJ (1984 - 1987).

Auch 1986 beeinträchtigen Dürre, Kälte und Überschwemmungen den Getreideoutput, so daß trotz der Vergrößerung der Anbauflächen um 5,1 % und zusätzlicher ökonomischer Anreize das geplante Niveau von 1984 nicht erreicht wird. Obwohl nach der nochmaligen Ausweitung der Getreideanbauflächen im Jahr 1987 um 3,1 % ihr prozentualer Anteil nunmehr 86,5 % ausmacht, kann zwar der Getreideoutput das Vorjahresniveau erreicht werden, nicht jedoch das Ziel der Getreideselbstversorgung der Provinz.

Die hier zusätzlich herangezogene Betrachtung der Anbaustruktur Gesamtchinas als Vergleichsmaßstab beschränkt sich ebenfalls auf die Veränderung der Relationen von Getreideanbauflächen und Anbauflächen von Industriepflanzen zur Gesamtanbaufläche.

Im Zeitraum 1978 - 1985 geht der Anteil der Getreideanbauflächen von 80,3 % auf 75,8 % zurück und steigt bis 1987 wieder auf 76,8 %. Gleichzeitig vollzieht sich eine Veränderung des Anteils der Anbauflächen für Industriepflanzen, allerdings mit einer entgegengesetzten Entwicklungsrichtung; ihr Anteil erhöht sich von 9,6 % auf 15,6 % und sinkt bis 1987 um 1,3 %. Der Anteil der "sonstigen Pflanzen", die Gemüse, Gründünger- und Grünfutterpflanzen umfassen, nimmt im Zeitraum 1978 - 1984 kontinuierlich von 10,1 % auf 7,3 % ab, steigt bis 1987 jedoch wieder auf 8,9 % (Vgl. Tab. 3).

Trotz der durchschnittlich jährlich um 0,9 % abnehmenden Getreideanbauflächen in den Jahren 1978 - 1987 steigt der Getreideoutput aufgrund höherer Flächenerträge um durchschnittlich 3,2 % pro Jahr (Vgl. Tab. 5.4 im Anhang). Der starke Rückgang der Getreideproduktion im Jahr 1985 ist einerseits auf die mit den Diversifizierungsmöglichkeiten in der Anbaustruktur erwartete Reduzierung der Getreideflächen zurückzuführen. So hat die Preisstruktur den Bauern wenig Anreize für die Getreideproduktion gegeben; die

Vernachlässigung des Getreideanbaus zugunsten anderer wirtschaftlicher Aktivitäten wird von der chinesischen Regierung selbst als ein Grund für den überdurchschnittlichen Rückgang der Anbauflächen für Getreide und damit der Getreideproduktion genannt[12]. Andererseits trugen Überschwemmungen in den nordöstlichen Provinzen Liaoning, Jilin und Heiliongjiang, durch die 10 bis 12 Mio t Getreide vernichtet worden sein sollen, und Dürrekatastrophen in den Provinzen Sichuan, Hunan und Hubei zu dieser Entwicklung bei.

Die Reduzierung der Getreideanbauflächen bei gleichzeitiger Vergrößerung der Anbauflächen für Industriepflanzen ermöglicht eine stärkere Ausrichtung einzelner Regionen an komperativen Vorteilen und spiegelt das Interesse der Bauern an einem gewinnbringenden Anbau von Industriepflanzen gegenüber der Produktion von Getreide wider.

Allerdings sind die prozentualen Veränderungsraten der Getreideanbauflächen und Nutzungsflächen für Industriepflanzen noch sehr gering. Eine Annäherung an eine effiziente Anbaustruktur wird zwar versucht, doch zeigt die Betrachtung des Planungsprozesses in den Untersuchungseinheiten in Liaoning, daß noch Restriktionen bestehen, die eine völlige Orientierung der Bauern an vorgegebene Preisstrukturen verhindert. Solange die Getreideproduktion im Vergleich zu sonstigen landwirtschaftlichen Aktivitäten für die Bauern mit geringeren Einkommen verbunden ist, werden staatliche Planvorgaben notwendig bleiben, um die Getreideproduktion zu stabilisieren bzw. zu erhöhen.

In der Provinz Liaoning besteht außerdem die besondere Situation, daß die Getreideproduktion erst ein geringes Niveau erreicht hat und Getreideimporte aus anderen Provinzen notwendig sind. Eine stärkere Spezialisierung auf andere landwirtschaftliche Produktionsbereiche und damit steigende Getreideimporte wird jedoch auch in Zukunft von der Provinzregierung nicht angestrebt. So sieht der 5-Jahresplan 1986 - 1990 der Provinz vor, daß die Getreideanbauflächen bei ca. 44 Mio Mu konstant bleiben sollen. Dies sind 81 % der Gesamtanbaufläche der Provinz des Jahres 1987 (1978 betrug dieser Anteil 82,3 %) und 4,2 % mehr als der prozentuale Anteil der Getreideanbauflächen Gesamtchinas 1987.

Insgesamt sind einer Reduzierung der Getreideanbauflächen zugunsten einer Ausweitung der Anbauflächen für Wirtschaftspflanzen enge Grenzen gesetzt. Hohe Transportkosten und mangelnde Transportkapazitäten schränken die Diversifizierungsmöglichkeiten vor allem abgelegener, verkehrstechnisch wenig erschlossener Dörfer, Gemeinden und Kreise ein. Um die Selbstversorgung mit Nahrungsmittel- und Viehfuttergetreide zu erreichen, müssen Gebiete mit niedrigen Flächenertragen einen hohen prozentualen Anteil ihrer gesamten Anbaufläche für den Getreideanbau festlegen. Die steigende Bevölkerungszahl sowie die mit der Verbesserung des Lebensstandards ausgeweitete Viehzucht mit den dafür erforderlichen Anbauflächen für Viehfuttergetreide schränken weiterhin die Diversifizierung der Anbaustruktur ein.

Die Dezentralisierung der Entscheidungsrechte in der Produktion ist von einer Ausweitung der indivividuellen Verfügungsrechte über die Vermarktung landwirtschaftlicher Produkte begleitet. Im folgenden Abschnitt werden die Handlungsmöglichkeiten der Bauern vor und nach der Reform des staatlichen Aufkaufssystems landwirtschaftlicher Produkte untersucht.

5.3 Individuelle Rechte über die Vermarktung landwirtschaftlicher Produkte

5.3.1. Reform des staatlichen An- und Verkaufs

In der kollektiven Landwirtschaft werden die staatlichen Planziele mit Hilfe des staatlichen Aufkaufssystems landwirtschaftlicher Produkte und Rationierung industrieller Inputs durchgesetzt. Nach CHAI (1985),S. 89 begrenzen auf der Outputseite Vorgaben über Sorten und Mengen im Rahmen des staatlichen Aufkaufssystems die Alternativen beim Anbau von Kulturpflanzen und bei der Produktverwertung. Auf der Inputseite beschränkt die Rationierung wichtiger industrieller Inputs die Entscheidungen über deren Einsatz. Mit der Reform des staatlichen An- und Verkaufssystems wird auch ein Teil der Input- und Outputentscheidungen dezentralisiert.

Die folgende kurze Betrachtung der Funktionsweise des staatlichen An- und Verkaufssystems soll dem besseren Verständnis der einzelnen Reformschritte dienen.

Der Handel der "Produkte der ersten Kategorie" wie Nahrungsmittelgetreide, Ölsaaten, Speiseöl, Rohbaumwolle, Baumwollgarn und Baumwolltuch erfolgt ab 1953 ausschließlich durch den Staat zu festgelegten Preisen (tonggou tongxiao). Der An- und Verkauf umfaßt auch die "Produkte der zweiten Kategorie", zu denen Hanf, Jute, Tabak, Zuckerrohr, Zucker, Seidenwürmerkokons, Tee, lebende Schweine u.a. Produkte zählen, die über vertraglich festgelegte Ablieferungsquoten an den Staat verkauft werden - ebenfalls zu staatlich fixierten Preisen (paigou). Alle übrigen Produkte zählen zur dritten Kategorie, und die Mengen und Preise dieser Produkte werden nach Verhandlungen von den Bauern an die Handelsabteilungen verkauft (yigou). Nach Erfüllung der Verkaufsquoten der Produkte der 1. oder 2. Kategorie können Überschüsse ebenfalls zu einem Verhandlungspreis verkauft werden[13].

Um Anreize zu Produktionssteigerungen zu setzen, basiert der An- und Verkauf landwirtschaftlicher Produkte auf einem System fixer Grundquoten, die während einer Periode von mehreren Jahren konstant bleiben. Vor 1971 sind die Ankaufsquoten für eine Periode von drei Jahren und danach für fünf Jahre festgelegt. Daneben werden Ankaufsquoten für die Übersollproduktion unter Berücksichtigung des erwarteten Produktionsanstiegs bestimmt. Sie stellen nach SICULAR (1983),S. 16 eine Höchstgrenze für den staatlichen Aufkauf dar und sollen garantieren, daß die kollektive Produktionsorganisation einen bestimmten Anteil an der Überquotenproduktion erhalten.

Das Monopol des Staates über den An- und Verkauf landwirtschaftlicher Produkte wird nach der Einführung des Haushaltsvertragssystems insoweit zunächst gelockert, als die Bauern das Recht erhalten, Überschüsse über die festgelegten Ablieferungsquoten hinaus selbst zu vermarkten. Ab 1982 können die Bauern entsprechend dem ZK-Beschluß in der ZUSAMMENFASSUNG DER LANDESKONFERENZ ZUR ARBEIT IN DEN LÄNDLICHEN GEBIETEN auch Überschüsse von Produkten der 2. Kategorie - nach Ablieferung eines festgelegten Verkaufsanteils an den Staat - auf Märkten verkaufen. In den folgenden Jahren wird die Anzahl der Produkte, die dem einheitlichen An- und Verkauf unterliegen, kontinuierlich reduziert. Während 1978 noch 21 Produktkategorien im Rahmen des staatlichen An- und Verkaufs existieren, sind es 1981 nach WU (1983), S. 4 und KUEH (1984), S. 358 nur noch 16 und im Jahre 1983 noch 13 Produktkategorien.

In der zweiten Phase der Reform des staatlichen An- und Verkaufssystems wird an die Stelle einer staatlichen Aufkaufsgarantie ein vertraglich festgelegter Ankauf mit fixen Aufkaufsmengen (dinggou hetong) gesetzt. Dieser ab 1985 eingesetzte Vertragsaufkauf gilt auch für Produkte der ersten Kategorie wie Getreide und Baumwolle. Durch die Beschränkung des staatlichen Aufkaufs auf wenige Produktkategorien nimmt einerseits der Umfang der individuellen Planung durch die Bauern zu und andererseits die individuelle Vermarktung landwirtschaftlicher Produkte. Die ländlichen Haushalte können damit ihr Interesse beim Anbau gewinnbringender Kulturpflanzen sowie beim Absatz der Produkte stärker durchsetzen.

Zusammenfassend erhalten die Bauern durch die Reform des staatlichen An- und Verkaufs individuelle Verfügungsrechte über die Vermarktung landwirtschaftlicher Produkte. Der staatliche Aufkauf wird auf wenige Produktkategorien und vertraglich festgelegte Mengen beschränkt.

Im Verlauf der Planungsreform werden verstärkt staatliche Preisanreize gesetzt, deren Gestaltung und Einfluß auf die Produktionsstruktur im folgenden Abschnitt untersucht wird.

5.3.1.1 Preisanreize im Rahmen des staatlichen Ankaufssystems und Veränderung der Produktionsstrukturen

Über die Erhöhung der staatlichen Aufkaufspreise und Veränderung der Preisstruktur landwirtschaftlicher Produkte setzen die staatlichen Planer ab 1978 Anreize für Produktionssteigerungen und strukturelle Veränderungen in der landwirtschaftlichen Produktion. Vor der Reform werden Preissteigerungen nur in einem sehr geringen Maße als Steuerungsinstrument eingesetzt, mit verbindlichen Vorgaben über Anbauflächen und -sorten sowie Produktions- und Ablieferungsquoten dominiert eine Planung über Mengen.

Zwischen 1952 - 1977 erfolgen Preiserhöhungen nur für bestimmte Produkte wie Ölsaaten, Getreide, zuckerhaltige Pflanzen und Baumwolle. In einer Analyse des Zusammenhangs zwischen Preisniveau- und Outputentwicklung bestimmter Produkte kommt SICULAR (1983) zu dem Ergebnis, daß eine positive Korrelation beider Werte im Zeitraum 1957 - 1977 nicht feststellbar ist, daß also nicht die relative Preishöhe, sondern die staatliche Mengenplanung die Produktionsstruktur bestimmte.

Neben dem Aufkaufspreis für fixe Quoten (Listenpreis oder paijia) werden für Überquotenverkäufe Prämien (chaogou jiage jiangli) gezahlt und für weitere Verkäufe an den Staat Verhandlungspreise (yijia) festgesetzt. Die erste Prämie für Überquotenverkäufe an Getreide beträgt laut dem WIRTSCHAFTSLEXIKON (1983),S. 267-269 im Jahre 1960 10% und wird auf 12 % im Jahre 1965 und auf 30 % im Jahre 1971 angehoben. Für Speiseöl gilt ab 1959 eine Prämie von 5 %, 8 % und 10 % entsprechend der Menge der Überquotenverkäufe; 1972 wird diese Prämie ebenfalls auf 30 % erhöht.

Da die staatlich fixierten Ablieferungsquoten nicht jährlich erhöht, sondern für eine Periode von fünf Jahren konstant gehalten werden, weist NG (1979), S.77 darauf hin, daß mit den Prämien ein starker Anreizeffekt verbunden ist. Aufgrund des "time-lags" kann mit steigendem Output ein zunehmender Anteil der Produkte zu Überquotenpreise verkauft werden.

Der Umfang der Erhöhung der staatlichen Aufkaufspreise im Zeitraum 1977 bis 1987 geht aus der Tabelle 4 hervor.

Tabelle 4: **Preisindices der landwirtschaftlichen Aufkaufspreise und Listenpreise industrieller Inputs in ländlichen Gebieten 1977 - 1987**

Jahr	Index[1)] Aufkaufspreise	Index[2)] Listenpreise	Index[3)] Preisparitäten
1977	99,8	100,1	100,3
1978	103,9	100,0	96,2
1979	122,1	100,1	82,0
1980	107,1	100,8	94,1
1981	105,9	101,0	95,4
1982	102,2	101,6	99,4
1983	104,4	101,0	96,7
1984	104,0	103,1	99,1
1985	108,6	103,2	95,0
1986	106,4	103,2	97,0
1987	112,0	104,8	93,6

Anmerkung:

1) Aufkaufspreise für landwirtschaftliche und Nebengewerbeprodukte (Vorjahr = 100).
2) Listenpreise für den Verkauf industrieller Inputs in ländlichen Gebieten (Vorjahr = 100).
3) Preisparitäten landwirtschaftlicher und industrieller Produkte (Index 1) = 100).

Quelle:
ZGTJNJ (1988), S. 777 und 778.

Mit der Anhebung der staatlichen Aufkaufspreise um insgesamt 76,6 % (im Zeitraum 1978 - 1987) und Veränderung der Preisrelationen einzelner landwirtschaftlicher

Produkte setzt die chinesische Regierung "incentives" zu Produktionssteigerungen und Diversifizierung des landwirtschaftlichen Outputs.

Der staatliche Getreideaufkaufspreis wird mit Beginn des Ankaufs von Sommergetreide 1979 um 20 % erhöht. Die Preise für Baumwolle werden um 15 %, für Ölsaaten sowie Zuckerrohr und Zuckerrüben um 25 % und für Schweinefleisch um 26 % angehoben. Weitere Preiserhöhungen erfolgen nach LARDY (1983),S. 89 im Jahre 1980 für Baumwolle, Schaf- und Ziegenfelle, Jute, Holz, Hanf, Rohlack und Tungöl sowie im Jahre 1981 für Soja, Tabak und Gemüse. SICULAR (1983),S. 48 weist auf den Anstieg der Ankaufspreise für Überquotenablieferungen an Getreide und Ölsaaten um 50 % und für Baumwolle um 30 % im Jahr 1979 hin.

LARDY (1983 a) zeigt am Beispiel der Preise für Weizen und Reis die Unterschiede verschiedener Preistypen im Jahr 1980. Zwischen dem Aufkaufspreis (Listenpreis) und dem Überquotenpreis besteht eine Preisdifferenz von 50 %. Der Verhandlungspreis für darüberhinausgehende Aufkaufsmengen liegt noch um einiges höher und stimmt mit dem Verkaufspreis auf den ländlichen Märkten überein. Die Rationierungspreise für die städtischen Konsumenten entsprechen ungefähr den Listenpreisen, während der Verkaufspreis auf den städtischen Märkten wesentlich höher liegt. Wiederverkäufe des Staates in ländlichen Gebieten werden zu einem Preis durchgeführt, der nur wenig über dem Listenpreis liegt. Der zur Bewertung und anschließenden Verteilung des Outputs an die Kommunemitglieder herangezogene Preis ist relativ niedrig und beträgt in den aufgeführten Beispielen nur ca. 82 % des Listenpreises (Vgl. Tab. 5.5 im Anhang).

Mit der Reform des einheitlichen An- und Verkaufs durch den Staat wird im Jahre 1985 durch das Dokument ZEHN PO-

LITISCHE MASSNAHMEN DES STAATSRATES UND DES ZENTRALKOMITEES DER KPCH ZUR BELEBUNG DER LÄNDLICHEN WIRTSCHAFT für Getreide ein Preis im Verhältnis 7 : 3 festgelegt, d.h. 30 % des Getreideaufkaufs werden entsprechend dem ursprünglichen Preis der fixen Quoten und 70 % entsprechend dem ursprünglichen Preis für Überquotenverkäufe gezahlt. Fällt der Marktpreis für Getreide unter den früheren Ankaufspreis für fixe Grundquoten, können die staatlichen Aufkaufsstationen Getreide zu diesem früheren Preis aufkaufen, um die Bauern vor Einkommensverlusten zu schützen. Für den vertraglichen Baumwollaufkauf wird für Nordchina ein Preis von 3 : 7 und für Südchina ein Preis von 4 : 6 festgesetzt, um die Baumwollproduktion im Norden stärker zu fördern.

Werden beim einheitlichen An- und Verkauf verschiedene Preise für Grundmenge, Überquoten und darüberhinausgehende Mengen als Produktionsanreize eingesetzt, so sieht der ab 1985 eingeführte vertragliche Aufkauf nur einen einheitlichen Preis vor. Eine garantierte Prämie für steigende Outputmengen sollte somit nicht mehr existieren. Der starke Rückgang in der Produktion von Getreide im Jahre 1985 führt allerdings dazu, daß in der Folgezeit erneut Preisanreize für zusätzliche Verkäufe nach Erfüllung der vertraglich festgelegten Menge eingesetzt werden.

Die ab 1978 mehrmals erhöhten Aufkaufspreise wirken sich insgesamt positiv auf die Steigerung der staatlichen Aufkaufsmengen und der gesamten landwirtschaftlichen Produktion aus.

So nimmt beispielsweise der mengenmäßige Getreide-Nettoaufkauf des Staates auf Landesebene (dieser schließt nicht die staatlichen Rückverkäufe an landwirtschaftliche Einheiten aufgrund von Produktionsausfällen oder geringem Produktionsniveau ein) nach Angaben im STATISTISCHEN

JAHRBUCH CHINAS (1988), S. 699 von 14 % im Jahre 1978 auf 27,2 % im Jahre 1987 zu.
Die gesamte Getreideproduktionsmenge erhöht sich im gleichen Zeitraum um 33 % von rd. 305 Mio to auf 405 Mio to Getreide mit einer jährlichen Wachstumsrate von 3,2 % (Vgl. Tab. 5.4 im Anhang).

Auch die Produktionsmengen anderer landwirtschaftlicher Produkte steigen im genannten Zeitraum erheblich, wie im Schaubild 11 deutlich wird.

Schaubild 11: **Ertragssteigerung ausgewählter landwirtschaftlicher Produkte 1978 - 1987 in Gesamtchina (in Mio t)**

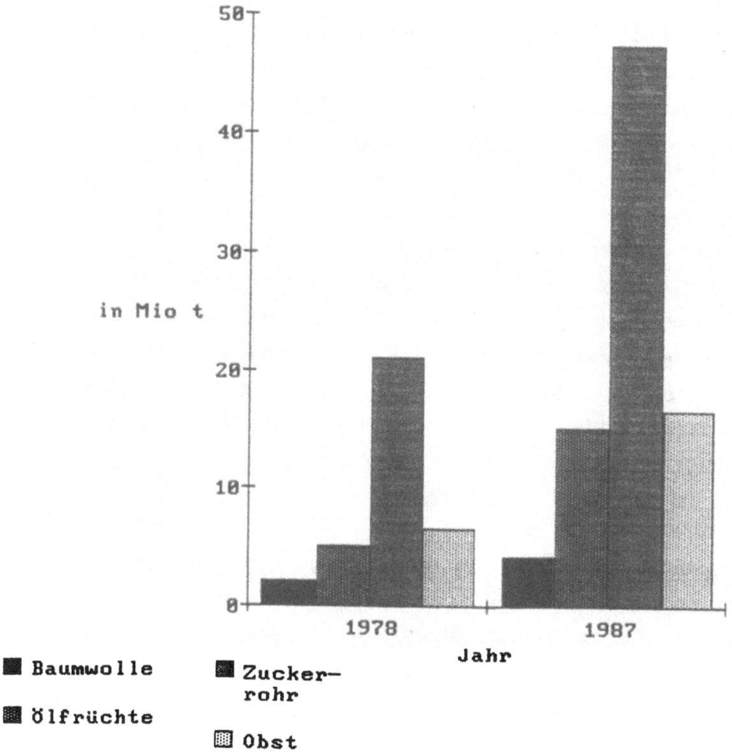

Quelle: ZGTJNJ(1987),S.- 157,164,170 u.171; (1988),S. 216, 242, 247 u. 254.

Während sich die Baumwollerträge von 2,17 Mio t auf 4,25 Mio to und von Zuckerrohr von 21,12 Mio t auf 47,36 Mio t im Zeitraum 1978 bis 1987 verdoppeln, steigt der Output von Ölfrüchten und Obst sogar um das Dreifache (Ölfrüchte von 5,22 Mio t auf 15,28 Mio t und Obst von 6,6 Mio t auf 16,7 Mio t). Die durchschnittliche jährliche Steigerungsrate pro Flächeneinheit beträgt im Anbau von Baumwolle 7%, von Ölfrüchten 6,4 % und im Zuckerrohranbau 4,1 %.

Die Diversifizierung der Anbaustruktur im Zeitraum 1978 - 1986/87 erfolgt nur in einem begrenzten Ausmaß, dagegen verändert sich die gesamte Produktionsstruktur in den ländlichen Gebieten auch als Folge der Preisanreize erheblich.
Um die Entwicklung der Produktionsstruktur zu erfassen, wird zunächst die prozentuale Zusammensetzung des landwirtschaftlichen Bruttoproduktionswertes der Jahre 1978 und 1986/87 miteinander verglichen.

In den ausgewählten Einheiten in der Provinz Liaoning verändert sich die Struktur des landwirtschaftlichen Bruttoproduktionswertes (einschließlich ländlicher Industrie) insoweit, als eine starke Zunahme des prozentualen Anteils der Bereiche Viehzucht und Nebengewerbe, insbesondere jedoch der ländlichen Industrie festzustellen ist. Gleichzeitig sinkt der prozentuale Anteil des Pflanzenanbaus am gesamten Bruttoproduktionswert der Landwirtschaft (Vgl. Tab.5.6 im Anhang).

Die Veränderung der Struktur des landwirtschaftlichen Bruttoproduktionswertes in Gesamtchina (ohne ländliche Industrie) im Zeitraum 1978 - 1987 wird im Schaubild 12 dargestellt. Der Rückgang des prozentualen Anteils des Pflanzenanbaus von 77 auf 61 % ist vor allem auf die Ausweitung der Viehzucht (von 15 % auf 23 %) zurückzuführen.

Schaubild 12: **Struktur des landwirtschaftlichen Bruttoproduktionswertes 1978 und 1987 Gesamtchina (in Preisen 1980)**

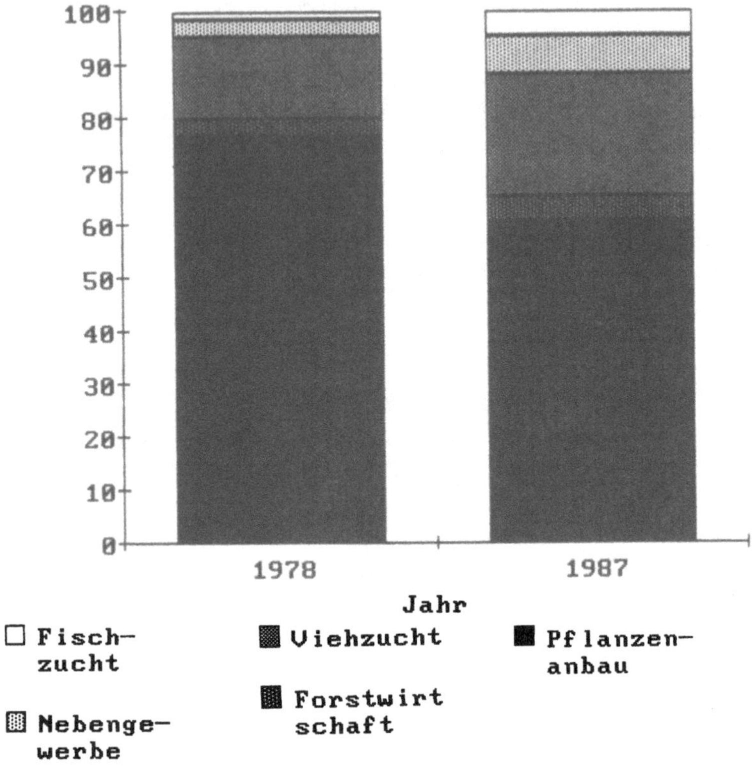

Quelle: Berechnet nach Angaben in ZGTJNJ (1988), S. 216. Preisindex in SCHÄDLER (1989), S. 181.

Neben der Struktur des landwirtschaftlichen Bruttoproduktionswertes zeigt die veränderte Zusammensetzung des gesamten ländlich-gesellschaftlichen Bruttoproduktionswertes (nongcun shehui zongchanzhi) die Diversivifizierung der Produktionsstruktur. Der ländlich-gesellschaftliche Bruttoproduktionswert umfaßt neben dem Bruttoproduktionswert der Landwirtschaft (dazu zählen die Produktionsbe-

reiche Pflanzenanbau, Forstwirtschaft, Viehzucht, Fischzucht und Nebengewerbe) auch die Produktionsbereiche ländliche Industrie sowie ländlicher Bausektor und ländlicher Handel/Gastronomie. Wie im Schaubild 13 deutlich wird, geht im Zeitraum 1980 - 1987 der Anteil des Bruttoproduktionswertes der Landwirtschaft von 68,7 auf 44,6 % zurück, während sich die prozentualen Anteile der übrigen Produktionsbereiche erhöhen.

Schaubild 13: **Struktur des ländlich-gesellschaftlichen Bruttoproduktonswertes 1978 - 1987 Gesamtchina (in Preisen 1980)**

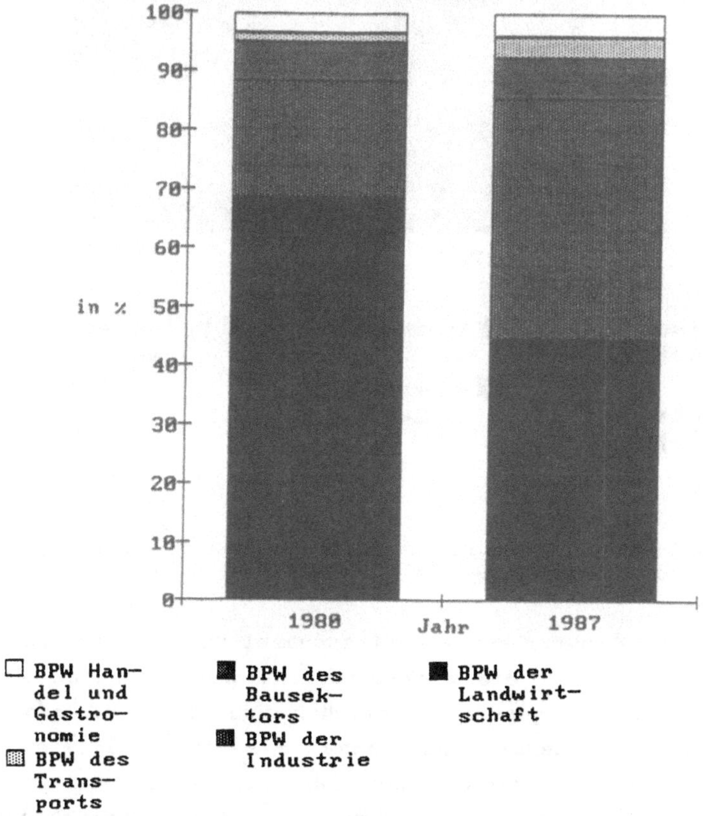

Quelle: BPW zu lauf. Preisen ZGTJNJ (1988), S. 214, Preisindices der einzelnen Produktionsbereiche: SCHÄDLER (1989), S. 181.

Die Zunahme des prozentualen Anteils der ländlichen Industrie am gesamten ländlich-gesellschaftlichen Bruttoproduktionswert von 19,7 % im Jahre 1980 auf 40,8 % im Jahre 1987 spiegelt die zunehmenende Bedeutung dieses Produktionsbereiches für den gesamten Bruttoproduktionswert des landwirtschaftlichen Sektors wider.

Die staatlichen Aufkaufspreise für landwirtschaftliche und Nebenerwerbsprodukte bestimmen die relativen Gewinnmöglichkeiten unterschiedlicher wirtschaftlicher Aktivitäten. Zwar werden zwischen 1978 bis 1987 die Preise für Getreide (um 93 %), Speiseöl (um 76 %) und zuckerhaltige Pflanzen (Zuckerrohr um 114 % und Zuckerrüben um 79 %) erhöht, doch sind die Gewinne dieser Produkte verglichen mit denen aus dem Anbau von Wirtschaftspflanzen wie Baumwolle und Erdnüsse oder aus Vieh- und Fischzuchtaktivitäten relativ niedrig. Für 100 kg Mais beispielsweise beträgt der Gewinn 1986 rd. 13 Yuan, für Reis 18 Yuan und für Weizen 16 Yuan. Auch der Gewinn für Raps macht nur 25 Yuan und für Zuckerrohr und Zuckerrüben sogar nur jeweils 4 Yuan pro 100 Kilo aus. Nach Abzug der Kosten können die Bauern dagegen für Baumwolle mit einem Gewinn von 143 Yuan rechnen und bei der Zucht von Süßwasserfischen sogar mit einem Verkaufsgewinn von 257 Yuan pro 100 Kilo (Vgl. Tab. 5.7 im Anhang).

Bei einem Vergleich zwischen dem Nettoeinkommen aus Anbau und ländlicher Industrie wird der geringe Anreiz für den Pflanzenanbau deutlich. In einem Kreis der Provinz Jiangsu zum Beispiel erzielen die Bauern nach EIU (1986), S.15-16 im Jahre 1985 aus reinen Agraraktivitäten im Durchschnitt ein Einkommen von 400 Yuan, dagegen erhalten sie bei einer Beschäftigung in ländlichen Industriebetrieben rd. 1.000 Yuan im Jahr.

Der Anbau von Getreide, aber auch von zuckerhaltigen Pflanzen und selbst die Schweinezucht wird im Verlauf des

Reformprozesses aufgrund der in Relation zu anderen Produkten sinkenden Aufkaufspreise bei steigenden Preisen landwirtschaftlicher Produktionsmaterialien für die Bauern zunehmend weniger attraktiv. Vor allem in den Jahren 1984 bis 1987 steigen die Verkaufspreise für industrielle Inputs in den ländlichen Gebiete Gesamtchinas um insgesamt 14,3 %, in einigen Provinzen ist der Preisanstieg sogar noch höher. So sind in der Provinz Liaoning die industriellen Inputs 1984 entsprechend dem JAHRBUCH DER WIRTSCHAFTSSTATISTIK DER PROVINZ LIAONING (1985),S. 237 und (1987),S. 232-233 um 9,4 % teurer als im Vorjahr, besonders hohe Preissteigerungen gibt es bei Kunstdünger (13,2 %) und Dieselöl (23,9 %). Zwar beträgt der Preisanstieg für industrielle Inputs 1986 nur 2 %, doch steigen die Preise bestimmter Produktionsmittel (wie landwirtschaftliche Geräte 15,1 % und Saatgut 6,5 %) noch weiter relativ stark.

Im Verlauf des Reformprozesses werden die staatlichen Preise für landwirtschaftliche Produkte mehrfach erhöht, um den Bauern Anreize zu Produktionssteigerungen und Diversifizierung der Produktionsstruktur zu bieten. Die Erhöhung der staatlichen Aufkaufspreise wirkt sich zwar insgesamt positiv auf den Output und die Aufkaufsmenge aus. Allerdings entsteht eine Preisstruktur, die den Getreideanbau im Verhältnis zum Anbau anderer Kulturpflanzen und den gesamten Pflanzenanbau im Vergleich zu anderen wirtschaftlichen Aktivitäten immer weniger attraktiv macht. Einen Einfluß auf diese Entwicklung hat die Ausweitung der Märkte, auf denen die Bauern höhere Preise erzielen können, durch die wiederum die Anreizfunktion der staatlichen Preise gefährdet wird. Im folgenden wird zunächst die Ausweitung der Märkte und ihre Bedeutung im Verhältnis zum staatlichen Ankaufssystems untersucht und dann an einem Beispiel die strukturelle Veränderung der Märkte dargestellt.

5.3.2 Entwicklung der Märkte und des privaten Handels

Mit der Verbreitung der Haushaltsvertragssysteme nimmt die Bedeutung des privaten Handels zu, da die Bauern ihre Überschüsse und Produkte aus der häuslichen Nebengewerbeproduktion auf den Märkten verkaufen können, die seit 1978 wieder als "notwendige Ergänzung einer sozialistischen Wirtschaft" gelten.

Obwohl die politische Führung in den ersten Jahren der Reform noch die führende Rolle des staatlichen und kollektiven Handels betont[14], wird im ZK-Dokument EINIGE FRAGEN ZUR GEGENWÄRTIGEN LÄNDLICHEN WIRTSCHAFTSPOLITIK von 1983 eine stärkere Entwicklung und Unterstützung des privaten Handels gefordert, der als "flexibel und vorteilhaft für die Bevölkerung" angesehen wird. Um das Angebot an landwirtschaftlichen Produkten zu vergrößern und den Abbau von Lagerbeständen zu beschleunigen, wird den Bauern 1983 auch das Recht zugestanden, den Ferngüterverkehr individuell oder gemeinschaftlich zu organisieren. Darüberhinaus erhalten kollektive Handelseinheiten und individuelle Händler Zugang zu Großhandelsmärkten. Unterschiede zwischen Einzel- und Großhandelspreisen sowie regionalen Preisen bilden Anreize für die Bauern, sich weiter zu spezialisieren und Investitionen im Transportbereich durchzuführen, um Märkte mit einem für sie günstigen Preisniveau erreichen zu können.

Der von den Bauern frei vermarktbare Produktionsanteil steigt sowohl durch die Reduzierung der Anzahl der Produktkategorien, die dem staatlichen Ankauf unterliegen, als auch durch die Beschränkung des staatlichen Ankaufs auf vertraglich festgelegte Mengen.
Die Durchsetzung der individuellen Rechte in der Produktion und Vermarktung landwirtschaftlicher Produkte spiegelt sich auch in der Steigerung des Handelsvolumens auf den freien Märkten und ihrer schnellen zahlenmäßigen Entwicklung wider.

Wie der Tabelle 5 zu entnehmen ist, verdoppelt sich die Anzahl der Märkte zwischen 1978 und 1987 in Gesamtchina; in der Provinz Liaoning vervierfacht sich ihre Zahl bis 1987.

<u>Tabelle 5:</u> Entwicklung der freien Märkte in Gesamt-China und der Provinz Liaoning 1978 - 1987

	1978	1979	1980	1981	1982	1983	1984	1985	1986	1987
1. Gesamtchina:										
Gesamtzahl der Märkte	33.032	38.993	40.809	43.013	44.775	48.003	56.500	61.337	67.610	69.683
- städtische	0	2.226	2.919	3.298	3.591	4.448	6.144	8.013	9.701	10.908
- ländliche	33.302	36.767	37.890	39.715	41.184	43.515	50.356	53.324	57.909	58.775
Handelsvolumen gesamt (in 100 Mio Yuan)	125,0	183,0	235,0	287,0	333,1	379,3	456,9	632,3	906,5	1.157,9
-städtisches	0	12,0	24,0	34,0	45,2	51,4	75,2	120,7	244,4	347,1
-ländliches	125,0	171,0	211,0	253,0	287,9	327,9	381,7	511,6	662,1	810,8
2. Provinz Liaoning:										
Gesamtzahl der Märkte	558	k.A.	963	1.148	1.232	1.500	1.885	2.158	2.229	k.A.
- städtische	0	k.A.	200	287	318	458	515	682	717	k.A.
- ländliche	558	k.A.	763	861	914	1.042	1.370	1.476	1.512	k.A.
Handelsvolumen (in 100 Mio Yuan)	1,91	k.A.	5,96	8,55	10,18	12,34	17,11	25,73	33,13	k.A.
- städtisches	0	k.A.	2,12	3,35	3,92	4,39	5,82	10,23	14,17	k.A.
- ländliches	1,91	k.A.	3,84	5,20	6,26	7,95	11,29	15,50	18,96	k.A.

Quelle: Gesamt-China: ZGTJNJ, 1985, S. 477 und 1988, S. 709; Provinz Liaoning: LNJJTJNJ, 187, S. 567

Die von WATSON (1988), S.14 für Gesamtchina vorgenommene Einteilung des Wachstums freier Märkte in drei Phasen ist auch für die Zunahme freier Märkte in der Provinz Liaoning gültig: Als Folge der Wiederzulassung der häuslichen Nebengewerbeproduktion und der Ausweitung der Anbauflächen für die private Nutzung (ziliudi) steigt die Zahl der Bauern, die ihre Produkte auf Märkten anbieten wollen. Um den Bedarf der Bauern an individuellen Vermarktungsmöglichkeiten zu befriedigen, werden in den Städten und ländlichen Gebieten in den Jahren 1979 - 1981 viele neue Märkte eingerichtet; in der Provinz Liaoning verdoppelt sich ihre Anzahl in diesem Zeitraum sogar. In den folgenden zwei Jahre führen Diskussionen über die Rolle des privaten Handels zu Unsicherheit und einem reduziertem Wachstumstempo freier Märkte. Erst mit der Entscheidung des Zentralkomitees über die Unterstützung des privaten Handels und Transports im Jahre 1983 beschleunigt sich wieder die Zunahme der freien Märkte in den ländlichen Gebieten und Städten. Zwischen 1983 und 1987 steigt die Anzahl der Märkte kontinuierlich in Gesamtchina um 21.680 bzw. 45 %. Auch der prozentuale Anteil der städtischen Märkte an der Gesamtzahl der freien Märkte nimmt zu und erhöht sich bis 1987 auf rd. 16 %.

Das Handelsvolumen auf den freien Märkten vergrößert sich im Zeitraum 1978 bis 1987 in Gesamtchina um mehr als das Neunfache des ursprünglichen Wertes; auch in der Provinz Liaoning steigt das Handelsvolumen der städtischen und ländlichen Märkte um ein Vielfaches von 191 Mio. Yuan auf 3.3 Mrd. Yuan bis 1986.

Die Entwicklung des Handelsvolumens der wichtigsten sieben landwirtschaftlichen Produktkategorien auf den ländlichen Märkten im Zeitraum 1978 - 1987 ist den Tabellen 5.8 und 5.9 im Anhang zu entnehmen. Der Handelswert der meisten landwirtschaftlichen Produkte, vor allem von Fleisch, Geflügel und Eiern, aquatischen Produkten, Gemüse und Obst, vervielfacht sich sowohl in Gesamtchina als auch in der Provinz Liaoning. Die hohen Wachstumsraten beim Verkauf gerade dieser Produkte sind auf ihre relativ hohen Preise bzw. Gewinne gegenüber anderen Produkten wie Getreide zurückzuführen, das auch zum größten Teil noch über den staatlichen An- und Verkauf vermarktet werden muß.

Die Aufhebung der Beschränkungen im Ferngütertransport und die Zugangsmöglichkeiten der Bauern bzw. privaten Händler zu Großhandelsmärkten spiegeln sich in der starken Zunahme der Marktverkäufe nach 1983 wider.

Mit der Freigabe der Preise für Fleisch, Geflügel, Eier, aquatische Produkten und Gemüse im Jahr 1985 steigt auch der prozentuale Anteil dieser Produkte am gesamten Verkaufswert auf den Märkten in den ländlichen Gebieten Chinas weiter an. So erhöht sich beispielsweise in Gesamtchina von 1978 bis 1984 der prozentuale Anteil des Verkaufs von Fleisch, Geflügel und Eiern von 17 % auf 23,5%, während in den folgenden drei Jahren bis 1987 dieser Anteil auf rd. 40 % steigt. Auch in der Provinz Liaoning ist die Erhöhung des prozentualen Anteils von Fleisch, Geflügel und Eiern zwischen 1984 und 1986 mit 22,2 % auf 37,4 % überdurchschnittlich hoch.

Durch die zunehmende Spezialisierung der Bauern auf bestimmte Produktionsbereiche nimmt einerseits die Vielfalt im Angebot auf den freien Märkten zu, und andererseits entstehen neben Märkten für den Verkauf von landwirtschaftlichen und Nebengewerbeprodukten auch solche für bestimmte Güter oder bestimmte Anbieter- und Käufergruppen.

Mit der selbständigen Bewirtschaftung der Anbauflächen durch die Bauern und ihren verstärkten Aktivitäten in der Viehzucht steigt auch die Nachfrage nach Zuchttieren sowie größeren im Anbau und Transport einsetzbaren Zug- und Lasttieren. Auf den sich rasch entwickelnden Viehmärkten erhöht sich entsprechend dem LANDWIRTSCHAFTSJAHRBUCH CHINAS (1982),S. 121 von 1980 bis 1981 das monetäre Handelsvolumen in Gesamtchina um 46,6 % und in den Provinzen, in denen neben dem Anbau vor allem Viehzucht betrieben wird, wie z.B. in Qinghai, der Inneren Mongolei und Ningxia, steigt das Handelsvolumen auf den ländlichen Viehmärkten im Jahre 1981 sogar um fast das Doppelte des Vorjahreswertes an. Eine schnelle Ausweitung der Viehmärkte findet auch in der Provinz Liaoning statt. Von insgesamt sieben Märkten für Zuchtvieh, Zug- und Lasttiere im Jahre 1978 steigt die Anzahl bis 1983 auf 139 an und erhöht sich im Jahre 1984 nochmals um 45 %; in den Folgejahren sind die Zuwachsraten dagegen wesentlich geringer (Vgl. Tab. 5.10 im Anhang).

Auch Märkte für gebrauchte landwirtschaftliche Maschinen und Fahrzeuge entstehen bereits in den ersten Jahren des Reformprozesses. In der Provinz Anhui beispielsweise, in der 1981 mehr als 40.000 Handtraktoren im Eigentum einzelner Bauern oder zusammengeschlossener Haushalte sind, werden die in einigen Kreisen entstandenen Märkte für gebrauchte Landwirtschaftsmaschinen als positiv für die Entwicklung der landwirtschaftlichen Produktion angesehen und ihre Ausweitung unterstützt.

Mit hohen Einkommensmöglichkeiten im Transportbereich und der Aufhebung der regionalen Beschränkungen im Ferngüterverkehr und Handel steigt auch der Anteil der Bauern, die ihre wirtschaftlichen Aktivitäten auf diesen Bereich konzentrieren. In den ländlichen Gebieten entstehen nach einer repräsentativen Untersuchung in acht Provinzen viele private Transport- und Handelsunternehmen. Im Jahre 1984 beträgt entsprechend den Angaben im WIRTSCHAFTSJAHRBUCH CHINAS (1985),S. V-206 die Anzahl der Bauern, die sich auf den Ferngüterverkehr spezialisieren, rd. 2.2

Mio. Durch die wirtschaftlichen Aktivitäten der Bauern im Handel und Transport wächst zugleich der Umfang der Großhandelsmärkte rasch. In der Provinz Liaoning beispielsweise steigt ihre Anzahl von 26 Großhandelsmärkten für landwirtschaftliche und Nebengewerbeprodukte im Jahre 1983 auf 92 im Jahre 1985 an.

Die zunehmende Bedeutung spezialisierter Märkte kommt in ihrem wachsenden Anteil am gesamten Handelsvolumen der Märkte und ihrem zahlenmäßigen Anteil zum Ausdruck. In der Provinz Liaoning sind im Jahre 1986 bereits 28,1 % der Märkte spezialisierte Märkte, deren Handelsvolumen von 1.52 Mrd. Yuan mehr als ein Drittel (38,3 %) des gesamten Handelsvolumens der Märkte in der Provinz ausmacht. Diese Entwicklung zeigt auch, daß sich die zunächst auf den Handel mit landwirtschaftlichen und Nebengewerbeprodukten beschränkte Funktion der Märkte im Verlauf des Reformprozesses mit wachsender Spezialisierung und Zunahme der individuellen Handels- und Transportaktivitäten verändert.

Auch die Struktur der Märkte für den Verkauf landwirtschaftlicher und Nebengewerbeprodukte in den Städten ist im Verlauf der Planungsreform durch die zunehmende Spezialisierung der Bauern und ihre Aktivitäten im Handel und Transport einem starken Wandel unterworfen.

Am Beispiel der Entwicklung eines der größten Märkte für den Verkauf landwirtschaftlicher Erzeugnisse und Nebengewerbeprodukte in der Provinzhauptstadt Shenyang, dem Beihang-Markt (Beihang nongmao shichang) wird deutlich, wie die Bauern ihre Rechte in der Produktion und Vermarktung von Produkten durchsetzen. Die Daten basieren auf eigenen Beobachtungen im Zeitraum September 1983 bis November 1985 sowie einem ausführlichen Interview mit dem Leiter des Beihang-Marktes im November 1987[15]. Die Studie von REEDER (1983) über die Situation freier Märkte am Beispiel der Märkte in Shenyang, die den Zeitraum Herbst 1981 bis Frühjahr 1982 abdeckt, liefert dazu ergänzende Daten.

5.3.2.1 Strukturelle Veränderungen der Märkte am Beispiel des Beihang-Marktes in Shenyang

Der Beihang-Markt existiert bereits vor Gründung der VR China, ist jedoch in den 30er und 40er Jahren vor allem ein Markt für Gebrauchtwaren. Nach der Einführung des staatlichen An- und Verkaufs beschränkt sich das Marktangebot auf unterschiedliche Dienstleistungen wie die Reparatur von Fahrrädern und Schuhen, dem Zuschneiden von Kleidungsstücken, Messerschleifen und auf kleine Eßstände. Während der Kulturrevolution werden die Marktaktivitäten der Bauern als kapitalistisch bewertet und diskriminiert.

Wie für viele andere Märkte auch war für den Beihang-Markt die von der 3. Plenartagung des 11. Zentralkomitees im Dezember 1978 ausgesprochene Legitimation freier Märkte der Beginn einer neuen wirtschaftlichen Entwicklungsphase.

In den ersten Jahren nach der Wiedereröffnung besteht der Anbieterkreis nur aus Bauern der ländlichen Außenbezirke der Provinzhauptstadt Shenyang. Doch bereits 1981 verkaufen neben Bauern, die ihre Überschüsse und Erzeugnisse aus dem Anbau von Privatparzellen anbieten, Vertreter von mehr als 30 staatlichen Geschäften und 40 Kommunen aus allen Teilen Chinas auf dem Beihang-Markt ihre Produkte. Mit der Spezialisierung der landwirtschaftlichen Produktion und dem sich ausweitenden Handel zwischen dem Norden und dem Süden Chinas, wird Shenyang zu einem Handelszentrum des Nordostens. Neue Marktanbieter wie Händler und Transporteure, spezialisierte Haushalte und Schwerpunkthaushalte, auch Arbeitslose und Personen, die in ihrer Freizeit Produkte auf dem Beihang-Markt verkaufen, werden vom Beihang-Markt angezogen.
Im November 1987 bieten neben 40 staatlichen und kollektiven auch 315 private Unternehmen ihre Produkte

auf dem Markt an sowie rd. 800 Bauern aus der näheren Region.

Der Zugang individueller Händler zu Großhandelsmärkten, regionale Preisunterschiede und unterschiedliche Einzel- und Großhandelspreise machen den Aufbau eines privaten Ferngüterverkehrsnetzes lohnend. Dadurch vergrößert sich die Produktvielfalt auf dem Markt schnell. Umfaßt das Produktangebot Ende 1981 noch 250 verschiedene Arten, eine Steigerung von 33 % gegenüber dem Vorjahr, so sind es sechs Jahre später bereits 470 Güterarten.

Während in den ersten Jahren das Angebot vor allem aus lokalen Produkten besteht, wie Gemüse aus den ländlichen Außenbezirken von Shenyang und einem sehr beschränkten Obstangebot, gibt es Ende 1983 bereits eine reichhaltige Auswahl landwirtschaftlicher Produkte aus vielen Provinzen Chinas. Die Produktvielfalt Ende 1987 spiegelt sich wider im Angebot von tropischen Früchten aus Hainan, frischem Fisch aus Shanghai, Gewürzen aus Guangdong und Guangxi, getrocknetem Fisch aus Wuhan, Kartoffeln und schwarzen Baumpilzen aus Heiliongjiang und Jilin, Schaffleisch aus der Inneren Mongolei, Melonen und Rosinen aus Xinjiang, Gemüse aus Hebei sowie aquatischen Produkten aus Dalian und Dandong. Daneben werden traditionelle Heilpflanzen und Dienstleistungen aller Art angeboten.

Transportierten die Bauern in den ersten Jahren der Wiedereröffnung des Marktes ihre Produkte noch auf Handkarren, mit Fahrrädern, ja selbst auf den eigenen Schultern zum Markt, so werden Ende 1987 bereits Lastkraftwagen, Züge und auch der Lufttransport eingesetzt, um Güter aus den ländlichen Gebieten in die Städte und zwischen Regionen mit einem unterschiedlichen Preisniveau zu bewegen. Über 70 Zwischenhändler (er dao fanzi), die Produkte preiswert aufkaufen und an einem anderen Ort mit Gewinn wiederverkaufen, beliefern Ende 1987 den Beihang-Markt[16].

Der Beihang-Markt ist inzwischen der wichtigste Markt für den Verkauf landwirtschaftlicher und Nebengewerbeprodukte im städtischen Bezirk Huanggu, in dem rd. 570.000 Einwohner leben[17]. Die Zahl der täglichen Marktbesucher umfaßt im Durchschnitt 80.000, an Feiertagen sogar 120.000 Käufer. Auf der insgesamt 9.600 m^2 großen Verkaufsfläche beträgt Ende 1987 die tägliche Verkaufsmenge 100.000 bis 200.000 Kilo und der Verkaufswert der Waren macht durchschnittlich 90.000 Yuan und an Feiertagen sogar bis zu 120.000 Yuan aus.

Die Bedeutung des Marktes für die Spezialisierung der Bauern im Anbau und auf neue wirtschaftliche Aktivitäten sowie für die Steigerung ihrer Einkommen wird im folgenden Beispiel deutlich: Im Jahre 1982 begann die auf Hühnerzucht spezialisierte Bäuerin Piao Jingzi aus dem ländlichen Außenbezirk Yuhong auf dem Beihang-Markt mit dem Verkauf von jährlich 5.000 Hühnern. Aufgrund der guten Qualität und der günstigen Preise gelang es Piao Jingzi schnell, ihren Verkaufsumsatz zu erhöhen. Die Verkaufserlöse investierte sie in den Bau einer modernen Hühnerfarm, so daß sie bald die doppelte Anzahl von Hühnern anbieten konnte. Piao Jingzi wurde inzwischen zu einem "Arbeitervorbild der Provinz" (Liaoning tedeng laodong mofan) ernannt. Der Markt bot ihr wie vielen anderen Bauern die Bedingung für die Spezialisierung und Ausweitung der Produktion bzw. Absatz der Produkte.

Welche Bedeutung Spezialisierung und regionale Preisunterschiede für die Ausweitung des individuellen Ferngüterverkehrs und Erhöhung der bäuerlichen Einkommen hat, zeigt folgendes Beispiel:
Im September 1983 begann der Bauer Yang Fengming aus der Provinz Hebei, Kreis Changli, Gemeinde Longjiadian, mit

dem Transport von Hühnereiern für den Verkauf auf dem Beihang-Markt. Da die Preise für Hühnereier in Hebei damals mit 0,9 Yuan pro Pfund niedriger lagen als in Shenyang (1,4 Yuan/Pfund), erwirtschaftete er bei seiner alle zwei Wochen durchgeführten Fahrt 400 Yuan pro Wagenladung. Nach einem halben Jahr schon konnte er einen LKW kaufen und in den folgenden Jahren Angestellte zum Sortieren der Eier, Verladearbeiter und einen LKW-Fahrer beschäftigen. Sein jährliches Nettoeinkommen beläuft sich inzwischen auf 90.000 Yuan und ihm gehören feste Anlagewerte in Höhe von 400.000 Yuan.

Am Beispiel des Beihang-Marktes wird die strukturelle Veränderung der Märkte im Verlauf des Reformprozesses deutlich. Waren zunächst nur lokale Bauern und ein sehr begrenztes Güterangebot auf den Märkten zu finden, so diversifiziert sich der Anbieterkreis und das Güterangebot rasch und umfaßt auch bald nicht-landwirtschaftliche Produkte. Zwischen den spezialisierten Märkten und den Märkten für den Verkauf landwirtschaftlicher und Nebengewerbesprodukte in den Städten und ländlichen Gebieten sowie den spezialisierten Haushalten und privaten Handels- und Transportunternehmen, aber auch staatlichen und kollektiven Produktions- und Handelseinheiten, bildet sich ein Handelsnetzwerk, das neben dem staatlichen Vermarktungssystem zunehmend an Bedeutung gewinnt. So besteht entprechend den Angaben im JAHRBUCH DER WIRTSCHAFTSSTATISTIK DER PROVINZ LIAONING (1987),S. 206 zwischen den 13 Großhandelsmärkten in der Provinzhauptstadt Shenyang bereits ein Informationsnetz, an das 1.582 Wirtschaftseinheiten im Produktionsbereich, spezialisierte Haushalte und private Transport- und Handelsunternehmen in 27 Provinzen, Städten und autonomen Regionen angeschlossen sind. Auf dem Großhandelsmarkt für landwirtschaftliche und Nebengewerbeprodukte in Shenyang Südbahnhof setzt sich beispielsweise 1986 der überwiegende Teil des Güterangebots aus Produkten anderer Provinzen zusammen, die über horizontale Wirtschaftsvereinbarungen den Großhandelsmarkt beliefern.

Wie in den beiden obigen Abschnitten gezeigt wurde, ist mit der Einführung individueller Entscheidungs- und Verfügungsrechte in der Produktion und Vermarktung nicht nur eine Ausweitung der Märkte verbunden, sondern auch ihre strukturelle Veränderung. Die Zulassung regionaler Preisunterschiede sowie die Öffnung des Ferngüterverkehrs und der Großhandelsmärkte bieten den Bauern Anreize zur Spezialisierung im Produktions- und Transportbereich und tragen zur Entstehung eines privaten Handelsnetzes bei.

Die zunehmende Bedeutung von Märkten als Koordinationsmechanismus wirtschaftlicher Aktivitäten führt jedoch zu einer Reihe von Problemen in einem Wirtschaftssystem, das bestimmte Elemente der zentralen Planung weiter beibehält. Im folgenden Abschnitt werden die Wirkungen eines dualen Preissystems näher analysiert.

5.3.3. Steigende Bedeutung der Märkte und Probleme des dualen Preissystems

Neben der rasch zunehmenden Zahl der Märkte und ihrem sich ausweitenden Handelsvolumen weist auch die steigende Relation des Marktverkaufs am gesamten gesellschaftlichen Einzelhandelsverkauf auf die wachsende Bedeutung der Märkte hin. Der Anteil des Marktverkaufs steigt in Gesamtchina von 7 % im Jahre 1979 auf 17,3 % im Jahre 1987; in der Provinz Liaoning erhöht sich dieser Anteil von 2,3% auf 16,1 % bis 1986[18].
Auch die Erhöhung der durchschnittlichen Pro-Kopf-Ausgaben für Käufe von landwirtschaftlichen und Nebengewerbeprodukten auf den städtischen Märkten von 38 Yuan im Jahre 1981 auf 152,28 Yuan im Jahre 1986 entsprechend dem WIRTSCHAFTSJAHRBUCH CHINAS (1986),S. V-236 zeigt die wichtige Funktion der Märkte für die Versorgung der städtischen Bevölkerung. Dies wird auch durch den Zuwachs des prozentualen Anteils der auf den Märkten von städtischen Konsumenten gekauften Mengen an der Gesamtmenge bestimmter Lebensmittel deutlich. Wie aus der Tabelle 6 hervorgeht, verdoppelt sich dieser Anteil für den gesamten Einkaufskorb in den Jahren 1984 - 1986 von 16,8 %

auf 36,4 %, mit deutlicher Zunahme der Verkaufsmengen bei Gemüse, Fleisch und Fisch.

Tabelle 6: **Anteil der auf städtischen Märkten gekauften Mengen bestimmter landwirtschaftlicher Produkte an der Gesamtmenge (in Prozent)**

	1984	1985	1986
Gemüse	41,7	71,1	73,5
Schweinefleisch	13,3	43,9	51,6
Rind- und Hammelfleisch	31,0	50,0	52,2
Geflügel	55,6	70,4	68,8
Eier	30,2	54,4	59,3
Fisch und Garnelen	35,0	57,6	57,4
Gesamter Einkaufskorb	16,8	33,7	36,4

Quelle: BRU (1987), Nr. 25, S. 28. Die Daten basieren auf einer Stichprobenuntersuchung in 106 Städten und 140 Kreisen.

Die Reform des staatlichen An- und Verkaufs landwirtschaftlicher Produkte durch den Staat und die Ausweitung der Märkte verändert auch den Anteil am gesellschaftlichen Aufkaufswert, für den staatliche Preise in Form von Listen-, Überquoten- oder Verhandlungspreisen gelten, während der Anteil der Produkte zu Marktpreisen steigt. Noch 1978 werden 84,7 % der landwirtschaftlichen und Nebengewerbeprodukte zum staatlichen Listenpreis, 7,9% zum Überquotenpreis und 1,8 % zum Verhandlungspreis vom Staat gekauft, nur 5,6 % dagegen zum Marktpreis. Diese Situation verändert sich bis 1984 insoweit, als jeweils ein Drittel über die ersten zwei Preiskategorien, 14,4 % zum Verhandlungspreis und 18,1 % zum Marktpreis verkauft werden. Da ein Einfluß der Bauern auch auf Verhandlungspreise besteht, bedeutet die Einbeziehung dieser Preiskategorie, daß 1984 bereits für ein Drittel des Verkaufs landwirtschaftlicher Produkte die Preise nicht mehr vom Staat festgelegt werden (Vgl. Tab. 5.11 im Anhang).

Mit der Freigabe der Preise für Fleisch, Geflügel, Eier und Gemüse sowie für aquatische Produkte im Jahre 1985 wird der Umfang der staatlichen Preisfestsetzung weiter zurückgenommen.

Nach der Preisfreigabe steigt das Preisniveau auf den Märkten allerdings deutlich an. Während der Preisanstieg im Jahre 1984 im Vergleich zur Vorjahresperiode erst 0,45% beträgt, erhöhen sich die Preise auf den freien Märkten im Jahre 1985 um 18,4 %. Als Gründe für die Preissteigerungen werden im WIRTSCHAFTSJAHRBUCH CHINAS, (1986),S. VI-236 der Einfluß staatlicher Preiserhöhungen und ein aufgrund von Naturkatastrophen reduziertes Angebot bestimmter Produkte wie Gemüse genannt sowie die Verteuerung der landwirtschaftlichen Produktionsmittel. Ein weiterer Grund wird darin gesehen, daß der staatliche Handel die mit der gestiegenen Kaufkraft vergrößerte Nachfrage nicht befriedigen konnte und sich deshalb die Nachfrage auf den Märkten erhöhte.

Wie dem JAHRBUCH DER WIRTSCHAFTSSTATISTIK DER PROVINZ LIAONING (1986),S. 228-230 zu entnehmen ist, steigen in der Provinz die Gemüsepreise im 2. Quartal des Jahres 1985 (nach Freigabe der Preise) im Vergleich zur Vorjahresperiode um 34,5 %, im 3. Quartal 1985 sogar um 76,2 % und auch im 4. Quartal beträgt der Preisanstieg noch 40%. Dagegen sinken die Marktpreise für Eier (nach Freigabe der Preise) aufgrund des um 55,5 % erhöhten Angebots gegenüber dem Vorjahr auf das niedrigste Niveau seit 1978. Nach der Öffnung des Fleischmarktes im Jahr 1985 steigt einerseits das Angebot (in Liaoning z.B. 1985 um 70,1 %), und andererseits entsteht eine Konkurrenzsituation zwischen den staatlichen und privaten Anbietern. Die auf Schlachtung und Vermarktung von Schweinefleisch spezialisierten Haushalte in der Provinz Liaoning kaufen die Tiere direkt in den Dörfern zu höheren Preisen als die staatlichen Nahrungsmittelgesellschaften auf und bieten auf den Märkten qualitativ besseres und frisches Fleisch an. Da das Angebot von Schweinefleisch in den staatlichen

Verkaufsstellen überwiegend aus Gefrierfleisch und fettem Fleisch besteht, sinkt der Fleischabsatz der staatlichen Geschäfte, während der Marktverkauf von Schweinefleisch weiter steigt.

Im Jahr 1986 steigt nach Angaben im WIRTSCHAFTSJAHRBUCH CHINAS (1987), S.VI-169 das Preisniveau auf den Märkten auf Landesebene gegenüber den Durchschnittsspreisen des Vorjahrs weiter um 6,96 %. Die Preise einiger Produkte wie Erdnüsse, lebende Hühner, geschälter Reis, Schaffleisch etc. erhöhen sich dabei gegenüber dem staatlichen Einzelhandelspreisen um 20 % und mehr.

In der Provinz Liaoning sinken im ersten Halbjahr 1986 die Preise für Schweinefleisch, Eier, Geflügel, Gemüse und andere Produkte, so daß das gesamte Preisniveau um 4,8 % niedriger liegt als in der Vorjahresperiode. Da die Bauern trotz des niedrigen Preises für Eier Schwierigkeiten bei der Vermarktung haben, werden regional Maßnahmen zur Absatzsicherung beschlossen. In den Städten Shenyang und Anshan beispielsweise müssen die Nahrungsmittelgesellschaften Eier zum niedrigsten Preis in großer Menge kaufen. Im zweiten Halbjahr 1986 steigt der Preisindex entsprechend dem JAHRBUCH DER WIRTSCHAFTSSTATISTIK DER PROVINZ LIAONING (1987),S. 205-207 um 12,6 %. Auch im Jahre 1987 hält der Preisanstieg auf den freien Märkten weiter an.

Diese Entwicklung wird auch am Beispiel der in der Tabelle 7 dargestellten Veränderung der Durchschnittspreise ausgewählter landwirtschaftlicher Produkte auf dem Beihang-Markt (Shenyang, Provinz Liaoning) im Zeitraum 1981 - 1987 deutlich.

Tabelle 7: **Entwicklung der Durchschnittspreise ausgewählter landwirtschaftlicher Produkte auf dem Beihang-Markt im Zeitraum 1981 - 87 (Yuan/Kg)**

Produkt	Jahr 1981	Jahr 1987	Veränderung der Durchschnittspreise (Vorjahr = 100) Jahr 1982	Jahr 1983	Jahr 1984	Jahr 1985	Jahr 1986	Jahr 1987
Kartoffeln	0,29	0,62	79	139	125	93	103	163
Bataten[1)]	0,38	0,87		84	94	163	82	218
Mais	0,31	0,50	123	89	106	103	130	104
Sojabohnen	0,91	1,30	92	96	101	101	120	130
Gr.Bohnen	1,38	2,40	109	100	90	87	250	81
Erdnüsse	1,69	1,60	83	96	119	88	114	100
Sonnenblumen-kerne	1,40	1,30	79	100	100	107	97	114
Tabakblätter	2,80	5,00	107	100	150	111	100	100
Schweinefl.	2,30	4,20	104	100	121	121	113	106
Rindfleisch	2,80	5,00	100	114	106	118	110	114
Schaffleisch	2,80	6,50	100	114	109	120	114	135
Hühnerfl.	2,40	4,50	104	104	135	91	104	135
Eier	3,10	4,10	105	102	102	97	110	117

1) Da der Preis für 1981 nicht vorliegt, wird hier der Preis für 1982 angegeben.

Quelle: Angaben der Marktverwaltung des Beihang Marktes in Shenyang, Provinz Liaoning am 16.11.87

Im Gegensatz zu den staatlich festgelegten Preisen spiegeln die Marktpreise tatsächliche Knappheiten wider. Bei einem dualen Preissystem mit staatlichen und Marktpreisen können die staatlichen Aufkaufspreise ihre Anreizfunktion nicht erfüllen, wenn sie unter dem Niveau der Marktpreise liegen. 1987 werden die Aufkaufspreise für landwirtschaftliche und Nebengewerbeprodukte vom Staat erneut um 12 % angehoben. Als Folge davon steigen auch die Einzelhandelspreise weiter um 7,2 % an, da die Preissteigerung bei Nahrungsmitteln nach CHINA AKTUELL (1988),S. 196- 197 rd. 64 % der gesamten Preiserhöhung im Einzelhandel ausmacht.

Staatliche Preiserhöhungen wirken sich auf Marktpreise aus, wenn für daselbe Produkt unterschiedliche Preiskategorien gelten. So steigt nach Angaben im WIRTSCHAFTSJAHRBUCH CHINAS (1986),S. VI - 237 der Marktpreis für Schaffleisch beispielsweise in Beijing im Jahr 1985 von 1,30 Yuan auf 2,20 Yuan an, nachdem der staatliche Handel den Preis von 1.00 Yuan auf 2,00 Yuan pro Pfund erhöht hat.

Die Entwicklung auf dem Schweinefleischmarkt zeigt, wie schnell die Preisreform auf ihre Grenzen stoßen kann. Auch aufgrund fehlender Preisanreize[19] erreicht die Getreideproduktion 1985 bis 1987 nicht das Niveau des Jahres 1984, und der Mangel an Viehfuttergetreide führt zur Verteuerung der Viehzucht. Da die niedrigen staatlichen Aufkaufspreise für Schweinefleisch die Bauern davon abhalten, die Schweinezucht zu intensivieren, sinkt das Fleischangebot kontinuierlich, während gleichzeitig die Nachfrage nach Schweinefleisch zunimmt. WIENS (1987),S. 375-377 weist darauf hin, daß die Erhöhung der staatlichen Aufkaufspreise für Schweinefleisch um 24 % im Mai 1985 zu spät für eine Beeinflussung des Angebots des laufenden Jahres erfolgt. Da Angebot und Nachfrage für Schweinefleisch sehr preiselastisch sind, steigt jedoch das Angebot rasch und führt zu Überschüssen. Auch die Viehfutternachfrage steigt 1986 weiter, kann jedoch nicht befriedigt werden. Während der Marktpreis für Viehfutter sich um 35 % erhöht, sinken die Aufkaufspreise des Staates für lebende Schweine in Relation zu anderen landwirtschaftlichen Produkten. Nach WIENS beginnt Mitte 1986 der Abschwung des "hogcycle", und er antizipiert einen Rückgang der Fleischproduktion für das Jahr 1987. Das knappe Angebot führt 1987 zur starken Verteuerung des Schweinefleisches, begleitet von anderen Preissteigerungen für Geflügel, Eier aber auch Gemüse und Fisch.

Da die Einkommensentwicklung der städtischen Beschäftigten nicht mit der Preissteigerung Schritt hält und die Unzufriedenheit in der Bevölkerung zunimmt, erfolgt in einigen größeren Städten im Jahr 1987 ein Rückgriff auf Rationierung und Festsetzung von Höchstpreisen in den staatlichen Verkaufsstellen für Schweinefleisch, aber auch für Eier und Zucker. In Shenyang beispielsweise beträgt im November 1987 die Rationierungsmenge pro Person 1 Kilo Schweinefleisch und 1 Kilo Eier pro Monat zu einem Preis von 2,30 Yuan. Auf dem Beihang-Markt steigt darauf der Marktpreis für Schweinefleisch bei geringem Angebot und starker Nachfrage auf 4,20 Yuan pro Kilo Schweinefleisch und 4,10 Yuan pro Kilo Eier. CHINA AKTUELL (1987), S.932-933 berichtet, daß Anfang Dezember auch in Beijing Schweinefleisch sowie Zucker rationiert wird; Tianjin und Shanghai folgten.

Nach chinesischen Einschätzungen in CHINA AKTUELL (1988),S. 26 zeigen das mangelnde Angebot wichtiger landwirtschaftlicher Produkte und die daraus resultierenden starken Preiserhöhungen, daß einerseits die Entwicklung der Produktion zu langsam und andererseits die Nachfrage für diese Produkte zu schnell gestiegen ist. Niedrige Aufkaufspreise für Getreide, Schweine, Baumwolle und Zucker u.a. Produkte bieten den Bauern nicht genügend

Produktionsanreize, während die durch Subvention gestützten Preise im staatlichen Lebesmitteleinzelhandel den Konsum erhöhen.

Die chinesische Regierung sieht zwar in einer umfassenden Reform des Preissystems die Voraussetzung für weitere wirtschaftliche Erfolge, und sie weist im BESCHLUSS DES ZENTRALKOMITEES DER KPCH ÜBER DIE REFORM DES WIRTSCHAFTSSYSTEMS von 1984 darauf hin, daß zahlreiche Warenpreise weder den Warenwert noch die Beziehungen zwischen Angebot und Nachfrage auf dem Markt widerspiegeln. Auch das Problem der Subventionierung, die zur zunehmenden Belastung des Staatshaushalts führt und die falsche Verhaltensanreize für die Konsumenten setzt, wird erkannt, wenn die Regierung erklärt, daß die Absatzpreise der wichtigsten Agrar- und Nebengewerbeprodukte niedriger sind als die staatlichen Ankaufspreise. Mit der Durchsetzung der Preisreform sind jedoch starke Preisschwankungen und Preissteigerungen verbunden, die politsch destabilisierend wirken. Mit einer Freigabe aller landwirtschaftlichen Preise wird demnach erst zu rechnen sein, wenn die städtische Bevölkerung nach Produktivitätsfortschritten im industriellen Sektor über höhere Einkommen verfügt.

Für die städtischen Konsumenten hat die Landwirtschaftsreform neben der Erhöhung der Produktvielfalt und Verbesserung der Produktqualität auch negative Wirkungen in Form von relativ hohen Preissteigerungen zur Folge. Inwieweit die Reformmaßnahmen die Einkommen und den Lebensstandard der ländlichen Bevölkerung verändern, wird im letzten Kapitel näher untersucht.

6. Einfluß veränderter Verfügungsrechte auf die Einkommensverteilung

Zu den zentralen Reformmaßnahmen in der chinesischen Landwirtschaft zählt die Umgestaltung staatlicher und kollektiver in individuelle Nutzungs- und Handlungsrechte. Mit jeder Neustrukturierung der Rechte sind neben allokativen Effekten stets auch distributive Folgen verbunden, da die Anfangsausstattung durch die Umverteilung bestehender Rechte verändert wird.

Die distributiven Wirkungen einer veränderten Rechtestruktur spiegeln sich in der neuen Einkommens- und Vermögensverteilung in den ländlichen Gebieten wider.

Im folgenden wird untersucht, wie die individuellen Einkommensrechte vor der Reform ausgestaltet sind, welche Einkommensrechte die Bauern im Verlauf des Reformprozesses erhalten und wie diese die Entwicklung der Einkommen und die Einkommensverteilung beeinflussen.

6.1 Individuelle Einkommensrechte in den kollektiven Produktionsorganisationen und Entwicklung der Pro-Kopf-Einkommen vor der Reform

Die Einkommensrechte der Beschäftigten in der Landwirtschaft bestehen vor der Reform aus einem Anspruch an der kollektiven Verteilung der Produktionsgruppe, der sich aus dem anteiligen Ertrag aus der eigenen Arbeitskraft und dem Einsatz des kollektiven Produktivvermögens zusammensetzt.

Die Höhe der kollektiv erwirtschafteten Erlöse ist sowohl abhängig von den staatlichen Preisen, zu denen die landwirtschaftlichen Produkte vom Staat aufgekauft werden als auch von den Einnahmen aus dem kollektiven Nebengewerbe[1].

Der kollektive Ertrag wird durch Abzug der Kosten ermittelt, zu denen Produktions- und Verwaltungskosten der Produktionsgruppe zählen, die Landwirtschaftssteuer und die kollektive Akkumulation, die zweckgebundene Fondsmittel für die erweiterte Reproduktion und Sozialleistungen umfaßt[2].

Die Entwicklung der Landwirtschaftssteuer bis zur Reform 1978 führt nach DONNITHORNE (1967), S.338-341 und KRAUSS (1979), S.461 über einen anfänglichen proportionalen Steuersatz von 15,5 % im Jahr 1958 zu einem kontinuierlichen Rückgang des Steuerniveaus auf 6 % im Jahr 1971. Die Höhe der Landwirtschaftssteuern nimmt in den folgenden Jahren weiter ab und beträgt nach Angaben in BRU (1979), S.12 im Jahr 1977 noch 3,35 % vom Gesamtwert der industriellen und landwirtschaftlichen Produktion in den ländlichen Gebieten. DONNITHORNE (1967), S.339 weist darauf hin, daß das Steuerniveau von Provinz zu Provinz variiert, da regionale und lokale Regierungsorganisationen unterschiedliche Steuersätze und auch zusätzliche Agrarsteuern erheben können.

Stärker als die Landwirtschaftssteuer beschränkt der Umfang der kollektiven Akkumulation die Höhe des individuellen Einkommens der Gruppenmitglieder. Der Umfang des Akkumulationsfonds steigt in vielen kollektiven Produktionsorganisationen ab Mitte der 60er Jahre[3]. In der kulturrevolutionären Modellbrigade Dazhai beispielsweise beträgt im Jahre 1971 der Anteil der kollektiven Akkumulation am Bruttoertrag 24%[4]. Auch AZIZ (1975), S.5 weist auf den mit 15 bis 20 % hohen Anteil des Akkumulationsfonds in den von ihn besuchten Volkskommunen hin.

Obwohl die staatlichen Preise für industrielle Inputs in der landwirtschaftlichen Produktion nur geringfügig erhöht werden, steigen die Produktionskosten in Relation zu den Erlösen bis 1978 und führen zu einer Stagnation der ländlichen Einkommen.

LARDY (1983), S.87-88 verweist auf eine Untersuchung von 2.162 landwirtschaftlichen Produktionsgruppen, in denen zwar die Getreideerträge im Zeitraum 1965 - 1977 zunehmen, gleichzeitig jedoch die Produktionskosten um 54 % steigen. Zu einem vergleichbaren Ergebnis kommt eine weitere Untersuchung von 1.296 Produktionsgruppen, in der die Produktionskosten und Aufkaufspreise verglichen werden. So betragen die Produktionskosten für Getreide im Jahre 1976 pro 50 Kilo 11,6 Yuan, während der Aufkaufspreis 10,74 Yuan ausmacht; die Produktionsgruppen mußten also einen Nettoverlust hinnehmen. Auch in einer dritten Untersuchung von 1977 in 301 Produktionsgruppen sind die Kosten im Baumwollanbau derart hoch, daß durch die Einnahmen aus dem Verkauf an den Staat die Produktionskosten nicht gedeckt werden können. Nach LARDY werden diese Verluste der Produktionsgruppen durch Veränderung der internen Reinvestition und des kollektiven Konsums, insbesondere durch eine Reduzierung der individuellen Einkommen verdeckt. Diese Situation spiegelt sich im erstgenannten Untersuchungsbeispiel wider, in dem der Wert eines Arbeitstages, der im nationalen Durchschnitt 0,80 Yuan - 0,87 Yuan beträgt, hier um 20 % auf 0,56 Yuan zurückgeht.

Da eine statistische Erfassung bis 1978 nur sehr begrenzt erfolgt, existieren nur wenige Daten über die Entwicklung der Einkommen aus der kollektiven Verteilung in den Untersuchungseinheiten in der Provinz Liaoning. Die Arbeitskräfte in den kollektiven Produktionsorganisationen erhalten überwiegend Arbeitspunkte nach einem Grundpunktesystem zugeteilt. In der Regel werden pro Arbeitstag durchschnittlich 10 Arbeitspunkte festgelegt, wobei in manchen Einheiten weibliche Arbeitskräfte 7 - 9 Arbeitspunkte und männliche Arbeitskräfte 12 - 15 Arbeitspunkte (Shihugou/1985) und sogar bis zu 20 Punkten (Houshi/1985) erreichen können; in anderen Einheiten umfaßt die Einstufung der Arbeitskräfte nur eine Skala von 6 - 10 Arbeitspunkten (Faku/1985).

Der durchschnittliche Wert eines Arbeitstages (Basis 10 Arbeitspunkte) variiert in den einzelnen Einheiten abhängig vor allem von der landwirtschaftlichen Ressourcenausstattung und dem damit vebundenen kollektiven Einkommensniveau. Während im Gemüseanbau für das städtische Zentrum Shenyang der Wert eines Arbeitstages relativ hoch ist und beispielsweise in der Brigade Bajiazi in der Periode 1970 - 1975 2,40 Yuan ausmacht, beträgt dieser in den Kreisen Kuandian und Fuxin 0,75 und 0,64 Yuan. Hier sind die Getreideanbaubedingungen wenig vorteilhaft, und mit steigenden Produktionskosten geht der Wert der Arbeitspunkte in diesen Einheiten zurück. In einigen Gemeinden der Kreise Kuandian und Faku kann vor der Reform sogar kein Überschuß aus der kollektiven Produktion erwirtschaftet werden; diese Einheiten sind von der staatlichen Bereitstellung von Getreiderationen und Saatgut abhängig.

Die Stagnation der individuellen Einkommen aus der kollektiven Verteilung spiegelt sich in der Entwicklung des durchschnittlichen Wertes eines Arbeitstages wider (Vgl. Tab. 6.1 im Anhang). Zwar steigt dieser in Bajiazi noch um 0,23 Yuan zwischen 1970 - 1977, doch in Guanlipu und Daweijia beträgt die Steigerung lediglich 0,09 und 0,02 Yuan. Die von SONG LINFEI (1984), S.112 untersuchte Entwicklung des durchschnittlichen Wertes eines Arbeitstages im Kreis Nantong, Provinz Jiangsu, zeigt einen ähnlichen Trend.

Daten über die individuellen Durchschnittseinkommen in den Perioden 1970 - 1975 und 1975 - 1980 liegen für einige Einheiten vor und ermöglichen einen Vergleich des Einkommensniveau in diesen Perioden. So weisen die durchschnittlichen jährlichen Pro-Kopf-Einkommen aus kollektiver Verteilung nur relativ geringe Steigerungsraten in den letzten Jahren vor der Reform auf (Vgl.Tab. 6.2 im Anhang).

Auf die Einkommenssituation in den ländlichen Gebieten Gesamtchinas im Jahre 1977 geht das Dokument BESCHLUSS DES ZENTRALKOMITEES DER KPCH ÜBER EINIGE FRAGEN ZUR BE-

SCHLEUNIGUNG DER LANDWIRTSCHAFTLICHEN ENTWICKLUNG von 1978 ein. Danach ist 1977 die durchschnittliche Getreideration pro Person geringer als im Jahre 1957, und für mehr als 100 Mio. Bauern besteht eine Getreidemangelsituation. Das Durchschnittseinkommen pro Kopf wird in diesem Dokument mit rd. 60 Yuan angegeben, doch darauf verwiesen, daß in fast einem Viertel der Produktionsgruppen das durchschnittliche Jahreseinkommen nur 40 Yuan pro Kopf beträgt.

Der geringe wirtschaftliche Erfolg der kollektiven Produktionsorganisationen wird auch durch weitere Daten im oben aufgeführten Dokument deutlich. So soll die durchschnittliche Akkumulation pro Brigade im Jahr 1977 noch nicht einmal 10,000 Yuan erreichen und manche Gebiete nicht über ausreichende Überschüsse für die Aussaat verfügen.

Die Entwicklung der durchschnittlichen jährlichen Pro-Kopf-Einkommen aus kollektiver Verteilung für Gesamtchina im Zeitraum 1970 - 1981 zeigt die folgende Tabelle.

Tabelle 1: **Pro-Kopf-Einkommen aus kollektiver Verteilung im Zeitraum 1970 - 1981 in Gesamtchina (in Yuan)**

JAHR	YUAN	JAHR	YUAN
1970	59,5	1976	62,8
1971	62,9	1977	65,0
1972	61,8	1978	74,0
1973	65,4	1979	83,4
1974	65,8	1980	85,9
1975	63,2	1981	101,,3

Quelle: ZGNYNJ (1980),S.41; ZGJJNJ (1981), S.IV-258; ZGTJNJ (1981),S.198

Die Einkommen in den ländlichen Gebieten betragen danach im Jahre 1970 rd. 60 Yuan und steigen bis 1977 lediglich auf 65 Yuan an.

Neben den individuellen Einkommensrechten an der kollektiven Verteilung haben die Bauern durch "private" Wirtschaftsaktivitäten Einkommensrechte an der Nutzung der Privatparzellen, dem häuslichen Nebengewerbe und Verkäufen auf Dorfmärkten. Allerdings ist eine Garantie dieser "drei kleinen Freiheiten" bis 1978 nicht gegeben, so daß die Einkommen aus diesen Aktivitäten relativ niedrig bleiben.

CROOK (1975), S.404 schätzt den Anteil der Einkommen aus privaten Nebenerwerbstätigkeiten (bei einer durchschnittlichen Größe der Privatparzellen von 5 %) auf 5 - 10 %, während in den zehn von BURKI (1969), S.40 untersuchten Kommunen Anfang der 60er Jahre dieser Anteil noch 19,3 % (bei einer Größe der Privatparzellen von 7,3 %) ausmacht.

Obwohl in den meisten Untersuchungseinheiten in der Provinz Liaoning die häusliche Nebenproduktion durch politische Kampagnen vor der Reform ebenfalls sehr stark eingeschränkt wird, weisen einige Dörfer und Gemeinden mit 22 - 36 % einen höheren Anteil am gesamten Pro-Kopf-Einkommen auf (Kreis Fuxin/1985, Kommune Baoli/1985, Kommune Daweijia/1985).

Wie die Entwicklung der Pro-Kopf-Einkommen vor der Reform zeigt, war der Zusammenschluß der Bauern in kollektive Produktionsorganisationen nur mit geringen individuellen Einkommensvorteilen für sie verbunden.
Welche Einkommensrechte die landwirtschaftlichen Produzenten durch die Einführung von Haushaltsvertragssystemen erhalten und inwieweit durch die individuelle Bewirtschaftung kollektiver Ressourcen die ländlichen Pro-Kopf-Einkommen beeinflußt werden, wird im folgenden Abschnitt untersucht.

6.2 Einkommensrechte und Einkommensentwicklung bei häuslicher Bewirtschaftung kollektiver Ressourcen

Mit der Übertragung von Bodennutzungsrechten erhalten die Haushalte beim Baogan dao hu-System gleichzeitig individuelle Einkommensrechte am kollektiven Bodeneigentum.

Einen Teil der landwirtschaftlichen Produktionserträge aus der Bodennutzung müssen die Bauern über Verkaufsverträge an den Staat zu festgelegten Preisen abliefern, die in der Regel unterhalb der Marktpreise liegen. Für die über die staatlichen Ankaufsquoten hinausgehenden Überschußprodukte erhalten die Bauern das Recht der individuellen Vermarktung.

Neben den staatlichen Preisen und dem Umfang der Ankaufsquoten bestimmen die Höhe der Landwirtschaftssteuern sowie die Abgaben an das Kollektiv, die als Verwaltungskosten die finanzielle Unterstützung für Dorf- und Produktionsgruppenkader umfassen sowie Abgaben für den Sozialfonds (Soziale Wohlfahrt, Kultur, Gesundheit) und den Akkumulationsfonds (Infrastrukturarbeiten wie Straßenbau etc.), das verbleibende Nettoeinkommen des Haushalts.

<u>Landwirtschaftssteuern und Abgaben an das Kollektiv variieren pro Haushalt abhängig von der Größe der zugeteilten Nutzungsfläche.</u> Der landwirtschaftliche Steuersatz, der mittels eines fiktiven Durchschnittsertrages ermittelt wird, bleibt für durchschnittlich drei Jahre konstant. Im Jahre 1978 beträgt der prozentuale Anteil der Landwirtschaftssteuern am verteilten Nettoeinkommen entsprechend den Angaben in CHAI (1985), S.86-88 rd. 3,4 %.

<u>In den Untersuchungseinheiten in der Provinz Liaoning ist die Höhe der Landwirtschaftssteuer auch abhängig vom jeweiligen Anbauprodukt.</u> So wird beispielsweise im Kreis Jin für Getreide eine Landwirtschaftssteuer von 3 - 5 Yuan und für Gemüse von 18 Yuan pro Flächeneinheit Mu von den Bauern erhoben (Jin/1985). Auch im Dorf Yingshou (Bezirk Yuhong) wird zwischen einer Landwirtschaftssteuer für Reisfelder von 7 Yuan/Mu und für Gemüsefelder von 13 Yuan/Mu unterschieden. Im Dorf Huanlixing (Kreis Kuandian 1987) variiert die Steuer entsprechend der Bodenqualität und beträgt zwischen 5 - 9 Yuan/Mu.

Die kollektiven Abgaben umfassen insbesondere Zahlungen an den Akkumulationsfonds und den Wohlfahrtsfonds, aber auch Verwaltungsgebühren und andere lokale Abgaben. In den meisten Untersuchungseinheiten in der Provinz Liaoning werden die kollektiven Abgaben ebenfalls pro Flächeneinheit, aber auch pro Kopf oder pro Arbeitskraft berechnet.

Im Dorf Dagujia (Gemeinde Guanlipu, städtischer Außenbezirk Sujiatun) beträgt die Höhe der kollektiven Abgaben pro Mu im Jahre 1987 insgesamt 25 Yuan und setzt sich aus dem Akkumulationsfonds (10 Yuan), dem Wohlfahrtsfonds (5 Yuan), Verwaltungsgebühren (4 Yuan) und sonstigen Abgaben (6 Yuan) zusammen. Im Kreis Kuandian müssen die Bauern in manchen Einheiten pro Kopf 5 Yuan und pro Arbeitskraft 10 Yuan als kollektive Abgaben leisten, und in anderen Einheiten werden pro Kopf insgesamt 12 Yuan erhoben. In einem Teil der Einheiten besteht seit den letzten Jahren außerdem die Praxis, die Gehälter der Kader auf Dorfebene aus Gewinnen und Abgaben der ländlichen Industriebetriebe zu finanzieren, so daß der Umfang der kollektiven Abgaben dort zurückgegangen ist (Xi/1987, Baiyudou/1987, Kuandian/1987, Tabenzhalan/1987).

Die Höhe der kollektiven Abgaben wird abhängig von den lokalen wirtschaftlichen Bedingungen in den Dörfern festgelegt. Um das verfügbare Einkommen der ländlichen Haushalte zu erhöhen, reduzieren die Einheiten insbesondere in den ökonomisch wenig entwickelten Gebieten den Umfang der kollektiven Abgaben. Damit die Haushalte notwendige Investitionen durch individuelle Akkumulation selbst durchführen können, wird in den meisten Einheiten vor allem der Anteil des Akkumulationsfonds an den gesamten lokalen Abgaben reduziert. Mit der Auflösung der Produktionsgruppen gehen weiterhin die Verwaltungskosten zurück, da Gehälter der ländlichen Kader der untersten Ebene entfallen.

Tabelle 2: **Verteilung des kollektiven Bruttoeinkommens am Beispiel einiger Dörfer, Gemeinden und Kreise in der Provinz Liaoning, 1979 und 1984 (in %)**

Einheiten	Jahr	Brutto-einkommen	Kosten gesamt	Produktionskosten	Nettoeinkommen	Verteilung des Nettoeinkommens		
						Landwirtschaftssteuer	Kollektive Abgaben	Einkommensanteil der Haushalte
Kreis Fuxin	1979	100	42	39	58	5,0	13,9	39,1
	1984	100	26	24	74	1,5	4,0	68,5
Gemeinde Tabenzhalan	1979	100	37,6	34,6	62,4	4,0	14,6	43,8
	1984	100	18,4	17,9	81,6	0,6	3,3	77,7
Dorf Baiyudou	1979	100	k.A.	43,6	56,0	2,0	16,8	37,2
	1984	100	k.A.	12,8	87,2	0,7	3,0	83,5
Kreis Kuandian	1979	100	36	33	64	4,7	13,8	45,5
	1984	100	24	21	76	1,7	2,2	72,1
Gemeinde Dachuantou	1979	100	46	41	54	7,2	12,1	34,7
	1984	100	15	14	85	1,1	2,4	81,5
Kreis Faku Gemeinde Sijiazi	1979	100	32,6	29,8	67,4	3,8	21,9	41,7
	1984	100	23,4	22,5	76,6	1,3	5,5	69,8
Dorf Sijiazi	1979	100	28,8	25	71,2	3,1	22,6	45,5
	1984	100	20,4	17,4	79,6	1,2	6,6	71,8
Kreis Kleinstadt Daweijia	1979	100	31,7	30,5	68,0	5,1	23,1	39,8
	1984	100	52,5	17,8	47,5	1,6	4,2	41,7

Quelle: Eigene Erhebungen 1985

Die Konstanz der staatlichen Landwirtschaftssteuer über mehrere Jahre zusammen mit sinkenden Abgaben an das Kollektiv erhöhen den Anteil der Haushalte am gesamten Bruttoeinkommen. Diese Entwicklung wird bei einem Vergleich des prozentualen Einkommensanteils der Haushalte am Bruttoeinkommen auf Dorf-, Gemeinde- und Kreisebene der Jahre 1979 und 1984 deutlich. Das Jahr 1979 spiegelt dabei die Ergebnisse aus der kollektiven Verteilung in den Produktionsgruppen und das Jahr 1984 die Verteilungssituation nach Einführung des Baogan dao hu-Systems wider (Vgl. Tab. 2).

Der prozentuale Anteil der kollektiven Abgaben und der Landwirtschaftssteuern geht in den ausgewählten Untersuchungseinheiten um durchschnittlich rd. 15 % zurück und trägt zusammen mit den gesunkenen Produktionskosten zur Steigerung des an die Haushalte verteilten Einkommensanteils bei.

CHAI (1985), S.88 weist auf eine Untersuchung in 100 Dörfern Gesamtchinas hin, nach der in 55 % der Dörfer die Abgaben an das Kollektiv entweder drastisch gekürzt oder praktisch nicht mehr existieren.

In Gesamtchina erhöht sich der prozentuale Einkommensanteil der Haushalte im genannten Zeitraum sogar um 16 % auf insgesamt 69 % im Jahr 1984.

Der staatliche Steueranteil geht von 3,35 % auf 1,8 % und der kollektive Abgabenteil von 9,3% auf 2,8% zurück. Die Reduzierung des kollektiven Akkumulationsfonds von 6,76 % auf 1,3 % ist am deutlichsten.

Tabelle 3: Verteilung der kollektiven Bruttoeinkommen in Gesamtchina 1978, 1981 und 1984 (Bruttoeinkommen = 100)

	1978	1981	1984
Gesamtkosten	34,88	31,41	26,6
-Produktionskosten	32,31	28,84	24,2
Nettoeinkommen	65,12	68,59	73,4
Aufteilung des Nettoeinkommens:			
-Steuern	3,35	2,92	1,8
-Anteil, der vom Kollektiv zurückbehalten wird	9,30	6,55	2,8
darunter:			
-Akkumulationsfonds	6,76	3,56	1,3
-Wohlfahrtsfonds	1,63	1,36	0,9
-Kollektivmitgliederanteil	52,59	59,17	68,8

Quellen:
Statistical Yearbook of China 1981, 1982 Hong Kong, S. 200 in CHAI (1985), S. 86; ZGNYNJ (1982), S. 90 - 93 und (1985), S. 233 - 238.

Während also mit der Einführung des Baogao dao hu-Systems eine Steigerung des Einkommensanteils der Haushalte am gesamten Bruttoeinkommen verbunden ist, bleibt zu untersuchen, in welchem Umfang sich durch die individuelle Bewirtschaftung der kollektiven Ressourcen das Pro-Kopf-Einkommen der ländlichen Bevölkerung erhöht.

Seit 1978 existieren chinesische Einkommensstatistiken über das jährliche Pro-Kopf-Einkommen, die auf Stichprobenerhebungen in ländlichen Haushalten basieren.

Die Entwicklung des anteiligen Pro-Kopf-Einkommens aus der individuellen Bewirtschaftung der kollektiven Ressourcen am Gesamteinkommen kann jedoch nur annäherungsweise aufgezeigt werden, da sich im Verlauf des Reformprozesses die Erfassung verändert und eine Vergleichbarkeit der Daten verschiedener Zeitreihen deshalb nur beschränkt möglich ist.

Tabelle 4: **Pro-Kopf-Einkommen aus häuslicher Bewirtschaftung kollektiver Ressourcen in Gesamt-China (in Yuan)**

	1978	**1979**	**1980**	**1981**	**1982**	**1983**
A: **Gesamtes Pro-Kopf-Einkommen**	133,57	160,17	191,33	223,44	270,11	309,77
B: **Pro-Kopf-Eink. a.häusl.Bewirt. koll.Ress.**	88,53	k.A.	108,37	116,20	142,84	168,59

	1983	**1984**	**1985**	**1986**	**1987**
A: **Gesamtes Pro-Kopf-Einkommen**	309,77	355,33	397,60	423,76	462,55
C: **Pro-Kopf-Eink. a.häusl.Bewirt. koll.Ress.**	166,43	186,67	197,62	210,90	214,37

Quellen:
ZGTJNJ (1985), S. 570 -571; (1986), S. 673 -674; (1988), S. 822 - 823.

Die Tabelle 4 gliedert sich in:

A: Gesamtes jährliches Pro-Kopf-Nettoeinkommen 1978 - 1987.

B: Jährliches Pro-Kopf-Nettoeinkommen aus häuslicher Bewirtschaftung kollektiver Ressourcen 1978 - 1983. Vom gesamten Pro-Kopf-Nettoeinkommen werden die Einkommensanteile aus der häuslichen Nebengewerbeproduktion sowie Einkommen aus ökonomischen Verbindungen und nicht-kreditäre Einkommen abgezogen.

C: Jährliches Pro-Kopf-Nettoeinkommen aus häuslicher Bewirtschaftung kollektiver Ressourcen 1983 - 1987. Ab 1983 werden in der Statistik "Einkommen aus häuslicher Bewirtschaftung" die Pro-Kopf-Einkommen aus 13 Einkommensbereichen zusammengefaßt. Die in dieser Statistik aufgeführten Einkommensanteile aus dem Pflanzenanbau und der Forstwirtschaft werden zum "Pro-

Kopf-Nettoeinkommen aus häuslicher Bewirtschaftung kollektiver Ressourcen" addiert.

Wie die Entwicklung der jährlichen Pro-Kopf-Einkommen aus häuslicher Bewirtschaftung kollektiver Ressourcen im Zeitraum 1978 - 1987 zeigt, erhöht sich dieser Einkommensanteil um 242 %. In den ersten Reformjahren trägt die Anhebung der staatlichen Aufkaufspreise wesentlich zur Steigerung des Pro-Kopf-Einkommens aus häuslicher Bewirtschaftung kollektiver Ressourcen bei. Zwischen 1982 - 1985 sind dagegen die gestiegenen Einkommen insbesondere auf die positiven ökonomischen Wirkungen des Haushaltsvertragssystems zurückzuführen. In den letzten zwei Jahren erhöht sich dieser Einkommensanteil nur noch sehr gering.

Auch bei der Befragung in den ausgewählten Untersuchungseinheiten in der Provinz Liaoning ist mit steigender Arbeits- und Bodenproduktivität seit der Einführung individueller Entscheidungsrechte in der Produktion das Pro-Kopf-Einkommen aus häuslicher Bewirtschaftung kollektiver Ressourcen gestiegen.

Ein Beispiel hierfür ist die Entwicklung des Pro-Kopf-Einkommens in einem 5-Personen-Haushalt mit 2 Arbeitskräften in der Gemeinde Dachuantou im Zeitraum 1978 - 1986 (Vgl. Tabelle 6.3 im Anhang). Auch hier verdoppelt sich fast das Pro-Kopf-Einkommen aus der Bewirtschaftung kollektiver Ressourcen, die bis 1981 in den Produktionsgruppen und anschließend durch individuelle Haushalte durchgeführt wird. Die Einführung des Baogan dao hu-Systems ab 1981 in dieser Gemeinde fällt mit einer deutlichen Steigerung dieses Einkommensanteils zusammen. Mit wachsendem Gesamteinkommen geht allerdings der prozentuale Anteil dieses Einkommens aus häuslicher Bewirtschaftung kollektiver Ressourcen von 66,7 % auf 15,2 % zurück.

Ähnlich ist die Entwicklung dieses Einkommensanteils in Gesamtchina (Tab.4); hier sinkt der prozentuale Anteil des Pro-Kopf-Einkommens aus häuslicher Bewirtschaftung kollektiver Ressourcen von 66,3 % im Jahre 1978 auf 46,3% Jahre 1987.

Die Bestimmung des Pro-Kopf-Einkommensanteils aus der häuslichen Bewirtschaftung kollektiver Ressourcen war nur annährungsweise möglich. Insgesamt kann jedoch von einer wesentlichen Steigerung dieses Einkommensanteils ausgegangen werden, der zwar teilweise auch auf die Erhöhung der staatlichen Aufkaufspreise zurückzuführen ist, aber insbesondere von der Einführung dezentraler Entscheidungsrechte beeinflußt wurde.

Im folgenden Abschnitt wird untersucht, inwieweit sich der Einkommensanteil aus der häuslichen Nebengewerbeproduktion und anderen nicht-landwirtschaftlichen Aktivitäten der Bauern im Verlauf der Reform verändert.

6.3 Einkommen aus häuslicher Nebengewerbeproduktion und nicht-landwirtschaftlichen Produktionsbereichen

Mit der Aufhebung der an die Nutzung der Arbeitskraft gebundenen Restriktionen können die Bauern ihre wirtschaftlichen Aktivitäten in der häuslichen Nebengewerbeproduktion intensivieren, aber auch auf nicht-landwirtschaftliche Produktionsbereiche wie Handel, Transport, Dienstleistungen, ländliche Industriebetriebe etc. ausdehnen.

Über die Entwicklung des Einkommenanteils aus häuslicher Nebengewerbeproduktion am gesamten Pro-Kopf-Einkommen existieren Daten über den Zeitraum 1978 - 1984.

In den meisten Untersuchungseinheiten in der Provinz Liaoning steigt das Einkommen aus häuslicher Nebengewerbeproduktion bis 1984 und auch der prozentuale Einkommensanteil am Pro-Kopf-Gesamteinkommen nimmt zu.

Die Veränderung des Einkommen aus häuslicher Nebengewerbeproduktion wird am Beispiel der Entwicklung in drei Gemeinden deutlich (Vgl. Tab.5).

Tabelle 5: Zusammensetzung des jährlichen Pro-Kopf-Einkommens in drei Gemeinden in der Provinz Liaoning 1979 - 1984 (in Yuan)

Gemeinde	Gesamt-Einkom.	aus koll. Bewirtsch.	Proz. Anteil	aus häusl. Nebenprod.	Proz. Anteil
Kreis Faku					
Gem.Sijiazi					
Jahr:					
1979	228	168	74	60	26
1980	185	130	70	55	30
1981	208	148	71	60	29
1982	149	124	83	25	17
1983	459	259	56	200	44
1984	577	327	57	250	43
Kreis Kuandian					
Gem.Dachuantou					
Jahr					
1979	64	32	50	18,4	29
1980	59,6	32,2	54	27,4	46
1981	71	20,1	28	36,5	51
1982	129	19,4	15	97	75
1983	315	18,1	6	184,7	59
1984	374	18,6	5	256,1	68
Kreis Fuxin					
Gem.Wuhuanchi					
Jahr					
1979	75	55	73	20	27
1980	84	59	70	25	30
1981	83	57	69	26	31
1982	168	140	83	28	17
1983	232	200	86	32	14
1984	225	190	84	35	16

Anmerkung: Nicht aufgeführt sind nicht-kreditäre Einkommen.
Quelle: Eigene Erhebungen 1985

In der Gemeinde Sijiazi vervielfacht sich das Pro-Kopf-Einkommen aus häuslicher Nebengewerbeproduktion ab 1983 aufgrund verstärkter Aktivitäten der Bauern in Viehzucht und Handwerk. Eine ähnliche Entwicklung erfolgt in der Gemeinde Dachuantou. Die Erhöhung dieses Einkommensanteils ist insbesondere auf steigende Einkommen der Bereiche "Selbständige Bewirtschaftung von Anbau- und forstwirtschaftlichen Produkten" und "Viehzucht" und durch "Andere Einkommen" zurückzuführen (Dachuantou 1985). In der Gemeinde Wuhuanchi steigt das absolute Einkommen aus häuslicher Nebengewerbeproduktion aufgrund mangelnder ökonomischer Bedingungen nur relativ langsam; der prozentuale Einkommensanteil geht sogar zurück.

Die Tabelle 6 zeigt die Veränderung des Einkommensanteil aus der häuslichen Nebengewerbeproduktion in Gesamtchina im Zeitraum 1978 - 1984.

Tabelle 6: **Pro-Kopf-Nettoeinkommen aus häuslicher Nebengewerbeproduktion 1978 - 1984, Gesamtchina (in Yuan)**

	1978	1979	1980	1981	1982	1983	1984
Gesamt-Einkommen	35,79	44,00	62,55	84,52	102,80	112,13	124,98
Aufteilung in:							
1.Anbau u. Forstw.	15,15	15,29	21,93	28,82	32,08	34,88	35,85
2.Tierzucht	12,01	19,00	25,71	33,03	35,14	38,81	39,55
3.Handwerk	1,42	1,76	2,87	3,75	4,43	5,71	6,00
4.Sammeln u. Jagen	5,19	3,90	5,80	6,16	8,43	6,88	7,88
5.Sonstige Eink.	2,02	4,05	6,24	12,76	22,72	25,85	35,70

Prozentuale Aufteilung des Nettoeinkommens aus häuslicher Nebengewerbeprodukton:

zu 1	42,3	34,7	35,0	34,1	31,2	31,1	28,7
zu 2	33,6	43,2	41,4	39,1	34,2	34,6	31,6
zu 3	4,0	4,0	4,6	4,4	4,3	5,1	4,8
zu 4	14,5	8,9	9,3	7,3	8,2	6,1	6,3
zu 5	5,6	9,2	10,0	15,1	22,1	23,1	28,6

Anmerkung: Die Daten beziehen sich auf Stichproben-Haushalte in Gesamtchina.

Quelle: ZHTJNJ (1984), S. 472 und (1985), S. 571.

Im betrachteten Zeitraum erhöhen sich die Einkommen aus der häuslichen Nebengewerbeproduktion mit einer jährlichen Steigerungsrate von 20 % (von rd. 36 Yuan auf rd. 125 Yuan). Insgesamt steigt der prozentuale Anteil der Einkommen aus der häuslichen Nebengewerbeproduktion am gesamten Pro-Kopf-Einkommen im genannten Zeitraum um 8,4 % bzw. auf mehr als ein Drittel in Gesamtchina an.

Da der Haushalt als selbständige Produktionseinheit zunehmend in allen Einkommensbereichen tätig wird, wird in den folgenden Jahren keine separate Erfassung der Einkommen aus häuslicher Nebengewerbeproduktion mehr durchgeführt. Dieser Einkommensanteil fließt ein in das gesamte Pro-Kopf-Einkommen aus häuslicher Bewirtschaftung.

<u>Tabelle 7:</u> **Pro-Kopf-Nettoeinkommen aus häuslicher Bewirtschaftung 1983 - 1987, Gesamtchina (in Yuan)**

	1983	1984	1985	1986	1987
Gesamt	244,6	285,44	322,53	345,28	383,57
Einkommens-bereiche:					
1.Pflanzenanbau	162,67	181,86	191,46	205,03	207,80
-Getreide	106,03	114,12	k.A.	k.A.	k.A.
2.Forstwirt.	3,76	4,81	6,16	5,87	6,57
3.Viehzucht	38,81	39,55	44,36	43,28	60,48
4.Fischzucht	1,25	1,64	3,59	4,72	5,60
5.Handwerk	5,71	6,30	8,11	8,70	9,70
6.Industrie	k.A.	k.A	2,18	3,14	4,50
7.Sammeln u. Jagen	6,61	8,79	10,13	9,97	10,64
8.Bauwesen	3,08	4,23	7,41	8,81	10,25
9.Transport	3,62	7,16	8,47	8,42	10,38
10.Eink.a.produkt.Arbeit	13,31	20,93	26,55	32,00	38,07
11.Handel u. Gastronomie	2,08	3,40	6,13	6,94	8,96
12.Dienstl.	1,00	1,82	3,25	3,69	4,52
13.Sons.Einkom.	2,76	4,95	4,73	4,71	5,20

Quelle: ZGZJNJ (1986), S. 674 und (1988), S. 823.

Für den Zeitraum 1983 - 1987 zeigt die Tabelle 7 für Gesamtchina <u>die zunehmende Bedeutung der Einkommen aus an-</u>

deren Bereichen als dem Pflanzenanbau, insbesondere aus nicht-landwirtschaftlichen Aktivitäten, die den Bauern vor 1983 noch nicht erlaubt waren.

Auch die Befragung einzelner Bauern in den Untersuchungseinheiten in der Provinz Liaoning kommt zu dem Ergebnis, daß der Einkommensanteil aus der Nebengewerbeproduktion und nicht-landwirtschaftlichen Produktionsbereichen bereits sehr wichtig für das gesamte Haushaltseinkommen und Pro-Kopf-Einkommen ist.

Im Dorf Xi (Gemeinde Wuhuanchi, Kreis Fuxin) beispielsweise beträgt das Getreideeinkommen aus der Nutzung der durchschnittlich pro Kopf zugeteilten 3 Mu Anbaufläche brutto 500 Yuan; nach Abzug der Produktionskosten wie Saatgut, Dünger etc. verbleibt ein durchschnittliches Pro-Kopf-Nettoeinkommen aus dem Getreideanbau von 350 Yuan. Damit liegt das Pro-Kopf-Einkommen im Getreideanbau bereits höher als bei kollektiver Bewirtschaftung und Verteilung in den Produktionsgruppen (Vgl. Tabelle 8). Jedoch erst mit der zusätzlichen Nutzung der Arbeit für andere wirtschaftliche Aktivitäten erhöht sich das Einkommensniveau nochmals wesentlich. Dies gilt insbesondere für die Bauern, die sich auf Transport, Handel, Dienstleistungen oder industrielle Verarbeitung landwirtschaftlicher Produkte spezialisiert haben.

So beträgt das jährliche Einkommen der 8-köpfigen Familie Sun im Dorf Xi aus den (an 5 Personen) zugeteilten 16 Mu Getreideanbaufläche im Jahre 1986 rd. 1.500 Yuan bzw 188 Yuan pro Kopf. In der Produktionsgruppe erhielten die zwei Arbeitskräfte der Familie bis 1983 jeder 3.200 Arbeitspunkte im Wert von 320 Yuan. Umgerechnet auf die Personenzahl des Haushalts erreichte die Familie damit ein jährliches Pro-Kopf-Einkommen von 80 Yuan. Nach 1983 wird auf der Privatparzelle ein Gewächshaus erstellt und Gemüse angebaut, das auf dem Markt verkauft wird und ein zusätzliches Einkommen von rd. 1.000 Yuan pro Jahr erzielt. Nach dem Kauf eines Traktors für 7.000 Yuan steigt das Einkommen aus Transportdienstleistungen rasch an und beträgt im Jahr 1986 bereits rd. 4.500 Yuan. Insgesamt erhöht sich das durchschnittliche gesamte Pro-Kopf-Einkommen der Familienmitglieder auf 563 Yuan und liegt damit wesentlich über dem Durchschnittseinkommen im Dorf Xi und in Gesamtchina.

Eine ähnliche Entwicklung der Einkommen aus der Nebengewerbeproduktion und/oder nicht-landwirtschaftlichen Produktionsbereichen findet in anderen befragten Haushalten statt, wobei das zusätzliche Einkommen auch aus der Viehzucht, dem Gastronomie- und Handelsbereich, der industriellen und handwerklichen Produktion oder aus der einfachen Verarbeitung landwirtschaftlicher Produkte resultiert.

Die Daten der ausgewählten Einheiten in der Provinz Liaoning und auf Landesebene zeigen eine deutliche Erhöhung des Einkommensanteils aus häuslicher Nebengewerbeproduktion und nicht-landwirtschaftlichen Aktivitäten der Bauern im Zeitraum 1978 - 1987. Auf Landesebene steigt dieser Einkommensanteil bis 1983 auf über ein Drittel. Zwar werden die Einkommen aus der häuslichen Nebengewerbeproduktion in den folgenden Jahren nicht mehr getrennt aufgeführt. Die in verschiedene Einkommensbereiche aufgegliederte Statistik über die Pro-Kopf-Einkommen aus häuslicher Bewirtschaftung weist jedoch auch nach 1983 hohe Zuwachsraten aus anderen Aktivitäten als dem Pflanzenanbau auf.

Inwieweit sich das durchschnittliche jährliche Pro-Kopf-Gesamteinkommen und der Lebensstandard der Bauern durch die Reformmaßnahmen verändert, wird im folgenden Abschnitt untersucht.

6.4 Entwicklung des Pro-Kopf-Gesamteinkommens und des Lebensstandards

Die Erhöhung des jährlichen Pro-Kopf-Gesamteinkommens in den ausgewählten Untersuchungseinheiten in der Provinz Liaoning im Zeitraum 1978 - 1987 spiegelt die positive

Wirkung der Reformmaßnahmen auf das individuelle Einkommensniveau und den Lebensstandard der ländlichen Bevölkerung wider. Eine deutliche Steigerung des Pro-Kopf-Einkommens ist in der ersten Jahren der Reform nach der Erhöhung der staatlichen Aufkaufspreise landwirtschaftlicher Produkte und ab 1983 mit der Einführung des Baogan dao hu-Systems und der damit verbundenen Entscheidungsrechte über Arbeits- und Kapitaleinsatz und Spezialisierung der Arbeitskräfte festzustellen.

In allen Einheiten vervielfacht sich das Einkommensniveau zwischen 1978 - 1986. Auch unter Berücksichtigung der Preiserhöhungen (Preisindex für Konsumgüter auf den Märkten) ist die jährliche durchschnittliche Wachstumsrate (1980-1986) des Pro-Kopf-Einkommens in den Untersuchungseinheiten relativ hoch. Dies ist insbesondere in solchen Einheiten der Fall, die ein sehr niedriges Pro-Kopf-Einkommensniveau zu Beginn der Reform aufweisen (Vgl. Tab. 8).

Auch in der gesamten Provinz Liaoning steigt das Pro-Kopf-Einkommen in den ländlichen Haushalten (Stichprobenuntersuchung) von 1978 - 1987 mit einer jährlichen Steigerungsrate von 12,4 % um mehr als das Dreifache von 185 Yuan auf rd. 600 Yuan an (Vgl. Tab. 6.4 im Anhang). Nach Abzug der Preiserhöhung (Einzelhandelspreisindex) beträgt hier die jährliche durchschnittliche Einkommenssteigerung 8,1 %.

Das Pro-Kopf-Gesamteinkommen auf Landesebene liegt zwar unter dem Einkommensniveau der Provinz, weist jedoch höhere preisbereinigte Steigerungsraten auf. Während in der betrachteten Reformperiode die Zunahme des jährlichen Einkommens nominell 13,2 % beträgt, erhöht sich das Pro-Kopf-Einkommen nach Berücksichtigung der Preissteigerungen (Einzelhandelspreisindex) noch um 8,9 % jährlich (Vgl. Tabelle 9).

Tabelle 8: **Entwicklung des Pro-Kopf-Gesamteinkommens in ausgewählten Einheiten in der Provinz Liaoning 1977 - 1986 (in Yuan)**

	1977	1978	1979	1980	1981	1982	1983	1984	1985	1986
Bezirk Dongling	k.A.	k.A.	k.A.	k.A.	k.A.	k.A.	k.A.	k.A.	k.A.	809
- Dorf Bajiazi	247	335	434	526	614	671	637	898	1.007	1.215
Bezirk Yuhong	k.A.	k.A.	k.A.	k.A.	k.A.	k.A.	k.A.	k.A.	k.A.	946
- Dorf Yingshou	187	230	300	300	450	500	640	1.000	1.530	1.600
Bezirk Sujiatun	k.A.	k.A.	k.A.	k.A.	k.A.	k.A.	k.A.	k.A.	k.A.	692
- Gemeinde Guanlipu	143	182	202	302	313	339	655	765	690	699
- Dorf Dagujia	189	179	209	300	295	305	930	940	940	950
Kreis Jin	k.A.	200	k.A.	k.A.	k.A.	k.A.	k.A.	713	750	941
- Kleinst.Daweijia	125	129	213	156	253	302	743	806	842	992
- Dorf Houshi	k.A.	165	k.A.	k.A.	339	405	1.066	1.241	k.A.	1.700
Kreis Changtu	62	96	115	119	185	135	493	529	254	434
- Kleinst.Baoli	59	98	118	108	202	105	572	563	410	550
- Dorf Baoli	k.A.	k.A.	k.A.	k.A.	k.A.	k.A.	300	k.A.	500	560
Kreis Faku	k.A.	k.A.	k.A.	200	k.A.	470	527	551	k.A.	448
- Gemeinde Sijiazi	100	120	228	185	208	149	459	577	461	471
- Dorf Sijiazi	164	205	344	258	276	181	601	612	502	520
Kreis Fuxin	k.A.	k.A.	k.A.	87	49	47	247	298	k.A.	339
- Gemeinde Tabenzhalan	k.A.	k.A.	k.A.	65	76	49	270	365	470	588
- Dorf Baiyudou	k.A.	k.A.	k.A.	230	k.A.	480	600	768	k.A.	842
- Gemeinde Wuhuanchi	k.A.	k.A.	75	84	83	168	232	225	k.A.	425
- Dorf Xi	81	95	118	183	108	110	210	273	584	391
Kreis Kuandian	k.A.	k.A.	k.A.	92	104	99	118	429	474	250
- Gemeinde Shihugou	k.A.	k.A.	k.A.	k.A.	k.A.	k.A.	631	727	k.A.	k.A.
-Dorf Shangchangyang	k.A.	k.A.	k.A.	189	235	319	488	550	600	650
-Gemeinde Dachuantou	63	91	64	60	71	129	315	374	392	422
- Dorf Xinfeng	90	118	111	148	120	190	349	410	442	444

Quelle: Eigene Erhebungen 1985 und 1987 sowie LNJJTJNJ, 1987, S. 639

Tabelle 9: **Pro-Kopf-Nettoeinkommen in ländlichen Haushalten (Stichproben-Haushalte) in Gesamtchina 1978 - 1987 (in Yuan)**

	1978	1979	1980	1981	1982	1983	1984	1985	1986	1987
Pro-Kopf-Gesamt einkommen	133,47	160,17	191,33	233,44	270,11	309,77	355,33	397,60	423,76	462,55
Aufteilung nach Einkommensbereichen:										
1. Kollektive ein- einheitliche Bewirtschaftung	88,53	101,97	108,37	116,20	142,84	36,06	35,33	33,37	36,15	42,09
2. Wirtschaftliche Zusammenschlüsse	-,-	-,-	-,-	-,-	-,-	0,88	2,85	3,69	2,92	3,49
3. Häusliche Bewirtschaftung	35,79	44,00	62,55	84,52	102,80	244,66	285,44	322,53	345,28	383,57
4. Andere nicht-krediäte Eink.	9,25	14,20	20,41	22,72	24,47	28,17	31,71	38,01	39,41	33,40
Anteile der Einkommensbereiche (%)										
zu 1	66,3	66,3	56,6	52,0	52,9	11,6	10,0	8,4	8,5	9,1
zu 2	-,-	-,-	-,-	-.-	-,-	0,3	0,8	0,9	0,7	0,8
zu 3	26,8	27,5	32,7	37,8	38,0	79,0	80,3	81,1	81,5	82,9
zu 3	6,9	8,9	10,7	10,2	9,1	9,1	8,9	9,6	9,3	7,2

Anmerkungen:
Nach Angaben im STATISCHEN JAHRBUCH CHINAS (1985), S. 244 wird unter häuslicher Bewirtschaftung das Einkommen der Bauern aus vertraglicher Übernahme kollektiver Produktion und häuslicher Nebengewerbetätigkeiten verstanden. Zu den "anderen nicht-kreditären Einkommen" zählen Bargeld und die in Geld bewertete Sachen, die von auswärtigen Personen zugesandt oder mitgebracht werden, staatliche Unterstützung für Bedürftige, Zahlungen an Arbeiter in öffentliche Projekten, an Kriegsinvaliden u.a. Einkommen außer Schulden und Kredite.
Quellen: ZGTJNJ, 1981, S. 431, 1984, S. 471 und 1988, S. 822

Der Erfolg der Reformmaßnahmen bei der Anhebung des individuellen Einkommensniveau in den ländlichen Gebieten wird auch beim Vergleich der Einkommensentwicklung in den Jahren vor der Reform (vgl. hierzu Tab.2 für Gesamtchina) und nach 1978 deutlich.

Allerdings ist hinsichtlich der statistischen Erfassung in Stichprobenhaushalten auf Provinz- und Landesebene darauf hinzuweisen, daß durch die Verkleinerung der ländlichen Haushalte die Anzahl der durchschnittlich von jeder Arbeitskraft im Haushalt zu unterhaltenen Personen zwischen 1978 bis 1987 um 33 % in Gesamtchina (von 2,53 Personen auf 1,7 Personen) und in der Provinz Liaoning um 38 % (von 2,74 Personen auf 1,7 Personen) zurückgegangen ist. Ein Teil der Pro-Kopf-Einkommenssteigerung ist also auch auf diese Veränderung zurückzuführen[5].

Als Indikatoren für die Verbesserung der individuellen wirtschaftlichen Situation kann auch die Entwicklung der Lebenshaltungsausgaben pro Kopf in den Stichprobenhaushalten auf Landesebene und das durchschnittliche Pro-Kopf-Konsumniveau der ländlichen Bevölkerung herangezogen werden.

Die Lebenshaltungsausgaben (Stichprobenhaushalte auf Landesebene) pro Kopf erhöhen sich im Zeitraum 1978 bis 1987 mit einer durchschnittlichen jährlichen Steigerungsrate von 9,8 % (abzüglich der Preissteigerungen).

Die Ausgabenstruktur der ländlichen Haushalte verändert sich im genannten Zeitraum vor allem insoweit, als 1978 noch rd. 68 % der Ausgaben für Lebensmittel verwendet werden, während dieser Anteil bis 1987 auf rd. 55 % zurückgeht.

Auch die Entwicklung des durchschnittlichen pro-Kopf-Konsumniveaus weist mit einer jährlichen Steigerung von

8,5 % (preisbereinigt) auf die Verbesserung des Lebensstandards hin (Vgl. Tab. 6.5 im Anhang). Ein Teil dieser Verbesserung des Pro-Kopf-Konsumniveaus ist dabei jedoch auf die seit 1984 erfolgte Reduzierung des prozentualen Anteils der ländlichen Bevölkerung (bis 1987 um 27 %) zurückzuführen. Durch die Veränderung der Kriterien bei der Bildung der ländlichen Kleinstädte sind Gemeinden in Kleinstädte und die ländliche Bevölkerung in städtische Einwohner umdefiniert worden[6].

Jedoch selbst in den 1985 und 1987 besuchten ökonomisch wenig entwickelten ländlichen Gebieten, die zu den ausgewählten Untersuchungseinheiten in der Provinz Liaoning zählen, ist die Verbesserung des materiellen Wohlstands der Familien in Form langlebiger Konsumgüter, Verbesserung der Ernährung und der Wohnsituation erkennbar. Während Fahrräder und Armbanduhren in den Haushalten bereits selbstverständlich sind, konnte ein größerer Teil der Haushalte bereits Nähmaschinen, Radio- und Fernsehgeräte und die Haushalte mit einem sehr hohen Einkommen auch Kühlschränke und Waschmaschinen kaufen.

Der steigende Anteil der "feinen" Getreidesorten (xiliang), Weizen und Reis, in der täglichen Ernährung anstelle von Mais, Hirse, Kolbenhirse etc. ist vor allem für die älteren befragten Dorfbewohner eine wichtige Verbesserung ihres Lebensstandards.

Die Tabelle 10 spiegelt diese Entwicklung für Gesamt-China wider, wobei die Jahre 1978 und 1987 verglichen werden.

Bis 1987 steigt der Anteil der Getreidesorten Weizen und Reis an der durchschnittlichen Getreideverbrauchsmenge von rd. 50 % auf 81 %. Auch die Verbrauchsmengen der Nahrungsmittel Fleisch und Eier nehmen erheblich zu sowie die Zahl der langlebigen Konsumgüter pro 100 Haushalte.

Tabelle 10: **Indikatoren des Lebensstandards in den ländlichen Gebieten Gesamtchinas 1978 und 1987**

	1978	1987
1. Verbrauchsmengen ausgewählter Nahrungsmittel (Pro-Kopf/Kg)		
-Getreide (gesamt)	248	259
-Weizen und Reis	123	211
-Fleisch	5,8	11,7
-Eier	0,8	2,3
2. Langlebige Konsumgüter (Pro 100 Haushalte/Stück)		
-Fahrräder	30,7	98,5
-Nähmaschinen	19,8	49,8
-Radiogeräte	17,4	53,0
-Fernsehgeräte		24,3
-Waschmaschinen		4,8
-Kühlschränke		0,3
3. Durchschnittliche Wohnfläche		
Pro-Kopf/m^2	8,1	16,0
Stichproben-Haushalte	10,2	18,9

Quelle:
Verbrauchsmengen: ZGTJNJ (1988), S. 825
Langlebige Konsumgüter: ZGTJNJ (1988), S. 825 u. 834
Wohnflächen: ZGTJNJ (1988), S. 822 u. 838

Die durchschnittliche Pro-Kopf-Wohnfläche verdoppelt sich zwischen 1978 bis 1987. Auch in den Stichproben-Haushalten vergrößert sich die Pro-Kopf-Wohnfläche als Folge des gestiegenen Anteils der Ausgaben für Wohnungen (Vgl. Tab. 6.5 im Anhang) von 3,2 % im Jahre 1978 auf 14,5 % im Jahre 1987.

Mit wachsenden Einkommen und abnehmenden Ausgabenanteil für Nahrungsmittel steigen die investiven Möglichkeiten der Bauern. Zwischen 1982 bis 1987 verdoppeln und verdreifachen sich die durchschnittlichen Pro-Kopf-Ausgaben für Konsumgüter und Produktionsmittel in Gesamtchina, wobei der für Konsumgüter verwendete Anteil von 79 % auf 68% zurückgeht und sich gleichzeitig der Anteil für Produktionsmittel von 21 % auf 32 % erhöht (Vgl. Tab. 6.6 im Anhang).

Wie bereits im Kapitel 2 ausgeführt, erfolgt mit der Einführung des Baogan dao hu-Systems zwar eine Umverteilung der kollektiven Vermögenswerte durch Verkauf und Verpachtung der maschinellen Ausstattung an ländliche Haushalte, doch ist das in den befragten Haushalten in der Provinz Liaoning und im Landesdurchschnitt vorhandene Anlagevermögen noch relativ gering.

Neben der Anschaffung langlebiger Konsumgüter wird in den meisten 1985 und 1987 befragten Bauernhaushalten der überwiegende Teil der ersparten Einkommen für den Bau neuer Häuser oder Hauserweiterung verwendet, für den ca. 7.000 bis 20.000 Yuan ausgegeben werden.

Die Entwicklung des individuellen Häuserbaus auf Provinzebene zeigt, daß der Umfang der jährlich neu erstellten Wohnflächen zwischen 1981 und 1983 besonders groß ist. In den folgenden Jahren 1983 bis 1986 bleibt dagegen die jährlich erstellte Wohnfläche konstant. Diese Daten weisen darauf hin, daß der Häuserbau neben dem Kauf langlebiger Konsumgüter in den ersten Jahren der Landwirtschaftsreform Priorität für viele Haushalte hatte.

Steigende Ausgaben für die Hochzeiten der Kinder und für sonstige traditionelle Feste bilden einen weiteren Schwerpunkt bei der Verwendung der ersparten Einkommen und spiegeln die Verbesserung des Lebensstandards der Bauern wider. So betragen in der Mehrzahl der untersuchten Haushalte die Kosten für die Ausstattung der Kinder bei der Heirat und das Hochzeitsfest 2.000 bis 6.000 Yuan.

Ein Vergleich der Entwicklung des Pro-Kopf-Einkommens und des Lebensstandards zwischen dem ländlichen und städtischen Sektor zeigt, daß bestehende sektorale Unterschiede durch die Verbesserung der ökonomischen Situation im Verlauf der Landwirtschaftsreform reduziert werden.

VAN GINNEKEN (1988), S.570-571 kommt in einer Untersuchung des Lebensstandards in beiden Sektoren im Zeitraum 1979 bis 1985 zu dem Ergebnis, daß mit der schnelleren Verbesserung des Lebensstandards in den ländlichen Gebieten (mit einer durchschnittlichen Wachstumsrate von 10,2% gegenüber 3,7 % im städtischen Sektor) eine Annäherung an das städtische Konsum- und Ausgabenniveau verbunden ist.
Auch der Vergleich des Pro-Kopf-Konsumniveaus der "Bauern" und "nicht-Bauern" in den Jahren 1978 und 1987 zeigt, daß sich der Lebensstandard positiv für die ländliche Bevölkerung entwickelt hat. Wird das Konsumniveau der Bauern gleich 1 gesetzt, verändert sich die Relation zwischen dem Konsumniveau der Bauern und nicht-Bauern entsprechend den Angaben im STATISTISCHEN JAHRBUCH CHINAS (1988), S.800 von 1 : 2,9 im Jahre 1978 auf 1 : 2,5 im Jahre 1987.
In einigen Bereichen wie beispielsweise bei der durchschnittlichen Größe des Wohnraums übersteigt der Lebensstandard der Bauern bereits den der städtischen Bevölkerung. In anderen Bereichen wie Gesundheitsversorgung und Bildung scheint sich dagegen die Situation auf dem Land in den letzten Jahren erheblich verschlechtert zu haben[7].

Die Untersuchung der durchschnittlichen Pro-Kopf-Gesamteinkommens und des Lebensstandards in der Reformperiode 1978 - 1987 kommt zu folgenden Ergebnissen. Die durchschnittlichen Pro-Kopf-Gesamteinkommen erhöhen sich in den ausgewählten Einheiten in der Provinz Liaoning, in der gesamten Provinz und in Gesamtchina auch nach Berücksichtigung der Preissteigerung für Konsumgüter um ein Mehrfaches. Die Verbesserung des Lebensstandards der Bauern spiegelt sich in der Erhöhung des Konsumniveaus, insbesondere in den Bereichen Ernährung und Wohnsituation sowie in der Ausstattung mit langlebigen Konsumgütern wider. Insgesamt ist mit der Landwirtschaftsreform eine Reduzierung der Unterschiede im Lebensstandard und im Einkommensniveau zwischen der ländlichen und städtischen Bevölkerung verbunden.
In welchem Ausmaß Einkommensunterschiede innerhalb des landwirtschaftlichen Sektors als Folge der Reformmaßnahmen auftreten, wird im folgenden Abschnitt anhand von Daten der Provinz Liaoning und Gesamtchinas und ergänzend dazu am Beispiel der Einkommensentwicklung in vier der untersuchten Dörfer analysiert.

6.5 Einkommensunterschiede

Während die Neustrukturierung der Einkommensrechte positive Wirkungen auf das durchschnittliche Pro-Kopf-Einkommensniveau und den Lebensstandard hat, bleibt zu untersuchen, inwieweit die Reform Einkom
mensunterschiede in den ländlichen Gebieten beeinflußt.

CHAI (1985), S.95-97 kommt in seiner Analyse der ersten Reformjahre zu dem Schluß, daß die Einführung des Baogan dao hu-Systems zu einer Reduzierung von Einkommensunterschieden führt. CHAIS Argumentation stützt sich auf Daten aus drei Produktionsgruppen in der Provinz Anhui und einer Produktionsgruppe in der Provinz Shanxi. Er stellt die Hypothese auf, daß der beobachtete Rückgang der Einkommensunterschiede sowohl auf die egalitäre Verteilung von Boden und der kollektiven Produktionsausstattung als auch auf gestiegene Einkommensmöglichkeiten der Haushalte beim Baogan dao hu-System zurückzuführen ist. CHAIS Argumentation ist insoweit statisch, als der Einfluß der Kapitalakkumulation durch die Haushalte auf das Pro-Kopf-Einkommen aus Vermögenswerten nicht berücksichtigt wird. Unterschiede im anfänglichen Einkommen, die zu abweichenden Möglichkeiten bei der Ersparnis- und Kapitalbildung und schließlich zur divergierenden Verteilung von Vermögenswerten (außer Land) und unterschiedlichen Vermögensverteilung zwischen Haushalten führt, sieht CHAI jedoch durch mehrere Faktoren begrenzt. Einerseits werde die durch Kapitalakkumulation bedingten Einkommensunterschiede dadurch beschränkt, daß komplementäre Inputs wie Boden nicht verkauft oder verpachtet werden und Arbeitskräfte in größerer Zahl nicht eingestellt werden dürften. Außerdem ermögliche die alle 3 - 5 oder 5 - 10 Jahre vorgesehene Umverteilung der den Haushalten zur Nutzung überlassenen Anbauflächen und maschinellen Ausstattung allen Haushalten den gleichen Zugang zu Produktionsmitteln. Langfristig wirke andererseits die aus zusätzlichen Nebenbeschäftigungen resultierenden Einkommensmöglichkeiten als ausgleichender Faktor auf die ländliche Einkommensverteilung.

Mit der Ausweitung der individuellen Property Rights auf Bodentransfer und relativ unbeschränkter Beschäftigung externer Arbeitskräfte nehmen jedoch gerade die Faktoren im Verlauf des Reformprozesses zu, die die Einkommensunterschiede begünstigen; damit gewinnt die unterschiedliche Fähigkeit zur Kapitalbildung in den Haushalten an Bedeutung. So wurde im Abschnitt 3.1.2.1 gezeigt, daß der Tausch von Bodennutzungsrechten im Umgleichgewicht zu einer Umverteilung der Güterausstattung zwischen den Haushalten führt. Zusätzliche Nebenerwerbsmöglichkeiten können Einkommensunterschiede zumindest teilweise reduzieren, vor allem durch die größere Mobilität der ländlichen Arbeitskräfte und des Kapitals.

Auch TRAVERS (1983), S.247-248 geht davon aus, daß mit der Einführung des Baogan dao hu-Systems die Einkommensunterschiede innerhalb der Produktionsgruppe zunehmen werden. Diese Entwicklung sei unvermeidbar, da nun Gewinne aus guter Bewirtschaftung und anderen Fähigkeiten nicht mehr allen Mitgliedern der Produktionsgruppen zugute kommen, sondern dem einzelnen Haushalt.

NOLAN und PAINE (1986), S.91-94 argumentieren, daß nach der Aufhebung der durch die Verteilung nach Arbeitspunkten in den landwirtschaftlichen Produktionsgruppen bestehende implizite Begrenzung der ländlichen Einkommenshöhe, durch den stärkeren Freiraum für Marktkräfte und Diversifizierung der ökonomischen Aktivitäten und Produktionstechniken unvermeidbar die lokalen Einkommensunterschiede zunehmen werden. Mittelfristig könne angenommen werden, daß mit verstärktem Marktzutritt und Wettbewerb die Gewinnunterschiede zwischen verschiedenen Aktivitäten und die monopolistische Rente der "Frühstarter" reduziert wird.

Um Einkommensunterschiede in den ländlichen Gebieten zu analysieren, erstellen IDELMAN und SUNDING (1987) Schätzungen über Lorenz-Kurven, die auf den Angaben des chinesischen Statistikamtes über die Verteilung des Pro-Kopf-Gesamteinkommens der Jahre 1978 und 1983 basieren. Während der Gini-Koeffizient, der auch zur Messung einer gleichen bzw. ungleichen Einkommensverteilung benutzt wird, im Jahre 1978 einen Wert von 0,222 annimmt, steigt dieser bis 1983 auf 0,264 an. Die Einkommensunterschiede in den ländlichen Gebieten haben sich nach diesem Untersuchungsergebnis bis 1983 also bereits um 18,9 % vergrößert.

Auch HSIUNG und PUTTERMAN (1989) kommen in ihrer Untersuchung über die Veränderung der Einkommesverteilung am Beispiel von fünf Produktionsgruppen in der Marktgemende Dahe, Provinz Hebei, zu dem Ergebnis, daß sich die Einkommensunterschiede seit der Reform relativ schnell vergrößert haben. So stiegen in diesen fünf Produktionsgruppen die Gini Koeffizienten im Durchschnitt von 0.1715 im Jahre 1979 auf 0.2539 im Jahre 1985.

Mit zunehmender Spezialisierung und unterschiedlichen Möglichkeiten der Haushalte zur Kapitalbildung und der daraus resultierenden Verbreitung der "10.000 Yuan-Haushalte" nehmen die absoluten Pro-Kopf-Einkommensunterschiede zwischen den Haushalten mit dem höchsten und dem niedrigsten Einkommen noch stärker zu und führen zu größeren Einkommensunterschieden.

Die Veränderung des prozentualen Anteils der ländlichen Haushalte (Stichproben-Haushalte Gesamtchina) in unterschiedlichen Einkommensklassen im Zeitraum 1980 - 1987 geht aus der Tabelle 11 hervor.

<u>Tabelle 11:</u> **Aufteilung der Pro-Kopf-Einkommen der ländlichen Haushalte nach Einkommensklassen in Gesamtchina (Anteile der Haushalte in Prozent)**

	1980	1983	1984	1985	1986	1987
Pro-Kopf-Gesamteinkommen (in Yuan)						
unter 100	9,8	1,4	0,8	1,0	1,1	0,87
100 - 150	24,7	6,2	3,8	3,4	3,2	2,38
150 - 200	27,1	13,1	9,4	7,9	7,0	4,99
200 - 300	25,3	32,9	29,2	25,6	21,8	17,51
300 - 400	8,6	22,9	24,5	24,0	21,7	21,34
400 - 500	2,9	11,6	14,1	15,8	16,5	17,21
über 500	1,6	11,9	18,2	22,3	28,7	35,70
Durchschnittliches Pro-Kopf-Einkommen	191	309	355	397	423	462

Quelle: ZGTJNJ (1988),S. 822

Deutlich wird hier der Rückgang des Anteils der Haushalte mit den niedrigsten Pro-Kopf-Einkommen (100 bis 200 Yuan), während der Anteil der Haushalte mit dem höchsten Pro-Kopf-Einkommen (über 500 Yuan) auf rd. 36 % im Jahr 1987 steigt. Allerdings ist die über 500 Yuan-Einkommensklasse nicht differenziert und spiegelt somit nicht den prozentualen Anteil der Haushalte mit den höchsten Pro-Kopf-Einkommen wider. Der Vergleich mit dem jeweiligen durchschnittlichen Pro-Kopf-Einkommen zeigt, daß 1980 ca. 50 % der Haushalte das durchschnittliche Einkommensniveau nicht erreicht; bis 1987 steigt ihr Anteil auf rd. 55 %.

In der <u>Provinz Liaoning</u> basiert die Aufteilung des Pro-Kopf-Einkommens in prozentualen Anteilen der Stichproben-Haushalte im Zeitraum 1980 - 1986 auf unterschiedlichen Einkommensklassen und spezifiziert auch den prozentualen Anteil der Haushalte mit einem Pro-Kopf-Einkommen von über 500 Yuan.

Wie in der Tabelle 12 deutlich wird, geht auch hier mit steigendem Einkommensniveau der prozentuale Anteil der Haushalte mit dem niedrigsten Pro-Kopf-Einkommen (unter 200 Yuan) zurück. Ab 1983 weisen 2,5 % der Haushalte bereits ein Pro-Kopf-Einkommen von über 1.000 Yuan auf; dieser Anteil steigt bis zum Jahre 1986 auf 8 % .

Tabelle 12: **Aufteilung der Pro-Kopf-Einkommen der ländlichen Bevölkerung nach Einkommensklassen in der Provinz Liaoning (Anteile der Haushalte in Prozent)**

Einkommen in Yuan	1980	1981	1982	1983	1984	1985	1986
unter 200	28,8	21,8	17,2	6,3	7,6	10,3	6,5
200 - 300	33,5	32,6	26,6	16,4	13,8	14,8	13,0
300 - 500	31,4	32,8	40,2	42,6	39,0	34,8	32,7
500 - 800	6,3	12,8	16,0	27,5	29,2	26,5	31,3
800-1.000				4,7	5,9	7,2	8,5
üb. 1.000				2,5	4,5	6,4	8,0
Durchschnittliches Pro-Kopf-Einkommen	273	307	334	452	477	486	533

Quelle: LNJJTJNJ (1987), S. 607

Nach der Eingruppierung einer nordchinesischen Untersuchungsgruppe in CA (1985), S. 602 f sind die Haushalte mit einem durchschnittlichen Pro-Kopf-Einkommen unter 200 Yuan (pinkun hu) zwar in der Lage, ihre Grundbedürfnisse zu befriedigen, wären jedoch z.B. bei Naturkatastrophen auf materielle Unterstützung angewiesen. Eine ausreichende Versorgung mit Nahrungsmitteln und Kleidung ist für die Haushalte mit einem Pro-Kopf-Einkommen von 200 - 500 Yuan (wenbaoxing hu) charakteristisch, während erst die Haushalte mit einem höheren Einkommen (fuyu hu) auch zur erweiterten Reproduktion fähig sind.

Die regionalen Einkommensunterschiede zwischen Provinzen und Kreisen auf Landesebene haben seit der Reform deutlich zugenommen. So weist u.a. SCHÄDLER (1988), S. 153 - 156 auf die wesentlich höheren Einkommenssteigerungen in Stichproben-Dörfern Ostchinas gegenüber denjenigen in Zentral- und Westchina sowie auf Beispiele großer Unterschiede der Durchschnittseinkommen verschiedener Kreise hin. Als wichtigste Gründe für die Zunahme der regionalen

Einkommensunterschiede gelten die mangelnde Ausstattung mit natürlichen Ressourcen sowie eine ungenügende Verkehrsanbindung, die die Einkommensmöglichkeiten der ländlichen Bevölkerung dieser Gebiete beschränkt.

Die regionale Verteilung der Einkommen innerhalb der Provinz Liaoning kann mit Hilfe der durchschnittlichen Pro-Kopf-Einkommen der ländlichen Bevölkerung in den einzelnen Kreisen, Bezirken und ländlichen Außenbezirken der Städte für das Jahr 1986 dargestellt werden[8].

Der Pro-Kopf-Einkommensunterschied zwischen den "reichsten" und "ärmsten" Kreisen, Bezirken und ländlichen Außenbezirken der Städte beträgt im Jahr 1986 rd. 1.050 Yuan (Pro-Kopf-Einkommen im Außenbezirk der Stadt Dalian 1.222 Yuan und im Kreis Kangping 173 Yuan).

Wie der Tabelle 13 entnommen werden kann, erreichen von den insgesamt 62 Kreisen, Bezirken und Außenbezirken rd. 55 % das durchschnittliche Einkommen des Jahres 1986 von 553 Yuan nicht, 37 % weisen ein Pro-Kopf-Einkommen der ländlichen Bevölkerung von 500 - 800 Yuan auf, während in 8 % ein höheres Pro-Kopf-Einkommen als 800 Yuan zu finden ist.

Tabelle 13: **Aufteilung der Pro-Kopf-Einkommen der ländlichen Bevölkerung nach Einkommensklassen zwischen den Kreisen und Bezirken in der Provinz Liaoning im Jahre 1986**

Pro-Kopf-Einkommen in Yuan	**Anzahl der Bezirke/Kreise**	**Prozentualer Anteil**
unter 200	3	5
200 - 300	10	16
300 - 500	21	34
500 - 800	23	37
800 - 1000	3	5
über 1000	2	3

Quelle:Eigene Zusammenstellung nach LNJJTJNJ (1987), S. 638-641

Insgesamt ist das Pro-Kopf-Einkommen der Bevölkerung in den ländlichen Außenbezirken der Städte, deren Bauern Vorteile bei der Vermarktung ihrer Produkte besitzen und an der technologischen Entwicklung der städtischen Zentren partizipieren, am höchsten, während das Pro-Kopf-Einkommen in den abgelegenen Kreisen im äußersten Westen, Norden und Osten der Provinz am niedrigsten ist.

Zu den 1985 und 1987 untersuchten Einheiten in der Provinz Liaoning zählen 4 Kreise mit einem Pro-Kopf-Einkommen, das unterhalb des Provinz- und überwiegend auch des niedrigeren Landesdurchschnitts liegt, während die drei ländlichen Außenbezirke der Stadt Shenyang und der Kreis Jin sehr hohe Pro-Kopf-Einkommen aufweisen.

Um die Entwicklung der Einkommensunterschiede in einzelnen Dörfern zu analysieren, wird die Konzentration der Einkommen in den Jahren 1980 und 1986 mit Hilfe des Gini-Koeffizienten ermittelt und miteinander verglichen. Beispielhaft werden vier Dörfer untersucht.

Tabelle 14: **Vergleich der Einkommensunterschiede in vier ausgewählten Dörfern in der Provinz Liaoning**

Dörfer	**1980**	**1986**
Dagujia (Bezirk Sujiatun)	0,177	0,208
Yingshou (Bezirk Yuhong)	0,170	0,180
Sijiazi (Kreis Faku)	0,038	0,100
Shangchangyang (Kreis Kuandian)	0,242	0,268

Quelle: Eigene Berechnung nach Datenerhebung 1987.

Das Dorf Dagujia liegt im ländlichen Außenbezirk ca. 20 Kilometer von der Provinzhauptstadt Shenyang entfernt. Der Anstieg der Einkommensunterschiede um 17,5 % bis 1986 ist hier insbesondere auf die Spezialisierung der ländlichen Haushalte innerhalb der letzten Jahren auf die Produktionsbereiche industrielle Verarbeitung, Transport, Bekleidung, Dienstleistungen sowie Obst- und Gemüseanbau und Viehzucht zurückzuführen. Die Zahl der spezialisierten Haushalte beträgt im Jahre 1986 bereits 62 %.

Im Dorf Yingshou, Bezirk Sujiatun, das sich rd. 1 km entfernt im ländlichen Außenbezirk der Provinzhauptstadt befindet, vergrößern sich die Einkommensunterschiede gemessen im Gini-Koeffizienten nur um 5,9 %. Hier bestehen nach wie vor die kollektiven Produktionsorganisationen in der Landwirtschaft weiter - nur unter anderem Namen - und auch die Einkommensverteilung erfolgt noch kollektiv nach Arbeitspunkten. Die Modernisierung der ländlichen Produktion sowie die bäuerlichen Einkommen werden aus Gewinnen der dörflichen Industriebetriebe subventioniert. Um die Abwanderung der Arbeitskräfte vom Reisanbau in die dörflichen Industriebetriebe zu verhindern, werden höhere ländliche Einkommen gezahlt. So erhalten die Arbeitskräfte in der Landwirtschaft jährlich durchschnittlich 2.700 Yuan, während das Einkommen in den Industriebetrieben 2.400 Yuan beträgt. Im gesamten Dorf sind 93 % der Arbeitskräfte in kollektiven Produktionsorganisationen der Industrie und Landwirtschaft beschäftigt; nur wenige Haushalte sind ökonomisch selbständig und spezialisiert auf Bereiche wie Transport und Dienstleistungen.

Die wichtigsten Gründe für die starke Zunahme der Einkommensunterschiede im Dorf Sijiazi, Kreis Faku, sind die Entwicklung der ländlichen Dorfbetriebe sowie die Steigerung der Einkommen derjenigen Arbeitskräfte, die außerhalb des Dorfes saisonal beschäftigt sind. Das gesamte ökonomische Entwicklungsniveau dieses Dorfes, das rd. 40 km von der Kreisstadt Faku im Nordwesten der Provinz im traditionellen Getreideanbaugebiet liegt, ist jedoch noch relativ niedrig, so daß hier nur wenige spezialisierte Haushalte mit einem hohen Pro-Kopf-Einkommen existieren, die dann dementsprechend stark auf den Gini-Koeffizienten wirken. Während 1980 eine extrem gleiche Verteilung der Einkommen in Sijiazi besteht (94 % der Haushalte verfügen über ein Einkommen von 150 - 300 Yuan), wirkt sich die Differenzierung der Einkommen durch die Reformmaßnahmen mit einer Erhöhung des Gini-Koeffizienten um 163,2 % bis 1986 besondes stark aus.

Auch im Dorf Shangchangyang, Kreis Kuandian, steigen die Einkommensunterschiede bis 1986 um 10,6 %. In diesem Dorf ist Anfang der 80er Jahre trotz sehr niedriger Pro-Kopf-Anbaufläche noch der überwiegende Teil der Arbeitskräfte im Pflanzenanbau beschäftigt. Mit der Reform erfolgt hier eine schnelle Spezialisierung auf Bereiche wie Forstwirtschaft, Viehzucht, Obstanbau und Anbau medizinischer Heilpflanzen, die zu einer zunehmenden Einkommensdifferenzierung führt. Bis 1985 steigt der Anteil der spezialisierten Haushalte auf 31 %, und bis 1986 werden bereits 15 Haushalte zu den "10.000-Yuan-Haushalten" gezählt.

Die Zunahme der Einkommensunterschiede zwischen 1980 - 1986 in den ausgewählten Dörfern erfolgt sehr schnell. Da der untersuchte Zeitraum für die Wirkung der insbesondere ab 1983 einsetzenden Spezialisierung erst relatv kurz ist und eine längerfristige Beobachtungsdauer stärkere Einkommensunterschiede zeigen wird, ist noch mit einer zunehmenden Differenzierung der Einkommen zu rechnen.

Insgesamt sind nach PUTTERMAN (1989) die Einkommensunterschiede in China nach internationalem Standard noch relativ gering. So weisen Gini-Koeffizienten um 0.3 und niedriger auf eine geringe Einkommenskonzentration hin, während Koeffizienten zwischen 0.3 - 0.5 als mittlere und Koeffizenten von über 0.5 als starke Einkommenskonzentration betrachtet werden. Ein Vergleich der Einkommensunterschiede in China und in anderen Ländern der Dritten Welt zeigt auch, daß die Einkommensunterschiede auf Dorfebene noch relativ gering sind. So beträgt z.B. der Gini-Koeffizient nach Untersuchungen von EICHER und BAKER (1982) in Sierra

Leone 0.34 und in Nigeria 0.28; GARTRELL (1981) ermittelt in 84 indischen Dörfern einen Gini-Koeffizienten von 0.46. Auch ein Vergleich mit Einkommensunterschieden in der Zeit vor der Gründung der VR China kommt zu ähnlichen Ergebnissen. So ermitteln BRANDT und SANDS (1988) in ihrer auf japanischen Untersuchungsdaten von 1936 basierenden Studie über die Einkommensverteilung in drei Dörfern in Nordost Hebei Gini-Koeffizienten von 0.391, 0.346 und 0.349.

Die Vergrößerung der individuellen und regionalen Einkommensunterschiede in den ländlichen Gebieten wird als Begleiterscheinung der Reform von der chinesischen Regierung akzeptiert. DENG XIAOPING (1983) verteidigt diese Entwicklung: "Some people in rural areas and cities should be allowed to get rich before others. It is only fair that people become prosperous through their own hard work. It is good for some people and some regions to be prosperous first, a development supported by everyone. This way is better than the old"

Die aufgrund unterschiedlicher Fähigkeiten und Talente entstehenden höheren Einkommen eines Teils der ländlichen Bevölkerung dienen nach DU RUNSHEN (1986), Direktor des Forschungszentrums für ländliche Politik beim Zentralkomitee und Leiter des Forschungszentrums für die ländliche Entwicklung Chinas beim Staatsrat, der zur Effizienzsteigerung notwendigen Motivation der ländlichen Bevölkerung. Um eine Polarisierung der Einkommen zu vermeiden, schlägt er in seiner Rede auf der Arbeitskonferenz des Zentralkomitees zur Arbeit auf dem Lande im Dezember 1985 jedoch u.a. vor, Einkommen aus Kapital- besitz und Produktionsmitteln zu besteuern. Seit Januar 1987 existiert ein Einkommenssteuergesetz, nach dem Einzelpersonen einen progressiven Steuersatz von maximal 60% zu zahlen haben, wenn ihr monatliches Einkommen rund das Vierfache eines durchschnittlichen Arbeitslohnes überschreitet.

7. Schlußbetrachtung

Die Analyse der chinesischen Landwirtschaftsreform mit Hilfe des Property-Rights-Ansatzes ermöglichte differenzierte Aussagen über die relevanten Veränderungen der individuellen Handlungsbeschränkungen. Annahmen über das ökonomische Verhalten der ländlichen Bevölkerung wurden anhand von qualitativen und quantitativen Daten überprüft.
Die Ergebnisse der 1985 und 1987 in den ausgewählten Kreisen, Gemeinden und Dörfern in der Provinz Liaoning durchgeführten Untersuchung dienten insbesondere der Veranschaulichung der lokalen Umsetzung der staatlichen Reformmaßnahmen. Aufgrund der Vielfältigkeit und der großen regionalen Unterschiede in der chinesischen Landwirtschaft können Entwicklungen in anderen Einheiten von den genannten Beispielen abweichen. Um zu allgemeinen Aussagen zu gelangen, wurden die selbst erhobenen Daten überwiegend durch solche der Provinz Liaoning und Gesamt-Chinas ergänzt.
Die wichtigsten Ergebnisse der Analyse der Landwirtschaftsreform in China im Zeitraum 1978 bis 1987 lassen sich wie folgt zusammenfassen.

Die mit der Kommunereform beabsichtigte Trennung von Partei- und Wirtschaftsfunktionen erfolgte vor allem auf Dorfebene nur in einem sehr begrenzten Umfang. Die Funktionstrennung wird auch dadurch erschwert, daß die Partei personell in wichtigen Positionen der Regierungs- und Wirtschaftsverwaltungsorganisationen vertreten ist - diese Situation war in vielen der untersuchten Dörfern und Gemeinden in der Provinz Liaoning die Regel.

Die Kommunereform war für die ländlichen Kader der verschiedenen Verwaltungsebenen mit einem Verlust an Macht verbunden, die auf der Disposition über kollektive Ressourcen basierte. Die Analyse der individuellen Verhaltensanreize für die ländlichen Kader nach der Reform machte deutlich, daß insbesondere die Kader der mittleren Bürokratieebenen - Gemeinde- und Kreiskader - neben einer Beschneidung ihrer Machtposition im Vergleich zu den Kadern auf Dorfebene auch eine Verschlechterung ihrer materiellen Situation hinnehmen mußten. Der Beweis, daß diese Kadergruppe verbleibende diskretionäre Handlungsspielräume zu ihren Gunsten ausnutzt, wurde im Rahmen der vorliegenden Untersuchung nicht erbracht. Doch zeigt das Ausmaß der parteiinternen Kritik und die Darstelllung in den öffentlichen Medien in China, daß die Korruption der Kader allgemein zugenommen hat[1].

Die Anwendung des Property-Rights-Ansatzes erwies sich auch bei der Analyse der Zuteilung und des Transfers von Bodennutzungsrechten sowie der an die Nutzungsrechte gebundenen Restriktionen und ihre Auswirkungen auf das individuelle Investitionsverhalten als fruchtbar.

Bei der anfänglichen Zuteilung von Bodennutzungsrechten, die einen Bodentransfer ausschließt, wurden Nutzungsrechte entweder entsprechend der Personenzahl oder der Arbeitskräftezahl den Haushalten zur Nutzung übertragen. Die Zuteilung von Bodennutzungsrechten an die Arbeitskräfte ermöglicht eine effiziente Allokation, erfordert jedoch bei Veränderungen der Arbeitskräftestruktur ständige Umverteilungen und Anpassung der Anbauflächen sowie der vertraglichen Vereinbarungen mit den Haushalten. Die auf der Pro-Kopf-Basis erfolgende Zuteilung schließt diese Kosten aus und erlaubt eine interne Arbeitsteilung der Haushaltsmitglieder und Spezialisierung. Die Annahme, daß Einheiten Nutzungsrechte dann überwiegend pro Kopf zuteilen, wenn sie stärkere Schwankungen in der Arbeitskräftestruktur erwarten, konnte in den ausgewählten Einheiten in der Provinz Liaoning bestätigt werden. In diesen Einheiten wurden auftretende Bevölkerungs-

schwankungen durch die Festlegung "flexibel einsetzbarer Felder" aufgefangen.
Während die anfängliche Zuteilung von Nutzungsrechten eine Nicht-Preis-Rationierung darstellte, entstand durch die später zugelassene Möglichkeit des Bodentransfers und Verhandlungen zwischen Haushalten die Bestimmung einer Rente, die eine Allokationsfunktion übernimmt. Allerdings war der Anteil der Haushalte sowohl in den ausgewählten Einheiten in der Provinz Liaoning als auch in Gesamtchina, der einen Bodentransfer durchführte, noch relativ gering. Es kann jedoch damit gerechnet werden, daß die Bedeutung der Bodenkonzentration unter Effizienzaspekten mit entsprechenden distributiven Folgen mit größerer Spezialisierung der ländlichen Haushalte zunehmen wird.

Neben den Transferrestriktionen beeinflußt die Länge der vertraglich festgelegten Bodennutzungsdauer das individuelle ökonomische Verhalten der Bauern im besonderem Maße. So führten die zu Beginn der Reform auf durchschnittlich drei Jahre befristeten Bodennutzungsverträge zu der Verfolgung kurzfristiger Maximierungsstrategien, die auf einem verstärkten Einsatz chemischen Düngers basierten und zu Investitionen, die relativ unabhängig von der zeitlichen Befristung der Nutzungsverträge waren. Aufgrund fehlender Einkommens-, Kontroll- und Nutzungsrechte waren die Bauern nicht bereit, individuell in Infrastrukturprojekte zu investieren. Da gleichzeitig die staatlichen Investitionen in diesem Bereich seit der Reform reduziert wurden und das Finanzierungspotential über die kollektive Akkumulation zurückgegangen ist, wird die langfristige Stabilität der landwirtschaftlichen Produktion gefährdet.

Die Analyse der an die Nutzung der Arbeit gebundenen Restriktionen ermöglichte Aussagen über das individuelle Arbeitsverhalten in der kollektiven Produktionsorganisation und im Haushalt als Produktionseinheit. Individuelle Verfügungsrechte an der Arbeit erlauben den Arbeitskräften im Haushalt alternative Einsatzmöglichkeiten in der häuslichen Nebengewerbeproduktion, um die durch den natürlichen Wachstumsprozeß bedingten Inaktivitätszeiten der Arbeit besser nutzen zu können.

Die Untersuchung der mit einer Spezialisierung für die Haushalte verbundenen Kosten zeigte die relevanten Restriktionen auf, die die Spezialisierungsentscheidung der Haushalte beeinflußten.
Spezialisierung sowie regionale und beschränkte sektorale Mobilität tragen dazu bei, das Problem überschüssiger Arbeitskräfte in der chinesischen Landwirtschaft zu reduzieren, das nach der Auflösung der kollektiven Produktionsorganisationen offen zu Tage getreten ist und durch die steigende Arbeitsproduktivität in den letzten Jahren verstärkt wurde.

Zu Beginn der Landwirtschaftsreform wird die Dezentralisierung von Entscheidungsrechten und die Einführung von Haushaltsvertragssystemen nur auf "ärmere und abgelegene" Produktionsgruppen beschränkt. Die rasche Verbreitung individueller Verantwortungssysteme in der landwirtschaftlichen Produktion war auch auf die Durchsetzung der Interessen der Bauern an dezentralen Entscheidungsrechten zurückzuführen. Wie anhand der Beispiele in den ausgewählten Einheiten in der Provinz Liaoning gezeigt wurde, entschieden sich die Bauern jedoch dann gegen die Einführung von Haushaltsvertragssystemen, wenn sie dadurch eine Verschlechterung ihrer ökonomischen Situation befürchteten.

Inwieweit die ländlichen Haushalte nach der Dezentralisierung Einfluß auf Input- und Outputentscheidungen haben, wurde bei einer näheren Untersuchung des Planungsprozesses deutlich. Obwohl den Kreisen, Gemeinde und Dörfern im Rahmen der Indikativplanung eine bessere Anpassung vorgebener Plandaten an örtliche Produktionsbedingungen erlaubt wurde, begrenzte die für die ausreichende Versorgung der Bevölkerung mit Getreide notwendige Produktionsmenge die Diversifizierungsmöglichkeiten. Um die lokale Selbstversorgung mit Nahrungsmittel- und Viehfuttergetreide garantieren zu können, wurde die individuelle Wahl alternativer Anbaukulturen auch in Gebieten mit komperativen Produktionsvorteilen für Industriepflanzen beschränkt; Bauern in traditionellen Getreideanbaugebieten mit hohen Flächenerträgen hatten noch einen geringeren Einfluß auf Anbauentscheidungen.

Die Erhöhung der staatlichen Aufkaufspreise führte zu Produktionssteigerungen und Diversifizierung der landwirtschaftlichen Produktionsstruktur, während durch die Reform des zentralen An- und Verkaufs landwirtschaftlicher Produkte der Umfang des vermarktbaren Produktionsanteils für die Bauern stieg.

Mit der Öffnung der Märkte für die Überschüsse der ländlichen Produzenten bei gleichzeitiger Beibehaltung staatlich festgesetzter Preise für bestimmte Produkte der städtischen Grundversorgung traten die mit einem dualen Preissystem verbundenen Probleme auf. So konnten die staatlichen Aufkaufspreise ihre Anreizfunktion nur beschränkt erfüllen, so daß die Erreichung der Getreideaufkaufsquoten des Staates durch zusätzliche Restriktionen gesichert werden mußte.
Da Marktpreise tatsächliche Knappheiten widerspiegeln, führte die Zulassung der Märkte für alle landwirtschaftlichen Produkte zu starken Preissteigerungen, die politisch destabilisierend wirkten, da die Einkommen der städtischen Konsumenten nicht im gleichen Ausmaß wie die Preise stiegen. Eine erneute Rationierung bestimmter Produkte durch den Staat war die Folge.

Seit der Neustrukturierung der Handlungs- und Verfügungsrechte im Rahmen der Landwirtschaftsreform ist sowohl das durchschnittliche Pro-Kopf-Einkommen als auch der Lebensstandard der ländlichen Bevölkerung deutlich gestiegen. Zwar konnten die sektoralen Einkommensunterschiede reduziert werden, doch haben sich die regionalen und lokalen Einkommensunterschiede vergrößert. Die Untersuchung der Einkommenskonzentration zeigte jedoch, daß im Verhältnis zu anderen Entwicklungsländern in China noch eine relativ gleiche Verteilung der ländlichen Einkommen besteht.

ANMERKUNGEN

Zur Vorbemerkung:

1) Als Beispiele für Untersuchungen über die Landwirtschaftsreform, die mit detaillierten statistischen Daten aus der VR China arbeiten, gelten u.a. PERRY/WONG (1985), WALKER (1988), PERKINS (1988) und SCHÄDLER (1989).

2) Beispiele hierfür sind FURUBOTN/PEJOVICH (1970), MCKEAN (1970), CROCKER (1971), NORTH/THOMAS (1973) und UMBECK (1977).

Anmerkungen zum Kapitel 1:

1) Zu den wichtigsten Rationalitäts- bzw. Konsistenzbedingungen zählen Reflexivität, Vollständigkeit und Transitivität. Vgl. VARIAN (1982), S. 83 - 85.

2) MYERS (1970) geht in seiner Untersuchung auf das marktorientierte Verhalten der chinesischen Bauern in den 20er und 30er Jahren näher ein. Siehe auch die Ausführungen in NEE (1986), S. 190 - 193 und WONG (1972), S. 15 - 22.

Anmerkungen zum Kapitel 2:

1) Die negative Entwicklung der landwirtschaftlichen Produktionsergebnisse der Jahre 1960/61 zwang die chinesische Führung zu einer ersten Revision der Volkskommunestrukturen, durch die die Produktionsgruppen anstelle der Produktionsbrigaden wirtschaftliche Rechnungseinheit wurden und die Funktionen der Produktion und Verteilung übernahmen. Siehe dazu auch DOMES (1977), S. 20 - 27, MENZEL (1978), S. 450 und HOFFMANN (1978), S. 38.

2) Daten über die Anzahl der Kommunen, Brigaden und Produktiongruppen und Haushalte in den Volkskommunen im Jahre 1980 sind dem LANDWIRTSCHAFTSJAHRBUCH CHINAS (1982), S. 16 zu entnehmen.

3) Entsprechend dem WIRTSCHAFTSLEXIKON (1983), S. 14 wird unter landwirtschaftlichem Investbau der Kauf, die Erneuerung und die Ausweitung des in der Produktion, beim Transport und bei der Verarbeitung notwendigen festen Anlagevermögens der Bereiche Pflanzenanbau, Viehzucht, Nebengewerbeproduktion und Fischzucht verstanden. Beispiele sind: Planierung des Ackerbodens, Anlage von Terrassenfeldern, Fischteichen und Forstfarmen, Errichtung von Fabriken zur Aufbereitung des Viehfutters, Schlachthöfen, etc.

4) Als wichtigste Kritikpunkte an den Kommunen, in denen Partei-, Regierungs- und Wirtschaftsverwaltungsfunktionen integriert sind, nennt der 1. Parteisekretär der Provinz Sichuan in seinem Bericht ERFAHRUNGEN DER PROVINZ SICHUAN MIT DER VERSUCHSWEISEN REFORM DES LÄNDLICHEN WIRTSCHAFTSSYSTEMS im WIRTSCHAFTSJAHRBUCH CHINAS (1982), S. IV-52 das 'blinde Herumkommandieren und Befehlen sowie den negativen Einfluß auf die Autonomie der kollektiven Wirtschaftsorganisationen und auf eine nach objektiven Gesetzmäßigkeiten erfolgende Entwicklung'.

5) Im WIRTSCHAFTSJAHRBUCH CHINAS (1985),S. 657 sind die Verwaltungsbestimmungen über die Bildung von Kleinstadtverwaltungen aufgeführt. Nach Angaben des Leiters der Kleinstadtregierung Wuhuanchi (Kreis Fuxin) erfolgte hier eine Umwandlung der Gemeinde in eine Kleinstadt, weil folgende Bedingungen erfüllt waren: 1. relativ hohes wirtschaftliches Entwicklungsniveau, insbesondere der Industriebetriebe, 2. nicht-landwirtschaftliche Bevölkerungszahl über 2.000 Einwohner, 3. entwickeltes Verkehrsnetz und 4. entwickeltes Handelszentrum (In der Kleinstadt Wuhuanchi findet beispielsweise alle 3 Tage (3.6.9. etc.) ein überregionaler Markt statt, dessen Einzugsbereich u.a. die Städte Jinzhou und Shenyang aber auch die Innere Mongelei umfaßt. Abhängig vom Arbeitskräftebedarf in der Landwirtschaft beträgt die Zahl der Marktbesucher hier im Durchschnitt 10.000 - 20.000 Personen und der Marktumsatz zwischen 1,5 - 2 Mio. Yuan. Neben landwirtschaftlichen und Nebengewerbeprodukten werden auf diesem Markt auch Güter aus der leichtindustriellen Produktion gehandelt).

6) Im Dorf Houshi (Kleinstadt Daweijia, Kreis Jin) wird das Einkommen der Arbeitsgruppenleiter vom Anstieg des Produktionswertes und Nettogewinns abhängig gemacht. Beispiel: Beim Anstieg des Produktionswertes um 1 Mio Yuan beträgt der Bonus 1.000 Yuan, bei einer Erhöhung des Nettogewinns um 100.000 Yuan macht der Bonus 100 Yuan aus. Liegt die vom Arbeitsgruppenleiter geführte Einheit in ihren wirtschaftlichen Ergebnissen über dem Kreisniveau erhält dieser einen Bonus von 400 Yuan.

7) Als wichtigste Kriterien bei der Wahl der Dorfkader in den Untersuchungseinheiten im Jahre 1985 und 1987 wurden genannt: 1. Bildungsniveau, 2. Organisationsfähigkeiten, 3. Fähigkeit, wirtschaftliche Zusammenhänge zu begreifen, 4. Verbundenheit mit den Massen und 5. Bereitschaft sich für den Sozialismus und die Partei einzusetzen.

8) Beispiele für korruptes Verhalten der Kader nach der Reform in BERNSTEIN (1984) und (1985), T'sai Ming-ch'in (1984) und CHINA AKTUELL (1988), S. 758 - 759.

Anmerkungen zum Kapitel 3:

1) Auf diese Zuteilungskriterien wird auch im Dokument STÄRKUNG DER IDEOLOGISCHEN UND POLITISCHEN ARBEIT IN DEN LÄNDLICHEN GEBIETEN (ZUSAMMENFASSUNG DES DOKUMENTS NR.2/1983 DES ZENTRALKOMITEES DER KPCH) näher eingegangen.

2) Zu den Ausführungen siehe u.a. ZAMAGNI (1987), S. 213 - 216 und EGER (1982), S. 10 - 13.

3) Nach Angaben im STATISTISCHEN JAHRBUCH CHINAS (1984), S. 179 beträgt der Anteil der vor Überschwemmungen geschützten Fläche in den überschwemmungsgefährdeten Gebieten im Jahr 1982 76,1 %, der Anteil der meliorierten Salzböden an der gesamten Salzbodenfläche macht 58,9 % aus. Bis 1987 erhöhen sich diese Anteile entsprechend dem STATISTISCHEN JAHRBUCH CHINAS (1988), S. 148 lediglich auf 77,4 % bzw. 60,8 %.

4) Diese Untersuchung wurde mit 37.422 Haushalten in 227 Dörfern, 93 Gemeinden und 71 Kreisen der 28 Provinzen und autonomen Gebiete im Jahre 1984/85 durchgeführt. Näher dazu ZUSAMMENFASSUNG DER REPRÄSENTATIVEN UNTERSUCHUNG ÜBER DIE SOZIALE UND WIRTSCHAFTLICHE SITUATION IN DEN LÄNDLICHEN GEBIETEN.

5) Der Verfasserin liegen Beispiele der zwischen den Haushalten und den kollektiven Organisationen abgeschlossenen Verantwortungsverträge aus den 1985 und 1987 untersuchten Dörfern in der Provinz Liaoning vor.

6) Die jeweiligen Nutzungsverträge über Traktoren konnte die Verfasserin während ihres Aufenthaltes im Dorf Shangchangyang im Jahre 1985 fotographisch festhalten.

Anmerkungen zum Kapitel 4:

1) Zu anderen Formen der Arbeitsbewertung in kollektiven Produktionsorganisationen in China siehe CROOK (1970).

2) CROOK (1975), S. 400 - 401 verweist auf die Probleme in den Produktionsgruppen, die Arbeit anhand detaillierter Arbeitsnormen zu bewerten und für jedes Mitglied Arbeitspunkte zu berechnen. Vgl. dazu auch WATSON (1984), S. 89 - 90.

3) Auch der Anteil der Nicht-Han-Chinesen in den 1985 untersuchten ländlichen Gebieten in der Provinz Liaoning war relativ hoch. Im Kreis Faku beispielsweise gehören 10% der ländlichen Einwohner zu den nationalen Minderheiten, wobei ihr Anteil an der Gesamtbevölkerung in den Gemeinden und Dörfern unterschiedlich groß ist. So zählen in der Gemeinde Sijiazi 12 % der Einwohner zur Man-Nationalität und 23 % zur mongolischen Minderheit. Im Dorf Si-

jiazi beträgt der Anteil der mongolischen Minderheit rd. 50 %.
Im Kreis Kuandian gehören 34 % der Bevölkerung zur Man-Nationalität und drei 3 % zur koreanischen und mongolischen Minderheit. Der Anteil der Man-Minderheit in den Gemeinden Shihugou und Dachuantou macht sogar 40% und 41 % aus.
Auch im Kreis Fuxin ist der Anteil der nationalen Minderheit mit 20 % relativ hoch. Hier dominiert die mongolische Minderheit, nach der auch der Kreis den Namen "Autonomer Kreis der mongolischen Minderheit" trägt.

4) Den Hinweis auf die Bedeutung rechtlicher Beschränkungen privater Nebenerwerbstätigkeiten und auf die Arbeiten von Georgescu-Roegen verdankt die Verfasserin Professor Weise, Universität Kassel.

5) Elementare Prozesse sind nach GEORGESCU-ROEGEN (1969) solche, in denen lediglich eine Produktionseinheit hergestellt wird.

6) Siehe dazu auch ZAMAGNI (1987), S. 247 - 248.

7) Auch HESSE (1982) geht hierauf ein.

8) Siehe hierzu auch die Dokumente ZUSAMMENFASSUNG DER LANDESKONFERENZ ZUR ARBEIT AUF DEM LANDE von 1982 und STÄRKUNG DER POLITISCHEN UND IDEOLOGISCHEN ARBEIT IN DEN LÄNDLICHEN GEBIETEN sowie die Veröffentlichung der FORSCHUNGSABTEILUNG BEIM ZK DER KPCH , WIRTSCHAFTSGRUPPE (1984).

9) Die Erfassung der spezialisierten Haushalte war 1985 in den untersuchten Einheiten sehr unterschiedlich und basierte teilweise auf selbst festgelegten Kriterien. Zur Vereinheitlichung wurden im ZK-Dokument Nr. 46 von 1984 (Dokument Nr. 7 der Provinz Liaoning von 1984) folgende Kriterien für spezialisierte Haushalte festgelegt: 1. Im Haushalt als Wirtschaftseinheit ist die Hauptarbeitskraft oder sind die meisten Arbeitskräfte zu über 60 % mit der spezialisierten Produktion beschäftigt. 2. Das Einkommen aus der spezialisierten Produktion beträgt über 60 % des gesamten Haushaltseinkommens. 3. Die Vermarktungsrate für spezialisierte Produkte macht über 80 % (in den auf die Getreideproduktion spezialisierten Haushalten über 6o %) aus. 4. Das Einkommen aus dem Verkauf der Produkte (eingeschlossen Dienstleistungseinkommen) ist doppelt so hoch wie das durchschnittliche Einkommen der lokalen Haushalte aus dem Verkauf von Produkten.

10) Die statistische Erfassung dieser Arbeitskräfte ist in den untersuchten Einheiten in der Provinz Liaoning jedoch lückenhaft. Auch in der Statistik über die Arbeitskräftestruktur Gesamtchinas 1978 - 1987 im STATISTISCHEN

JAHRBUCH CHINAS (1988), S. 172 wird diese Arbeitskräftezahl nicht mehr gesondert aufgeführt.

11) Eine negative Entwicklung der Arbeitsproduktivität gemessen im landwirtschaftlichen BPW pro Arbeitskraft ist auch dadurch zu begründen, daß die Verlagerung auf neue Produktionsschwerpunkte im landwirtschaftlichen BPW nicht zum Ausdruck kommt, da die Bereiche Transport, Bauwesen, Handel, Gastronomie etc. nicht in diesem Wert enthalten sind.

12) Hierzu siehe auch STATISTISCHES JAHRBUCH CHINAS (1986), S. 174. LARDY (1983), S. 3 weist darauf hin, daß zwar durch Neugewinnung von Nutzungsflächen zwischen 1952 - 72 rd. 17 Mio Hektar Anbauboden hinzukamen, diesem Zuwachs jedoch 27 Mio Hektar Anbaufläche gegenübergestellt werden müssen, die für Straßen-, Häuser- und Fabrikenbau in Anspruch genommen wurden.

Anmerkungen zum Kapitel 5:

1) Zu den makroökonomischen Hauptentscheidungen zählt BRUS (1964) solche, die die Richtung der wirtschaftlichen Entwicklung festlegen wie Wachstumsrate des Nationaleinkommens, Anteil von Investition und Konsum etc., während er zu den laufenden oder sektoralen Entscheidungen diejenigen über Größe und Struktur der Gesamtproduktion einer Branche oder Unternehmens, Personalstruktur sowie Form und Methoden der Entlohnung rechnet. Entscheidungen über die Zusammensetzung des Konsumgüterbedarfs im Rahmen des Haushaltseinkommens, Berufs- und Arbeitsplatzwahl beispielsweise sind die von BRUS genannten individuellen Entscheidungen.

2) Dazu auch WÄDEKIN (1982), der die in den osteuropäischen Ländern und der UDSSR während der 6oer Jahre durchgeführten Reformen untersucht. Siehe ebenfalls KLOTEN (1985), S. 34 - 35.

3) Auf das Problem der Kontrolle solcher Produktionsgruppen, die im Anfangsstadium der Genossenschaftsgründung Mitte der 5oer Jahre und nach der Wirtschaftskrise Anfang der 6oer Jahre ähnliche Verantwortungssysteme durchführen, weist auch CROOK (1973), S.480 hin. Siehe hierzu auch JAN (1986), S. 391 - 392.
Der Widerstand von Seiten der ländlichen Bevölkerung gegen die Einführung von Baogan und Baochan dao-hu-Systemen beschränkte sich im allgemeinen auf Bauern in Produktionsgruppen mit gut entwickelter Kollektivwirtschaft und hohem Kollektiveinkommen. Hierzu auch ZWEIG (1981) und (1983).

4) Hierzu auch das im 1987 mit dem Leiter der Abteilung für genossenschaftliche Wirtschaft im Büro für Anbau und

Viehzucht der Provinzregierung Liaoning geführte Informationsgespräch.

5) Vgl. hierzu auch RMRB (9.7.1981). O'LEARY und WATSON (1985), S. 27 weisen auf Wan Li's Rede auf der Arbeitskonferenz für die ländlichen Gebiete im November 1982 hin. WAN LI war bis 1979 Parteisekretär der Provinz Anhui, in der bereits sehr früh Haushaltsvertragssysteme praktiziert wurden. Siehe auch FENG JIXIN (1984), S. 18 - 26. FENG JIXIN, Parteisekretär von Gansu, befürwortete Haushaltsvertragssysteme, die Ende 1982 bereits in 97 % der Produktionsgruppen Gansu verbreitet waren. Auch die Ablösung Hua Guofengs durch Zhao Ziyang als Ministerpräsident im Herbst 1980 ist als Unterstützung einer Entwicklung zu bewerten, durch die den Bauern größere Entscheidungsrechte zugestanden wurden. Hierzu GARMS (1980), S. 984.

6) Hinsichtlich der Kritik an 'linker Ideologie' siehe auch das Dokument RUNDSCHREIBEN DES PARTEIKOMITEES DER PROVINZ LIAONING ÜBER DIE DURCHFÜHRUNG DES "TAGUNGSPROTOKOLLS DES PROVINZPARTEIKOMITEES ÜBER DIE ARBEIT IN DEN LÄNDLICHEN GEBIETEN" von 1981.

7) Siehe hierzu auch BERNSTEIN (1984).

8) "In der Landwirtschaft von Dazhai lernen " (Nongye xue dazhai) war in der Kulturrevolution (1966 - 1976) die Losung der landwirtschaftlichen Entwicklung, wobei die Brigade Dazhai, Provinz Shanxi, als Modell dargestellt wurde.

9) Die landwirtschaftliche Planung auf Kreisebene umfaßte im Jahre 1987 beispielsweise im Kreis Jin (Stadt Dalian) folgende Bereiche: 1. Anbau: 300 Mio Pfd. Getreide; Getreideaufkauf des Staates:Mais; Gemüseanbaufläche 35.000 Mu; 7,5 Mio Obstbäume (Output 58.000 to). 2. Fischzucht: entlang 270 km Küstenlinie; Output an Meeresprodukten: 150.000 t (Schwerpunkt Garnelenzucht); Seetang: 40.000 t Fisch: 20.000 t; Export an Meeresprodukten: 250 Mio Yuan. 3. Viehzucht: 2,5 Mio Eier; 3 Mio Stück Hühner. 4. Industriebetriebe: BPW: 1986 840 Mio Yuan (darunter Industriebetriebe der Gemeinden und Kleinstädte: 570 Mio Yuan). Geplant für 1987: 1.110 Mio Yuan.

10) Um die Getreideankaufsmenge für das Jahr 1987 zu sichern, wurden folgende Maßnahmen vom PARTEIKOMITEE DER PROVINZ LIAONING (1988) festgelegt: Der Getreideankauf soll nach Erfüllung der vertraglich festgelegten Menge für zusätzliches Getreide zu einem höheren Preis oder zum Marktpreis erfolgen. Der staatliche Getreidepreis (insbesondere für Mais, Reis und Soja) wird erhöht. Die Ablieferungsverpflichtungen der Bauern werden von 103 Mio Pfd. auf 90 Mio Pfd. Getreide reduziert, um den Bauern durch einen größeren Verkaufsanteil auf den Märkten zu-

sätzliche Einkommensmöglichkeiten zu bieten und ihr Interesse am Getreideanbau zu stärken. Beim Verkauf von 100 Kilo Getreide oder Ölsaaten an den Staat wird den Bauern 8 Kilo Dünger und 3 Kilo Dieselöl zum Vorzugspreis (über Bezugsscheine) angeboten.

11) Hierzu die JAHRBÜCHER DER WIRTSCHAFTSSTATISTIK DER PROVINZ LIAONING 1984 - 1987.

12) Siehe dazu u.a. LOUVEN (1986), S. 219, der sich auf ein Interview mit Du Runsheng bezieht.

13) Vgl. die Darstellung im WIRTSCHAFTSLEXIKON (1981), S. 255 sowie PRYBYLA (1987), S. 182.

14) Ein Beispiel hierfür ist das Dokument ZUSAMMENFASSUNG DER LANDESKONFERENZ ZUR ARBEIT AUF DEM LANDE von 1982, das zwar die Reform des ländlichen Handels und eine Öffnung unterschiedlicher Zirkulationskanäle fordert, doch an der führenden Rolle des staatlichen und kollektiven Handels festhält.

15) Das Interview wurde am 16.11.1987 mit Ma Tuzhong, einem der Leiter des Beihang-Marktes, geführt.

16) Diese Gruppe wurde während der Kulturrevolution als "Spektulanten" diskriminiert.

17) Im Bezirk Huanggu gab es 1987 außerdem 11 kleinere Märkte für den Verkauf landwirtschaftlicher und Nebengewerbeprodukte.

18) Eine wichtige Funktion für den Ausbau des Handelsnetzes haben die Handels- und Verkaufsmessen. Bereits 1984 organisierte beispielsweise der Beihang-Markt eine Handelsmesse für landwirtschaftliche und Nebengewerbeprodukte, an der 82 Tiermärkte, spezialisierte Haushalte, Schwerpunktehaushalte etc. teilnahmen und auf der Warentermingeschäfte in Höhe von 4,95 Mio Yuan abgeschlossen wurden. Siehe hierzu JAHRBUCH DER WIRTSCHAFTSSTATISTIK DER PROVINZ LIAONING (1985),S.211.

19) Der prozentuale Anteil des Marktumsatzes am gesellschaftlichen Einzelhandelsumsatz auf Landesebene bezieht nicht die Umsätze der Großhandelsmärkte mit ein. Vgl. WIRTSCHAFTSJAHRBUCH CHINAS (1982),S. V-276 und (1987),S. VI-169. Bei den Angaben aus der Provinz Liaoning ist nicht eindeutig, ob die Umsätze der Großhandelsmärkte berücksichtigt wurden. Hierzu JAHRBUCH DER WIRTSCHAFTSSTATISTIK DER PROVINZ LIAONING (1987), S. 561, 567 und 205.

20) Neben mangelnden Preisanreizen tragen auch Unwetterkatastrophen zur Reduzierung des Getreideoutputs, insbesondere des Viehfuttergetreides bei, dessen Knapp-

heit noch durch hohe Exporte der nördlichen Hauptanbaugebiete verstärkt wurde. Vgl. hierzu: WIENS (1987), S. 375 und 376 sowie JAHRBUCH DER WIRTSCHAFTSSTATISTIK DER PROVINZ LIAONING (1986),S. 235 und (1987),S. 212; danach vergrößerte sich der Export von Mais 1985 gegenüber 1984 um das 4,5 -Fache.

Anmerkungen zum Kapitel 6:

1) Hierzu zählte z.B. auch die Arbeit der Mitglieder der Produktionsgruppen in den Kommune- und Brigadebetrieben.

2) Die kollektive Akkumulation umfaßte den eigentlichen Akkumulationsfonds, der durch Abschreibungen und Gewinne getragen wurde, den Sozialfonds, der Gruppenmitglieder in wirtschaftlichen Schwierigkeiten unterstützte und den Produktionskostenfonds, der als Umlauffonds zur Bezahlung der laufenden Produktionskosten herangezogen wurde. Darüberhinaus zählt zur kollektiven Akkumulation in den Produktionsgruppen der Reservefonds, der entweder in Naturalien oder Bargeld angelegt wurde. Vgl. hierzu DÜRR und WIDMER (1980 a),S. 19 - 26.

3) Hierzu NG (1976), S. 20, der sich auf eine Analyse von 228 landwirtschaftlichen Genossenschaften in 24 Provinzen und autonomen Gebieten im Jahre 1957 bezieht, in der die Höhe des Reserve- und Wohlfahrtsfonds durchschnittlich 6,8 % beträgt. Demgegenüber beläuft sich der Anteil für den Reserve- und Wohlfahrtsfonds in den von BURKI 1964 untersuchten 13 Kommunen auf durchschnittlich 14,4 %. Vgl. BURKI (1969), S. 20.

4) Diese hohe Akkumulationsrate in Dazhai wurde dadurch erreicht, daß der Wert eines Arbeitspunktes trotz steigender Erträge auf dem selben Niveau gehalten wurde. Vgl. dazu NG (1976), S. 32.
Die Höhe des kollektiven Akkumulationsfonds wurde auch in einem Informationsgespräch der Verfasserin am 28.12.1984 mit Zhao Suheng in Dazhai bis 1978 mit über 20 % angegeben.

5) Hinsichtlich der Zusammensetzung der Stichprobenhaushalte in den Jahren 1978 und 1986/87 vgl. das STATISTISCHE JAHRBUCH CHINAS (1988), S. 822 und das JAHRBUCH DER WIRTSCHAFTSSTATISTIK DER PROVINZ LIAONING (1987), S. 606.

6) Vgl. hierzu auch die Anmerkung 5 (Kap. 2) und VAN GINNEKEN (1988), S. 70 - 71.

7) Darauf weisen auch HEBERER (1985), S. 38, NEE (1986), S. 198 und VAN GINNEKEN (1988), S. 76 hin.

8) Die Daten hierfür basieren auf Angaben in den JAHRBÜCHERN DER WIRTSCHAFTSSTATISTIK DER PROVINZ LIAONING, Jahrgänge 1984 - 1987.

Literaturverzeichnis

(1) Bücher, Monographien, Sammelwerke und Readers

BACKHAUS, J./EGER, T./NUTZINGER, H.G. (Hrgs.) (1978).
Partizipation in Betrieb und Gesellschaft. Frankfurt/Main.
BARKER, R./SINHA, R./ROSE, B. (Eds.) (1982).
The Chinese Agricultural Economy. Boulder, London.
BECKER, G.S. (1981).
A Treatise on the Family. Cambridge, Harvard.
BERNSTEIN, T. (1984).
Reforming China's Agriculture . Paper prepared for the conference "To Reform the Chinese Political Order", Harwichport, Mass., June 18 - 23.
BETTELHEIM, C/MARCHISIO, H./CHARRIERE, J. (1972).
Der Aufbau des Sozialismus in China, München.
BRANDT, L./SANDS, L. (1988)
Land Concentration and Income Distribution. Paper prepared for an ACLS/SSRC Conference on Economic Methods for Chinese Historical Research.
BRUS, W. (1972).
Wirtschaftsplanung. Für ein Konzept der politischen Ökonomie Frankfurt a.M.
"BULLETIN DER ARBEIT AUF DEM LANDE", WIRTSCHAFTS-VERWALTUNGSABTEILUNG (1981)
Nongcun renmin gongshe shengchan zerenzhi leibi. (Vergleich der Produktionsverantwortungssysteme der ländlichen Volkskommmen), Beijing.
BURKI, S.J. (1969).
A Study of Chinese Communes 1965. Cambridge, Mass.
BURNS, J.P. (1979).
Chinas Peasant Intrest Articulation 1949 - 74. PH.D. Columbia University.
BUTLER, F. (Hrg) (1987).
Arbeitsmarkt und Beschäftigung. Frankfurt/Main.
CARTOGRAPHIC PUBLISHING HOUSE (1981).
The Administrative Divisions of the People's Republic of China 1980. Beijing.
CHEUNG, S. (1982).
Will China Go 'Capitalist'? An Economic Analysis of Property Rights and Institutional Change. Hobert Paper, London.
CHOW, C.G. (1985).
The Chinese Economy, New York.
CROOK, F.W. (1971).
An Analysis of Work-Payment Systems Used in Chinese Mainland Agriculture, 1956 - 1970. PH.D. Michigan.
CURRIE, J.M. (1981).
The Economic Theory of Agricultural Land Tenure. Cambridge University Press.
DENG XIAOPING (1985).
Build Socialism with Chinese Characteristics. Beijing.

DOMES, J. (1977).
Sozialismus in Chinas Dörfern. Ländliche Gesellschaftspolitik in der VR China 1949 - 1977. Schriftenreihe der Niedersächsischen Landeszentrale für Politische Bildung.
DONNITHORNE, A. (1967).
China's Economic System. London.
DÜRR, H./WIDMER, U. (1980).
Inter- und Intraregionale Disparitäten ländlicher Einkommen. Materialien zur Raumentwicklung in der VR China. München.
DÜRR, H./WIDMER, U. (1980a).
Das Abrechnungssystem auf Ebene der Produktionsgruppen. Materialien zur Raumentwicklung in der VR China. München.
EGER, T. (1982).
Zur Mikrofundierung der Makroökonomie. Arbeitspapiere des Fachbereichs Wirtschaftswissenschaften, Gesamthochschule Paderborn.
FORSCHUNGSSTELLE DES SEKRETARIATS DES ZK DER KPCH, WIRTSCHAFTSGRUPPE (1984).
Lun zhuanye hu (Analyse der spezialisierten Haushalte). Beijing.
FORSCHUNGSABTEILUNG FÜR LÄNDLICHE POLITIK BEIM SEKRETARITAT DES ZK DER KPCH, MATERIALABTEILUNG (1984).
Nongcun jingji zhengce huibian 1981 - 1983 (Sammelwerk zur ländlichen Wirtschaftspolitik 1981 - 1983). Beijing.
FURUBOTN, E.G./PEJOVICH, S. (Eds.) (1974).
The Economics of Property Rights. Cambridge.
GÄFGEN, G. (1983).
Entwicklung und Stand der Theorie der Property Rights: Eine kritische Bestandsaufnahme. Fakultät für Wirtschaftswissenschaften und Statistik, Konstanz. Serie A-Nr. 180.
GEORGESCU-ROEGEN, N. (1976).
Energy and Economic Myths. New York.
GEY, P./KOSTA, J./QUAISSER, W. (1985).
Sozialismus und Industrialisierung. Frankfurt/M.
HEINEMANN, K.(Hg.) (1987).
Soziologie wirtschaftlichen Handelns. Opladen.
HESSE, G. (1982).
Die Entstehung industrialisierter Volkswirtschaften. Tübingen.
HUA NONG (1983)
Nongcun gongzuo shouce.
(Handbuch der Arbeit in den ländlichen Gebieten). Beijing.
HOFFMANN, R. (1978).
Kampf zweier Linien.
(JEC) JOINT ECONOMIC COMMITEE (1975).
A Reassessment of the Economy. A Compendium of Papers Submitted to the Joint Economic Committee of the United States, Washington.

KIRSCH, G./MACKSCHEIDT,K. (1988).
China. Ordnungspolitik in einem konfuzianischem Land. Baden-Baden.
KOSTA, J. (1974).
Sozialistische Planwirtschaft. Opladen.
KRAUS, W. (1979).
Wirtschaftliche Entwicklung und sozialer Wandel in der Volksrepublik China. Berlin, Heidelberg.
LARDY, N.R. (1983).
Agriculture in China's Modern Economic Development. Cambridge University Press.
LARDY, N.R. (1983 a)
Agricultural Prices in China. World Bank Staff Working Paper No. 606, Washington, D.C.World Bank. in CHOW (1985), S. 106.
LEUNG,C.K./CHAI, J.C.H. (Eds.) (1985).
Development and Distribution in China. Selected Papers on Contemporary China, VI. University of Hongkong.
MANNE, H.G. (Ed.) (1975).
The Economics of Legal Relationships. Readings in the Theorie of Property Rights. St. Paul, New York.
MAXWELL, N./MCFARLANE, B. (Eds.) (1984).
Chinas Changed Road to Development. Oxford, New York.
MENZEL, U. (1978).
Theorie und Praxis des chinesischen Entwicklungsmodells. Opladen.
MYERS, R. (1970).
The Chinese Peasant Economy: Agricultural Development in Hopei and Shungtung Provinces, 1890 - 1949. Cambrigde.
NG, G.-B. (1976).
Rural Inequalities and the Commune System in China. World Employment Program Research.
NORTH, D.C./THOMAS, R.P (1973).
The Rise of the Western World. Cambrigde, Mass.
OI, J.C. (1982).
State and Peasant in Contemporary China - The Politics of Grain Extraction. PH.D. University of Michigan.
PARISH,.W./Whyte, M.K. (1978).
Village and Family in Contemporary China. Chicago, London.
PARTEIKOMITEE DER PROVINZ LIAONING; PROPAGANDA ABTEILUNG (1988).
Nongcun shenru zhinan. (Anleitungen zur vertiefenden Reform in den ländlichen Gebieten). Universität Liaoning.
PERRY, E.J./WONG, C. (Eds.) (1985).
The Political Economy of Reform in Post-Mao China. Harvard University Press.
PRYBYLA, J.S. (1987).
Market and Plan Under Socialism: The Bird in the Cage. Stanford University.
QUAISSER, W. (1987).
Agrarpolitik und bäuerliche Landwirtschaft in Polen. Giessener Abhandlungen zur Agrar- und Wirtschaftsforschung des Europäischen Ostens, Band 150. Berlin.

RAPOPORT, A. (1974).
Game Theory as a Theory of Conflict Resolution. Dardrecht.
SCHÄDLER, M. (1989).
Neue Wege für Chinas Bauern. Produktion, Beschäftigung und Einkommen im nichtlandwirtschaftlichen Sektor. Hamburg.
SCHÄFER, H.-B. (1983).
Landwirtschaftliche Akkumulationslasten und industrielle Entwicklung Berlin, Heidelberg.
SCHÜLLER, A. (Hrg) (1983).
Property Rights und ökonomische Theorie. München 1983.
SCHÜLLER, A. (Hrg) (1985).
China im Konflikt zwischen verschiedenen Ordnungskonzeptionen. Schriften des Vereins für Socialpolitik. Band 150. Berlin.
SCHULTZ, T.W. (1964).
Transforming Traditional Agriculture. New Haven, Yale University Press.
SCOTT, J.C. (1976).
The Moral Economy of the Peasant. New Haven.
SHIRK, S. (Ed.) (1985).
The Challenge of China and Japan. New York.
SICULAR, T. (1983).
Market Restrictions in Chinese Agriculture: A Microeonaomic Analysis. PH.D. Yale University.
TIMMERMANN, W. (1973).
Strukturelle Unterbeschäftigung als Entwicklungsproblem der Dritten Welt. Kiel.
VARIAN, H. (1980).
Mikroökonomie. München.
WÄDEKIN, K.-E. (1982).
Agrarian Policies in Communist Europe.
WEISE, P. ET AL (1979).
Neue Mikroökonomie. Würzburg.
ZAMAGNI, S. (1987).
Microeoncomic Theory. Oxford.
ZWEIG, D. (1981).
The System of Responsibility: National Policy and Local Implementation. Paper presented at the Conference of Bureaucracy and Rural Development. University of Chicago. 26. - 30.8.1981.

(2) Aufsätze aus Zeitschriften, Zeitungen und Periodia

ADELMAN,I./ SUNDING,D. (1987).
"Economic Policy and Income Distribution in China". Journal of Comperative Economics, 11, S. 444 - 461.
ALCHIAN, A.A./DEMSETZ, H. (1972).
"Production, Information Costs, and Economic Organization". The American Economic Review, 62, S. 777 - 795.

BERNSTEIN,T. (1985).
"Reforming Chinese Agriculture. The Consequences of Unanticipated Consequences". The China Business Review, S. 45 - 49.
BRU (Beijing Rundschau) (1979).
S. 12
BRU (Beijing Rundschau) (1987).
S. 28.
CHINA AKTUELL (1985),
S. 351, 602 - 605, S. 810.
CHINA AKTUELL (1986)
"Gründe für den Rückgang der landwirtschaftlichen Nutzflächen", S. 423 - 425.
CHINA AKTUELL (1987),
S. 932 - 933.
CHINA AKTUELL (1988).
"Auch 1988 hohe Inflationsrate erwartet". S. 196 - 198.
"Preise steigen weiter". S. 364 - 365.
"Beziehungen ländliche Kader - Bauern. S. 758 - 759.
"Rationierung von Schweinefleisch und Zucker in großen Städten". S. 932 - 934.
CHINA NEWS ANALYSIS (1988)
"Hydraulic Construction". No. 1373, S. 3
CHINN,D.L. (1979).
"Team Cohesion and Collective-Labor Supply in Chinese Agriculture". Journal of Comperative Economics, 3, S. 375 - 394.
CHINN, D.L. (1980).
"Diligence and Laziness in Chinese Agricultural Production Teams". Journal of Comperative Economics, 7, S. 331 - 344.
CLARKSON, K.W. (1975).
"Property Rights. Incentives, and Economic Development". Growth and Change, Journal of Regional Development, S. 23 - 28.
CROCKER, T.D. (1971)
"Externalities, Property Rights , and Transaction Costs: An Emperical Study". Journal of Law and Economics, S. 451 - 464.
CROOK, F.W. (1973).
"Chinese Communist Agriculture, Incentiv-Systems and the Labor Production Contracts to Households, 1956 - 1965". Asian Survey, 5, S. 470 - 481.
CROOK, F.W. (1985).
"The Baogan Daohu Incentive System: Translation and Analysis of a Model Contract". The China Quarterly, 102, S. 291 - 316.
DEMSETZ, H. (1964).
"The Exchange and Enforcement of Property Rights". Journal of Law and Economics, 7, S. 11 - 26.
DOMES, J. (1982).
"New Policies in the Communes: Notes on Rural Societal Structures in China, 1976 - 1981". Journal of Asian Studies, XII, S. 253 - 267.

DONG,WOZHANG/DONG LI (1985).
"Dui tudi zhuanbao lilun he zhengce de yanjiu" (Untersuchung zur Theorie und Politik des Bodentransfers). Nongye jingji wenti (Probleme der Landwirtschaft), 4, 1988, S. 22 - 24.
DU, RUNSHENG (1984).
"New Development in the Contracting System of United Production and the Cooperative Economy in the Countryside". Chinese Economic Studies, S. 16 - 39 (Übersetzung aus Renmin Ribao, 7.3.1983, S. 2).
DU RUNSHENG (1986).
"Xian fu hou fu ge gongtong fuyu". (Zuerst, später und gemeinsam wohlhabend werden). Jingji ribao (Wirtschaftszeitung), 27.1.1986, S. 2.
DUTT, G. (1963).
"Some Problems of China's Rural Communes". The China Quarterly, 4, S. 112 - 136.
EIU, COUNTRY REPORT (1986).
No. 2, S. 15 - 16.
ELLMANN, M. (1981)
"Agricultural Productivity under Socialism". World Development, 9, S. 979 - 989.
ESWARAN, M./KOWAL, A. (1985).
"A Theory of Contractual Structure in Agriculture". The American Economic Review, 75, S. 352 - 367.
FANG,SHAN (1986).
"Mainland China's Rural Surplus Labor", Issues and Studies, 22, 4, S.51 - 68.
FENG, JIXIN (1984).
"Bring out the Superiority of the System of Contracted Responsibilites on the Household Basis". Chinese Economic Studies, S. 18 - 26 (Übersetzung aus Renmin Ribao, 24.2.1984).
FREY, B.S. (1985).
"Transaction Costs: Are They Just Costs?" Comment. Zeitschrift für die gesamte Staatswissenschaft, 141, S.17 - 20.
FUROBOTN, E.G./PEJOVICH, S. (1970)
"Property Rights and the Behavior of the Firm in a Socialist State: The Example of Yugoslavia. Zeitschrift für die Nationalökonomie, S. 431 - 454.
GARTRELL, J.W. (1981).
"Inequality within Rural Communities in India", American Soc.Review, 46, 6, S. 768 - 782.
GINNEKEN,VAN, W. (1988).
"Employment and Labor Incomes in China, 1978 - 86". Labor and Society, 13, S. 55 - 78.
HEBERER, T. (1985).
"Zur Problematik der gegenwärtigen Landwirtschaftsreform in der VR China". Osteuropa-Wirtschaft, S. 30 - 46.
HERMANN-PILLATH, C/,HERMANN-PILLATH,U. (1987).
"Kultur- und Wirtschaftsordnung in der VR China: Korporativismus und begrenzter Individualismus". Asienforum, S. 1 - 23.

HSIUNG, B.Y. /PUTTERMAN (1989).
"Pre- and Post-reform Income Distribution in a Chinese Commune: The Case of Dahe Township in Hebei Province". Journal of Comparative Economics, 13, S. 406 - 445.
HSU,R. (1984).
"Grain Procurement and Distribution in China's Rural Areas: Post-Mao Policies and Problems". Asian Survey, XXIV, S. 1229 - 1246.
JACOBS, J.B. (1985).
"Political and Economic Organizational Changes and Contintuties in Six Rural Chinese Localities". The Australian Journal of Chinese Affairs, 14, S. 105 - 130.
JAN, G.P. (1986).
"The Responsibility System and Its Economic Impact on Rural China". Asian Profile, 14, S. 391 - 407.
JINGJI RIBAO (1986),3.11.
(Wirtschaftszeitung).
KUEH, Y.-Y. (1984).
"China's New Agricultural-Policy Program: Major Economic Consequences, 1979 - 1983". Journal of Comperative Economics, 8, S. 353 - 375.
LAW, N.G.H. (1988).
"Property Rights Approach to Chinese Agricultural Investment Under Collectiviziation and the New Family Farm System". Asian Profile, 3, S. 317 - 332.
LIN, Z.L. (1983).
"On the Contract System of Responsibility Linked to Production". Social Sciences in China, 1, S. 53 - 104.
LIU, W.L. (1985).
"Zhe li de tudi zhuanrang sudu wei shenme zheyang man?" (Warum erfolgt der Bodentransfers hier so langsam?). Zhongguo nongcun jingji (Ländliche Wirtschaft Chinas), 9, 1985, S. 58 - 59.
LOUVEN, E. (1986).
"Der 7. Fünfjahresplan der VR China: Gleichgewichtiges Wachstum und Verbesserung der wirtschaftlichen Effizienz". China aktuell, S. 216 - 226.
MA, Bingquan (1988).
"Cong tudi guanli zhidu de bianhua kan jiating lianchan chengbaozhi de xin fazhan"
(Betrachtung der neuen Entwicklungen der an den Output gebundenen vertraglichen Haushaltsproduktion aus der Sicht der Veränderungen des Bodenvertragssystems). Zhongguo nongcun jingji (Ländliche Wirtschaft Chinas), 4, S. 46 - 48.
MA, BINGQUAN /SUN, YIDUO (1988).
"Tudi suoyouquan he shiyongquan ji ta zhuanyi".
(Bodeneigentums- und Nutzungsrechte und ihre Veränderungen) Nongcun gongzuo tongxun (Bulletin der Arbeit auf dem Lande) 3, S. 26 - 27.
MCKEAN, R.N. (1970).
"Products Liability: Implications of Some Changing Property Rights". Quarterly Journal of Economics, S. 611 - 624.

NEE, V. (1986).
"The Peasant Household Economy and Decollectivization in China". Journal of Asian and African Studies, XXI, S. 185 - 203.
NG, G. (1979).
"Incentive Policy in Chinese Collective Agriculture". Food Policy, S. 75 - 86.
NOLAN, P./WHITE, G. (1981).
"Distribution and Development in China". Bulletin of Concerned Asian Scholars, 3, S. 2 - 18.
NOLAN, P./PAINE, S. (1986).
"Towards an Appraisal of the Impact of Rural Reform in China, 1978 - 1985". Cambridge Journal of Economics, 10, S. 83 - 99.
OI, J.C. (1986).
"Peasant Grain Marketing and State Procurement: China's Grain Contracting System". The China Quarterly, 106, S. 272 - 290.
OI, J.C. (1986a).
"Peasant Households Between Plan and Market. Cadre Control Over Agricultural Inputs". Modern China, 12, S. 230 - 251.
ONOUE, E. (1987)
"Agricultural Performance in 1986 and Prospects for 1987", China Newsletter, Bd. 67, S. 6 - 19.
PEOPLE'S DAILY (1986), 20.12.
PERKINS, D.H. (1988).
"Reforming China's Economic System". Journal of Economic Literature, XXVI, S. 601 - 645.
POLLAK, R.A. (1985).
"A Transcation Cost Approach to Families and Households". Journal of Economic Literature, XXIII, S. 581 - 608.
PRYBYLA, J.S. (1986).
"Pao-kan Tao-hu: The Other Side". Issues and Studies, 22, S. 54 - 77.
PRYBYLA, J.S. (1986 a).
"China's Economic Experiment: From Mao to Market". Problems of Communism, S. 21 - 38.
PRYBYLA, J.S. (1987).
"Mainland China and Hungary: To Market, to Market...". Issues and Studies, 1, S. 43 - 85.
PUTTERMAN, L. (1988).
"Group Farming and Work Incentives in Collective-Era China". Modern China, 4 , S. 419 - 450.
REEDER, J.A. (1983).
"A Small Study of a Big Market in the People's Republic of China - The "Free Market" - System". Columbia Journal of World Business, 18, S. 74 - 80.
SHUE, V. (1984).
"The Fate of the Communes". Modern China, 10, 3, S. 259 - 283.
SONG, LINFEI (1984).
"The Present State and Future Prospects of Specialized Households in Rural China". Social Sciences in China, S. 107 - 130.

SUN, ZIDUO (1988).
"You chengbaozhi dao zulinzhi - nongye shengchanzerenzhi de fazhan qushi"
(Vom Vertragssystem zum Pachtsystem - Entwicklungstrend des landwirtschaftlichen Produktionsverantwortungssystems). Nongye jingji wenti (Fragen der Landwirtschaft), 1, S. 12 - 14.
TRAVERS, L. (1984).
"Post-1978 Rural Economic Policy and Peasant Income in China". China Quarterly, S. 242 - 261.
T'SAI, MING-CH'IN (1984).
"The Burden on the Peasantry: An Analysis of Mainland Chinas Rural Economy". Issues and Studies. S. 30 - 47.
UMBECK, J. (1977).
"A Theory of Contract Choice and the California Gold Rush. Journal of Law and Economics, S. 421 - 437.
UNGER, J. (1985-86).
"The Decollectivization of the Chinese Countryside: A Survey of Twenty-eight Villages". Pacific Affairs, 58, S. 585 - 606.
WALKER, K.R. (1984).
"Chinese Agriculture During the Periode of Readjustment". China Quarterly, S. 783 - 812.
WALKER, K.R. (1988).
"Trends in Crop Production". The China Quarterly, S. 592 - 633.
WAN, LI (1984).
"Zai quanguo nongcun gongzuo huiyi de jianghua" (Rede auf der Landeskonferenz zur Arbeit in den ländlichen Gebieten am 29.11.1983). Zhongguo jingji nianjian (Wirtschaftsjahrbuch Chinas) S. II 44 - 52.
WANG, MENGKUI (1985).
"Jiangmenshi nongcun tiaozheng tudi, yanchang chengbaoqi de tiaocha"
(Untersuchung der Bodenanpassung und der Verlängerung der Vertragsperiode in den ländlichen Gebieten der Stadt Jiangmen). Zhongguo nongcun jingji (Ländliche Wirtschaft Chinas), 11, S. 1 - 4.
WATSON, A. (1984/85).
"New Structures in the Organization of Chinese Agriculture: A Variable Model". Pacific Affairs, 57, S. 621 - 645.
WATSON, A. (1988).
"The Reform of Agricultural Marketing in China Since 1978". The China Quarterly, 113, S. 1 - 28.
WEGGEL, O. (1972).
"Das landwirtschaftliche Verteilungssystem im Wellenschlag derRevolution". China aktuell, 12, S. 19 - 26.
WEGGEL, O. (1985).
"Bürokratie contra Reform? - Hypothesen und Chancen des nachmaoistischen Reformkurses". China aktuell, S. 303 - 317.

WIENS, T.B. (1983).
"Chinese Economic Reforms. Price Adjustment, the Responsibility System, and Agricultural Productivity". The American Economic Review (Papers and Proceedings), 73, S. 319 - 324.
WIENS, T.B. (1987).
"Issues in the Structural Reform of Chinese Agriculture". Journal of Comperative Economics, 11, S. 372 - 384.
WILLIAMSON, O.E. (1984).
"The Economics of Governance: Framework and Implications". Zeitschrift für die gesamte Staatswissenschaft, 140, S. 195 - 223.
WONG, J. (1972).
"Socialization of agriculture and peasant response to economic incentives in China". Review of Southeast Asian Studies. S. 14 - 26.
WONG, J. (1976).
"Some Aspects of China's Agricultural Development Experience: Implications for Developing Countries in Asia". World Development, 4, S. 485 - 497.
WU, YUMING ET AL (1988).
"Shixing tudi jingzheng chengbao de tiaocha "(Untersuchung des versuchsweisen vertraglichen Bodenwettbewerbs) Nongye jingji wenti (Probleme der Landwirtschaft), 5, S. 36 - 39.
ZHANG,Y.L./YANG, C.X./GUO, X. P. (19..).
"Contracting Output Quotas to Households Under Unified Management: The Responsiblity System in Xiaotan People's Commune". Social Sciences in China, S. 121 - 145.
ZHOU, QIREN (1986).
"The Rediscovery of Household Management". Social Sciences in China, S. 93 - 122.
ZWEIG, D. (1983).
"Opposition to Change in Rural China: The System of Responsibility and People's Communes". Asian Survey, XXIII, S. 879 - 900.

(3) Beiträge aus Sammelwerken, Readers:

BRANDES, W./WEISE, P. (1987).
"Grundzüge einer Theorie institutionalisierter Arbeitsbeziehungen", in: Butler (Hrg.) (1987), S. 64 - 94.
BRUS, W. (1964).
"Einige Probleme der Dezentralisierung in einer sozialistischen Planwirtschaft", in Brus (1972), S. 9 - 33.
CHAI, J.C.H. (1985).
"Property Rights and Income Distribution under China's Agricultural Household Responsibility System", in: Leung and Chai (Eds.) (1985), S. 75 - 100.
CROOK, F.W. (1975).
"The Commune System in the People's Republic of China 1963 - 1974", in: JEC (1975), S. 366 - 410.

DEMSETZ, H. (1967).
"Toward a Theory of Property Rights" in: Manne (Ed.) (1975), S. 23 - 36.
DENG XIAOPING (1983).
"Our Work in All Fields Should Contribute to the Building of Socialism with Chinese Characteristics", in: Deng Xiaoping (1985), S. 10 - 13.
EGER, T./WEISE, P. (1978).
"Einzel- und gesamtwirtschaftliche Aspekte des Investitionsverhaltens arbeiterselbstverwalteter Unternehmen", in: Backhaus, Eger und Nutzinger (Hrg) (1978), S. 133 - 176.
FAIRBANK, J.K. (1976).
"The Nature of Chinese Society", in: Shirk (Ed.) (1985), S. 78 - 82.
FURUBOTN, E.G./PEJOVICH,S. (1972).
"Property Rights and Economic Theory: A Survey of Recent Literature", in: Manne (Ed.) (1975), S. 53 - 65.
GEORGESCU-ROEGEN, N. (1965).
"Process in Farming versus Process in Manufacturing: A Problem of Balanced Development", in: Georgescu-Roegen (1976), S. 71 - 102.
HARTFORD, K. (1985).
"Socialist Agriculture is Dead; Long Live Socialist Agriculture! Organizational Transformations in Rural China", in: Perry and Wong (Eds.) (1985), S. 31 - 62.
ISHIKAWA, S. (1984).
"China's Economic System Reform: Underlying Factors and Prospects", in: Maxwell and McFarlane (Eds.) (1984), S. 9 - 20.
KLOTEN, N. (1985).
"Der Plan-Markt-Mechanismus Chinas, Das Koordinationsproblem in Theorie und Praxis", in: Schüller (Hrg.) (1985), S. 11 - 62.
LATHAM, R.D. (1985).
"The Implications of Rural Reform for Grass-Roots Cadres", in: Perry and Wong (1985) (Eds), S. 157 - 174.
LEIPOLD, H. (1983).
"Der Einfluß von Property Rights auf hierachische und marktliche Transaktionen in sozialistischen Wirtschaftssystemen", in: Schüller (Hrg.) (1983), S. 185 - 218.
MARCHISIO. H. (1972).
"Die Entlohnungssysteme in den Volkskommunen", in: Bettelheim, Marchisio und Charriere (1972), S. 71 - 100.
PEJOVICH, S. (1972).
"Towards an Economic Theory of Creation and Specification of Property Rights", in: Manne (Ed.) (1975), S. 37 - 52.
PERKINS, D.H. (1975).
"Constraints Influencing China's Agricultural Production", in: JEC (1975), S. 350 - 365.
PUTTERMAN, L. (1985).
"The Restoration of the Peasant Household as Farm Production Unit in China: Some Incentive Theoretic Analysis", in: Perry and Wong (Eds.) 1985), S. 63 - 82.

RAPOPORT, A. (1974).
"Prisoner's Dilemma - Recollections and Observations", in: Rapoport (1974), S. 17 - 34.
SCHINKE, E. (1985).
"Der Agrarsektor in der Volksrepublik China, Wandlungen und Möglichkeiten", in: Schüller (Hrg.) (1985), S. 141 - 157.
STAVIS, B. (1982).
"Rural Institutions in China", in: Barker, Sinha with Rose (Eds.) (1982), S. 81 - 98.
TRAVERS, L. (1985).
"Getting Rich Through Diligence: Peasant Income After the Reforms", in: Perry and Wong (Eds.) (1985), S. 111 - 130.
WATSON, A. (1984).
"Agriculture Looks for 'Shoes that Fit': The Production Responsibility System and Its Implications", in: Maxwell and McFarlane (Eds.) (1984) S. 83 - 108.
WISEDE, G. (1987).
"Über die Entstehung von Präferenzen", in: Heinemann (Hg) (1987), S. 40 - 53.
WU, J.-L. (1985).
"The Chinese Economy", in: Gey, Kosta, Quaisser (Hg) (1985), S. 248 - 262.

(4) Jahrbücher, LEXIKA

WIRTSCHAFTSJAHRBUCH CHINAS
(Zhongguo jingji nianjian).
kurz: **ZGJJNJ**, Jahrgänge 1981 - 1988. Beijing.
LANDWIRTSCHAFTSJAHRBUCH CHINAS
(Zhongguo nongye nianjian).
kurz: **ZGNYNJ**, Jahrgänge 1982 - 1987. Beijing
CHINA AGRICULTURAL YEARBOOK.
Beijing 1988.
STATISTISCHES JAHRBUCH CHINAS
(Zhongguo tongji nianjian).
kurz: **ZGTJNJ**, Jahrgänge 1984 - 1988. Beijing.
JAHRBUCH DER WIRTSCHAFTSSTATISTIK DER PROVINZ LIAONING
(Liaoning jingji tongji nianjian).
kurz: **LNJJTJNJ**, Jahrgänge 1984 - 1987. Shenyang.
MATERIALIEN ZUR SOZIALSTATISTIK CHINAS
(Zhongguo shehui tongji ziliao). Beijing 1985.
WIRTSCHAFTSLEXIKON, Band Landwirtschaftsökonomie
(Jingji da cidian, nongye jingji juan).
Shanghai 1983.

(5) Dokumente, Gesetze und Bestimmungen (in chronologischer Ordnung)

Beschluß des Zentralkomitees der KPCh über einige Fragen zur Beschleunigung der landwirtschaftlichen Entwicklung; angenommen von der 3. Plenum des XI. ZK im Dezember 1978.
(Zhonggong zhongyang guanyu jiakai nongye fazhan de ruogan wenti).

Übersetzt in: Issues and Studies (1979), S. 103 - 119 (1. Teil) und S. 91 - 99 (2. Teil).

Einige Fragen zur weiteren Stärkung und Verbesserung des Verantwortungssystems in der landwirtschaftlichen Produktion. Zusammenfasssendes Protokoll einer Diskussion der ersten Parteisekretäre aller Provinzen, Städte und Bezirke vom 14.9.- 22.9.1980.
(Guanyu jin yi bu jiaqiang he wanshan nongye shengchanzerenzhi de ji ge wenti; 1980.9.14.- 22.9, ge sheng shi qu di yi shuji zuotanhuijiyao).
in: Nongcun gongzuo shouce (Handbuch der Arbeit in den ländlichen Gebieten), Beijing, 1983, S. 24 - 31.

Weitergabe des Rundschreibens des staatlichen Landwirtschaftskomitees 'Bericht über die aktive Entwicklung der diversifizierten Wirtschaft in den ländlichen Gebieten' durch das ZK der KPCh und den Staatsrat, 30.3.1981 (Dokument Nr. 13, 1981).
(Zhonggong zhongyang, guowuyuan zhuanfa guojia nongwei 'Guanyu jiji fazhan duozhong jingying de baoguo' de tongzhi, zhongfa (1981) 13 hao.
in: Nongcun gongzuo shouce (Handbuch der Arbeit in den ländlichen Gebieten), Beijing,1983, S. 31 - 48.

Rundschreiben des Parteikomitees der Provinz Liaoning über die Durchführung des "Tagungsprotokolls des Provinzparteikomitees über die Arbeit in den ländlichen Gebieten (einschließlich Tagungsprotokoll)". Dokument Nr. 87. 1981.
(Zhonggong liaoning shengwei guanyu guanche chexing "Shengwei nongcun gongzuo huiyi jiyao" de tongzhi. Liaoweifa 1981, 87 hao.
in: Forschungsabteilung für ländliche Politik beim Sekretariat des ZK der KPCh, Materialabteilung (1984), S. 165 - 185.

Bestimmungen der Stadt Jinzhou zum ertragsabhänigen Verantwortungssystem der Übertragung der Arbeitsaufgaben und des Outputs auf Gruppen.
(Jinzhoushi baogong baochan dao zu lianchan jichou zerenzhi xice)
in: "Bulletin der Arbeit auf dem Lande", WIRTSCHAFTSVERWALTUNGSABTEILUNG. (1981), S. 65 - 74.

Vorläufige Bestimmungen des Kreisparteikomitees Chu über die Perfektionierung und Weiterentwicklung des Verantwortungssystems mit Übertragung der vollen Verantwortung auf die Haushalte.
(Chu Xianwei guanyu wanshan tigao baochan (gan) dao hu zerenzhi de zanxing guiding).
in: "Bulletin der Arbeit auf dem Lande", Wirtschaftsverwaltungsabteilung. (1981), S. 121 - 132.

Zusammenfassung der Landeskonferenz zur Arbeit auf dem Lande; vom Staatsrat genehmigt und bekanntgegeben am 1.1.1982.
(Quanguo nongcun gongzuo huiyi yiyao).
in: ZGNYNJ (1982), S. 1 - 6.

Provisiorische Bestimmungen über die Bodenverwaltung in der Provinz Liaoning; Bericht der Provinzregierung vom 2o.2.1982.
(Liaoning sheng renmin zhengfu guanyu banfa 'Liaoning sheng tudi guanli zanxing tiaoli' de tongzhi).
in: Forschungsabteilung für ländliche Politik beim Sekretariat des ZK der KPCH, Materialabteilung (1984), 2. Teil, S. 1180 - 1189..

Verfassung der Volksrepublik China (4.12.1982)
in: China akutell (1983), S. 121 - 143.

Einige Fragen zur gegenwärtigen ländlichen Wirtschaftspolitik (Zusammenfassung des Dokuments Nr. 1/1983 des Zentralkomitees der KPCh).
(Dangqian nongcun jingji zhengce de ruogan wenti, zhonggong zhongyang 1983 nian 1 hao wenjian zaiyao).
in: ZGNYNJ (1983), S. 1 - 5.

Stärkung der ideologischen und politischen Arbeit in den ländlichen Gebieten (Zusammenfassung des Dokuments Nr. 2/1983 des Zentralkomitees der KPCh).
(Jiaqiang nongcun sixiang zhengce gongzuo, zhonggong zhongyang 1983 nian 2 hao wenjian zhaiyao).
in: ZGNYNJ (1983), S. 5 - 13.

Rundschreiben des Zentralkomitees der KPCh über die Arbeit in den ländlichen Gebieten 1984.
(Zhonggong zhongyang guanyu 1984 nian nongcun gongzuo de tongzhi).
in: ZGNYNJ (1984), S. 1 - 4.

Beschluß des Zentralkomitees der KPCh über die Reform des Wirtschaftssystems. (Angenommen auf der 3. Plenartagung des XII. Zentralkomitees der KPCh am 2o.1o.1984).
Beijing, 1984.

Zusammenfassung der repräsentativen Untersuchung über die soziale und wirtschaftliche Situation in den ländlichen Gebieten.
(Quanguo nongcun shehui jingji dianxing tiaocha qingkuang zongda)
in: ZGNYNJ (1986), S. 301 - 313.

Zehn politische Maßnahmen des Staatsrats und des Zentralkomitees der KPCh zur Belebung der ländlichen Wirtschaft vom 1.1. 1985.
(Zhonggong zhongyang, guowuyuan guanyu jin yi bu huoye nongcun jingji de shixiang zhengce).

in: ZGNYNJ (1985), S. 1 - 3.

Stellungnahme der Gemeinde Dachuantou zur Stabilisierung und Verbesserung des an den Output gebundenen Haushaltsvertragssystems vom 1.1.1985.
(Kuandian xian, Dachuantou xiang zhengfu guanyu wending wanshan jiating lianchan chengbaozhi de yijian, 1.1.1985).
Gemeinde Dachuantou, Kreis Kuandian.

PLan des Zentralkomitees der KPCh und des Staatsrates über die Arbeit in den ländlichen Gebieten im Jahre 1986; Dokument Nr. 1/1986.
(Zhonggong zhongyang, guowuyuan guanyu 1986 nian gongzuo de bushu).
in: Zhonghua renmin gongheguo guowuyuan gongbao (Veröffentlichung des Staatsrates der VR China), 10.3.1986, Nr. 5, Gesamt-Nr. 493, S. 99 - 106.

Bodenverwaltungsgesetz der VR China; verabschiedet auf der 16. Sitzung des Ständigen Ausschusses des VI. Nationalen Volkskongresses am 25.6.1986; in Kraft getreten am 1.1.1987).
(Zhonghua renmin gongheguo tudi guanlifa).
in: Zhongguo renmin gongheguo guowuyuan gongbao (Veröffentlichung des Staatsrates der VR China), 10.7.1986, Nr. 17, Gesamt-Nr. 505, S. 531 - 538.

Der 7. 5-Jahres-Plan über die volkswirtschaftliche und soziale Entwicklung der Provinz Liaoning 1986 - 1990.
(Liaoning sheng guomin jingji he shehui fazhan di qi ge wu nian jihua 1986 - 1990).
Wirtschaftsplanungskommission der Provinz Liaoning

Anhang

Tabelle 3.1: **Zuteilung von Bodennutzungsrechten zum Zeitpunkt der Einführung des Baogan dao hu-Systems in ausgewählten Einheiten in der Provinz Liaoning**

Untersuchte Einheiten	Zuteilung von Nutzungsrechten nach Personenzahl (P) nach Arbeitskräftezahl (A) des Haushalts	Zuteilung an Haushalte pro Person (%)	pro Person (Mu)	pro Arbeitskraft (%)	pro Arbeitskraft (Mu)	Beispiele der Zuteilung Personenzahl	Arbeitskräftezahl	Zugeteilte Fläche an Haushalte gesamt (Mu)
Bezirk Dongling	A und P	30%		70%				
- Dorf Bajiazi	keine Zuteilung an Haushalte							
Bezirk Yuhong	A und P	30%	1,0	70%				
- Dorf Yingshou	keine Zuteilung an Haushalte							
Bezirk Sujiatun	A und P	30%		70%				
-Gemeinde Guanlipu	A und P	30%	1,0	70%				
-Dorf Dagujia	A und P	30%	1,0	70%	2,3 -3,5[1)]	5	2	8,3
Kreis Jin -Kleinstadt Daweijia	Getreideflächen nach P Gemüse-u.Obstanbauflächen an Gruppen	100%[2)]	1,3					
-Dorf Houshi	keine Zuteilung an Haushalte							
Bezirk Changtu	A und P	30%	1,5	70%				
-Kleinstadt Baoli	A und P	30%	1,0	70%				
-Dorf Baoli	A und P	30%	2,7	70%	5,0	5	2	18,99

Fortsetzung Tabelle 3.1

Kreis Faku	A und P	30%	1,5	70%				
-Gemeinde Sijiazi	A und P	40%	1,5	60%	6,0			
-Dorf Sijiazi	A und P	30%	1,5	70%	6-10	4	1,5[3)]	12,3
Kreis Fuxin	A und P	70%	3,0	30%				
- Gemeinde Tabenzhalan	A und P	70%	2,8	30%				
-Dorf Baiyudou	P[4)]	100%	3,3			6	2	21,0
-Gemeinde Wuhuanchi	A und P	70%	3,8	30%				
-Dorf Xi	P[4)]	100%	3,0			5	3	16,0
Bezirk Kuandian	A und P	80%	1,3	20%				
- Gemeinde Shihugou	A und P	50-80%	0,7-1,2	50-20%				
- Dorf Shangchangy.	P[4)]	100%	0,9-1,3[5)]			5	1	6,9
-Gemeinde Dachuantou	A und P	90%	1,5	10%				
-Dorf Xinfeng	P[4)]	100%	1,1			5	2	9,6

Anmerkungen:

1) 1. Produktionsgruppe Pro Arbeitskraft 3,15 Mu; 2. Produktionsgruppe pro Arbeitskraft 3,13 Mu und 3. Produktionsgruppe pro Arbeitskraft 2,3 Mu

2) bezieht sich nur auf Getreideanbaufläche

3) 0,5 Arbeitskraft bis zum 16. Lebensjahr

4) "flexibel einsetzbare Felder" (Jidong tian) werden an Arbeitskräfte verteilt

5) 1. Produktionsgruppe 1,3 Mu; 2. Produktionsgruppe 0,9 Mu und 3. Produktionsgruppe 1,2 Mu

Quelle: Eigene Erhebungen der Jahre 1985 und 1987

Tabelle 3.2: **Einsatz chemischen Düngers im Zeitraum 1978 - 1987 (in Mio t)**

	Jahr	Gesamtmenge Produkt-gewicht	Wirkstoff-gewicht	Veränderung gegenüber Vorjahr (in Prozent) Produkt-gewicht	Wirkstoff-gewicht	Düngereinsatz pro Mu(Kilo)*	
Gesamtchina	1978		8.840				
	1979		10.863		+ 22,9		
	1980		12.694		+ 16,9		
	1981		13.349		+ 5,2		
	1982	68.123	15.134		+ 13,4		
	1983	73.845	16.598	+ 8,4	+ 9,7		
	1984	74.959	17.398	+ 1,5	+ 4,8		
	1985	73.105	17.758	- 2,5	- 2,1		
	1986	79.960	19.306	+ 9,4	+ 8,7		
	1987	83.772	19.993	+ 4,8	+ 3,4		
Provinz Liaoning	1978	2.060				35,9	
	1979	k.A.				k.A.	
	1980	2.985				52,9	
	1981	3.025	0.630	+ 1,3		54,4	+ 2,8 (%)
	1982	3.022	0.635	- 0,1	+ 0,8	55,0	+ 1,1 (%)
	1983	3.074	0.675	+ 1,7	+ 6,3	56,1	+ 2,0 (%)
	1984	3.200	0.762	+ 4,1	+ 12,9	58,9	+ 5,0 (%)
	1985	2.734	0.709	- 14,6	- 7,0	50,9	- 15,1 (%)
	1986	2.640	0.727	- 3,4	- 2,5	49,9	- 2,0 (%)
	1987	2.652	0.673	+ 0,5	- 7,4	k.A.	--

Anmerkung:
* Düngereinsatz aus gemischten Produktgewichtsmengen berechnet.

Quellen: 1978 - 1981 ZGTJNJ(1984), S. 175 u. LNJJTJNJ(1986), S. 521 (1978 - 1986)
1982 ZGNYNJ(1983), S. 117 - 118 1985 ZGNYNJ(1986), S. 268 - 269 , S. 156
1983 ZGNYNJ(1984), S. 164 - 165 1986 ZGTJNJ(1987), S. 146
1984 ZGNYNJ(1985), S. 220 - 223 1987 ZGTJNJ(1988), S. 232

Tabelle 3.3: **Entwicklung der kollektiven Abgaben in ausgewählten Einheiten in der Provinz Liaoning 1979 - 1984**

Einheiten	1979	1980	1981	1982	1983	1984
Bezirk Dongling	k.A.					
Dorf Bajiazi	606.441	880.987	982.374	1.596.292	977.926	898.660
Bezirk Yuhong	k.A.					
Dorf Yingshou	k.A.					
Bezirk Sujiatun	k.A.					
Gemeinde Guanlipu	1.420.000	2.180.000	2.490.000	2.330.000	930.000	1.330.000
Dorf Dagujia	k.A.	77.466	70.365	69.298	4.025	22.210
Kreis Jin	k.A.					
Kleinstadt Daweijia	1.579.652	1.368.702	1.450.067	1.446.951	1.002.978	822.800
Dorf Houshi	k.A.					
Kreis Changtu	k.A.					
Kleinstadt Baoli	k.A.[1)]					
Kreis Faku	k.A.					
Gemeinde Sijiazi	699.543	653.316	604.517	148.153	403.864	498.870
Dorf Sijiazi	109.153	84.563	98.140	30.047	50.520	80.181
Kreis Fuxin	79.730.000	78.270.000	40.950.000	42.290.000	72.890.000	72.820.000
Gemeinde Tabenzhalan	556.590	593.434	249.673	166.312	614.987	485.363
Dorf Baiyudou	120.000	80.000	75.000	50.000	50.000	50.000
Gemeinde Wuhuanchi	300.000	320.000	300.000	310.000	300.000	300.000
Dorf Xi	38.000	36.000	5.000	0	0	0
Kreis Kuandian	5.344.000	6.558.000	4.760.000	4.390.000	3.950.000	2.180.000
Gemeinde Shihugou	k.A.	k.A.	306.000	257.000	283.000	150.000
Dorf Shangchangyang	k.A.					
Gemeinde Dachuantou	107.000	121.000	77.000	105.000	128.000	92.000
Dorf Xinfeng	k.A.					

1) 18 % der Nettoeinnahmen 1979

Quelle: Eigene Erhebungen 1985

<u>Tabelle 3.4:</u> **Maschinelle Ausstattung im Eigentum der ländlichen Haushalte, Untersuchungseinheiten in der Provinz Liaoning**

Jahr	Große/Mittl. Traktoren			Kleintraktoren			Verarbeitungsmasch.			Lastkraftwagen		
Eigentumsform:[1]	A	B	C	A	B	C	A	B	C	A	B	C
Kreis Faku, Gemeinde Sijiazi												
1980	22			40			100					
1981	22			40			100					
1982	23			37			103					
1983	22			44			105			1		
1984	21				56			105		2	1	
1985	19				70			105		3		
1986	19				75			105		5		
1987	20				87			102		7		
Dorf Sijiazi												
1980	2			3			25					
1981	2			3			25					
1982	2			3			25					
1983	2				8		25					
1984	2				8		20					
1985	2				8		4	16		1		
1986	2				12		4	16		1		
1987	2				15		4	16		1		
Kreis Fuxin, Dorf Xi												
1980	5			1			8					
1981	5			1			8					
1982	7			1			10					
1983	7			1			10					
1984	4	3		1	6		10					
1985	4	8			8		10				2	
1986	4	13			12		12				3	
1987	4	21			14		12				3	
Kreis Kuandian, Dorf Shangchangyang												
1980	1						4			2		
1981	1						4			2		
1982	1						4			2		
1983	1	3			5		1	3		2	1	
1984	1	3			5			4		2	3	
1985	1	3			5			4		1	4	
1986	1	4			5			4		1	6	
Kreis Kuandian, Gemeinde Dachuantou												
1980	27			24						10		
1981	24			20						11		
1982	5	15	5		13					10		
1983	2	30	3		15					14		
1984	2	22	4		13					12	1	
1985	2	23	3		16					8	6	2
1986	1	25	2		13					7	5	2
1987	1	30	2		11					9	2	1

Fortsetzung Tabelle 3.4

Jahr	Große/Mittl. Traktoren			Klein-traktoren			Verarbeitungsmasch.			Lastkraftwagen		
Eigentumsform:	A	B	C	A	B	C	A	B	C	A	B	C
Gemeinde Dachuantou, Dorf Xinfeng												
1980	2			2						1		
1981	2			2						1		
1982	2			2	3						1	1
1983			2		3						2	2
1984			2		4						1	2
1985			2		4						2	1
1986			2		5						3	1
1987			2		6						3	1
Bezirk Dongling, Dorf Bajiazi												
1980	14			16			40			7		
1981	14			16			40			9		
1982	14			16			40			14		
1983	10			14			40			20		
1984	2			12			38			25		
1985	2				9			30		35		
1986	2				9			30		45	3	
1987	2				10			30		50	4	
Bezirk Yuhong, Dorf Yingshou												
1980	5				4		1			4		
1981	5				8		1			4		
1982	5				9		1			6		
1983	5				9		1			8	2	
1984		7			9		1			9	32	
1985		9			9		1			15	37	
1986		16				9	1			15	42	
1987		14				9	1			15	45	
Bezirk Sujiatun, Gemeinde Guanlipu												
1980		10	25		60		70			10	15	
1981		20	16		62		72			11	17	
1982		30	15		70		75			12	20	
1983		50			71		76			12	50	
1984		55			73		76			13	67	
1985		64			75		76			15	65	
1986		75			77		76			15	65	
1987		119			77		76			k.A.	k.A.	
Gemeinde Guanlipu, Dorf Dagujia												
1980							6					
1981							6					
1982							6					
1983					8			6			1	
1984					7			6			1	
1985		1			7			6			1	
1986		1			6			4			1	
1987		1			6			4			1	

Anmerkung: 1) A = im kollektiven Eigentum, B = im privaten Eigentum der Haushalte, C = im gemeinschaftlichen Eigentum mehrerer Haushalte.
Quelle: Eigene Erhebung 1987.

Tabelle 3.5: **Maschinell bewirtschaftete Anbauflächen 1980 - 1986, Gesamt-China und Provinz Liaoning**

	Maschinell gepflügte Fläche (in Mio Mu)	Anteil an Gesamtfläche (%)	Maschinell gesähte Fläche (in Mio Mu)	Anteil an Gesamtfläche (%)	Maschinell geernete Fläche (in Mio Mu)	Anteil an Gesamtfläche (%)
Gesamt-China:						
1980	614.850	k.A.	k.A.	k.A.		k.A.
1981	547.155	k.A.	197.336	k.A.	k.A.	k.A.
1982	526.731	k.A.	189.382	k.A.	67.649	k.A.
1983	503.573	34	179.450	12	68.035	5
1984	523.831	k.A.	184.953	k.A.	71.627	k.A.
1985	516.637	k.A.	181.632	k.A.	71.317	k.A.
1986	546.417	k.A.	194.358	k.A.	82.602	k.A.
Liaoning:						
1980	31.256	55	11.110	20	k.A.	k.A.
1981	28.657	k.A.	8.398	k.A.	0,018	k.A.
1982	27.957	51	6.845	12	0,009	0
1983	26.581	48	4.848	9	0,013	0
1984	27.818	51	4.681	9	0,009	0
1985	28.152	52	4.032	7	0,010	0
1986	29.175	55	3.823	7	0,021	0

Quellen: Angaben über den Umfang der Gesamtfläche (Gengdi mianji) bestehen für Gesamt-China in Zhongguo Shehui Tongji Ziliao, 1984, S. 3 für die Provinz Liaoning in LNJJTJNJ, 1984, S. III-66, 1985, S. 426 und 1987, S. 514.

Angaben über die maschinell bewirtschafteten Anbauflächen Gesamt-China: ZGTJNJ, 1984, S. 175 und ZGNYNJ, 1982, S. 80; 1983, S. 119; 1984, S. 158,; 1985 S. 216; 1986, S. 264; 1987, S. 339

Provinz Liaoning: LNJJTJNJ, 1987, S. 523; ZGNYNJ, 1982, S. 80; 1983, S. 119; 1984, S. 159; 1985, S. 217; 1986, S. 265

Tabelle 3.6: **Zusammensetzung des festen Anlagevermögens pro Durchschnittshaushalt in Gesamtchina und Liaoning 1985 - 1987 (in Yuan)**

Jahr	Gesamt	Zug-u. Lasttiere Zuggeräte	Große u. mittlere landwirt. Geräte	Maschinen f.Anbau, Viehzucht, Forstwi. und Fischzucht	Maschinen für industr. Produktion	Transportmaschinen	Produktionsgebäude	Sonstiges Anlagevermögen
1. Gesamt-China								
1985	792.53	339,01	48,50	67,65	16,13	112,84	174,33	34,07
1986	831,96	334,05	47,27	70,79	20,68	136,48	184,98	37,71
1987	909,03	338,49	51,37	95,14	26,40	155,09	197,52	45,02
2. Provinz Liaoning								
1985	844,74	353,93	44,25	80,69	11,34	198,92	118,01	37,60
1986	835,46	326,47	37,03	96,99	8,21	216,34	127,36	23,06
1987	932,50	341,07	41,86	134,68	12,71	220,82	153,39	27,97

Quellen: ZGTJNJ, 1986, S. 160; 1986, S. 150 und 1987, S. 237 und 238

Tabelle 4.1: **Anzahl der spezialisierten Haushalte und Aufteilung nach Produktionsbereichen in ausgewählten Einheiten in der Provinz Liaoning**

Einheiten	Gesamtzahl	Aufteilung in: Anbau	Viehzucht	Fischz.	Forstw.	Dienstl.	Transport	Industrie	Sonstige
Bezirk Dongling									
Dorf Bajiazi	60	40 [1]	10			1	3	6	
Bezirk Yuhong									
Dorf Yingshou	4	4 [1]							
Bezirk Sujiatun									
Gemeinde Guanlipu	566	66	160	140	20	60	20	60	40
Dorf Dagujia	122	10	15	2			8	20	67
Kreis Jin									
Kleinst.Daweijia	406	116	31	78		46	93	21	21
Houshi	0								
Kreis Faku	4.119	1.687	394	37	104	593	531	371	
Gemeinde Sijiazi	115	25	10		15	14	21	17	13
Dorf Sijiazi	57	15	11		1	7		10	7
Kreis Changtu	55.532	26.492	18.543	420	138	3.500	2.756	3.203	380
Kleinst. Baoli	690	80	385		84	19	22		100
Dorf Baoli	[2]								
Kreis Fuxin									
Gemeinde Tabenzhalan	1.565	820	425		25	120	160		15
Dorf Baiyudou	240	24	168		48				
Gemeinde Wuhuanchi	[2]								
Dorf Xi	209	55	6			16	38	14	80
Kreis Kuandian									
Gemeinde Shihugou	116	6	4	4			12		90
Dorf Shangchangyang	58	7	2		23	3	16	4	3
Gemeinde Dachuantou									
Dorf Xinfeng									

Anmerkungen: 1) einschließlich der Dahu 2) Die Angaben von Baoli(Dorf) und Gemeinde Wuhuanchi werden hier nicht aufgeführt, da sie wenig glaubwürdig sind. Alle Angaben beziehen sich auf das Jahr 1987, Ausnahme: Daweijia, Faku und Shangchangyang basieren auf Angaben von 1986, Baiyudou auf Angaben von 1985 und Shihugou auf Angaben von 1984 . Quellen: Eigene Erhebungen 1985 und 1987.

Tabelle 4.2: **Entwicklung der spezialisierten Haushalte in der Provinz Liaoning 1984 - 1986**

Jahr	Gesamt	Aufteilung in Produktionsbereiche (in %) Anbau	Forstwirtschaft	Viehzucht	Fischzucht	Industrie
1984	377.627	46	1	9	2	12
1985	392.141	36	2	11	3	12
1986	460.969	37	2	9	3	9
		Transport	Bauwesen	Handel Gastronomie Dienstl.	Sonstige	
1984		12	4	9	4	
1985		15	5	12	3	
1986		15	6	14	5	

Anmerkung:
Der prozentuale Anteil der spezialisierten Haushalte bezogen auf die Gesamtzahl der ländlichen Haushalte beträgt 1984: 7,1 %, 1985: 7,2 % und 1986: 8,4 %.

Quellen:
LNJJTJNJ (1985), S. 436, (1987), S. 527. Gesamtzahl der ländlichen Haushalte ZGNYNJ (1985), S. 122, (1986), S. 151 und (1987), S. 196.

Tabelle 4.3: **Entwicklung der ländlichen Arbeitskräftestruktur in den Untersuchungseinheiten in der Provinz Liaoning**

Jahr	Arbeitskräfte Gesamt	aufgeteilt in: Anbau	Forstwirtschaft	Viehzucht	Nebenbeschäftigung	Fischzucht	Transport	Dienstleistungen	Handel	Industrie	+/-
		1	2	3	4	5	6	7	8	9	
Bezirk Dongling											
1984	144.130									20.336	
1986	142.000	79.000 in den ersten 5 Bereichen									
Dorf Bajiazi											
1977	1.464	890		50				100		424	
1978	1.630	1.080		50				100		400	
1979	1.741	955		50				100		636	
1980	1.603	837		60				67		631	-8
1981	1.696	750		75				70		801	
1982	1.621	634		107				169		711	
1983	1.616	607		106				181	13	729	+20
1984	1.640	760		31			8	40	123	738	+60
1985	1.569	495		33			8	30	120	883	
1986	1.536	540		30			9	50	125	782	
1987	1.550	530		32			9	60	122	797	
Bezirk Yuhong											
1984	134.738									7.957	
1986	134.000										
Dorf Yingshou											
1977	386	340			4	10			2	30	
1978	388	340			4	10			2	32	
1979	400	340			4	10			2	40	-4

Fortsetzung Tabelle 4.3

1980	405	340			4	10			2	45	-4
1981	420	340			4	10			2	60	-4
1982	440	340			4	16			4	68	-8
1983	500	340			4	25			6	125	
1984	505	140		2	12	40			12	299	
1985	515	98		2	12	45			12	346	
1986	550	118		10	12	50			20	340	
1987	560	120		15	12	50			25	338	
Bezirk Sujiatun											
1984	106.970									21.835	
1986	109.000										
Gemeinde Guanlipu											
1977	9.904	9.904									
1978	10.138	10.138									
1979	7.521	7.521									
1980	9.000	9.000									
1981	9.826	7.664	8	50	502	6	25	3	4	1.514	-50
1982	9.161	7.408	16	61	725	24	72	58	15	782	
1983	9.804	7.692	18	7	506	34	25	5	43	1.474	
1984	9.820	7.148	14	45	825	45	119	121	52	1.451	
1985	10.074	6.760	12	173	11	71	208	90	231	2.518	
1986	10.061	3.693	888	1.053	25	123	348	318	415	3.198	
1987	11.271	2.700	900	2.000	125	123	500	218	400	4.305	
Dorf Dagujia											
1977	290	284				2	4				
1978	295	289				2	4				
1979	300	294				2	4				

Fortsetzung Tabelle 4.3

1980	305	299				2	4				
1981	310	304				2	4				
1982	315	309				2	4				
1983	320	150		40	65	3	10	3	4	35	-10
1984	325	155		50	62	3	10	3	4	38	
1985	330	155		45	58	3	10	3	4	42	-10
1986	335	155		40	55	3	10	3	4	45	-20
1987	340	157		40	40	3	10	6	4	60	-20
Kreis Jin											
1983	218.125									44.866	
1984	205.017									31.767	
1986	204.000	118.000 in den ersten 5 Bereichen									
Kleinstadt Daweijia											
1977	11.794	7.406	31	258	798	355	20	17		1.983	-926
1978	11.465	7.912	35	290	820	360	20	17		2.010	-1
1979	11.061	6.720	33	285	950	360	125	17		2.010	-561
1980	11.144	6.318	45	310	620	400	505	20		2.870	-56
1981	11.303	6.425	88	287	391	412	510	30	8	2.852	-300
1982	11.313	6.448	92	221	686	420	491	123	17	2.588	-227
1983	11.075	6.086	74	156	514	437	441	86	17	2.795	-469
1984	11.446	5.288	91	542	195	436	443	73	38	3.110	-1.230
1985	11.586	4.663	105	638	60	562	600	95	40	3.680	-1.143
1986	11.211	4.700	81	521	52	706	574	96	42	3.550	-889
Kreis Changtu											
1983	237.239								19.565		
1984	236.095								19.200		
1985	239.000	200.000 in den ersten fünf Bereichen									
1986	234.000	201.000 in den ersten fünf Bereichen									

Fortsetzung Tabelle 4.3

Kleinstadt Baoli

1982	7.670	6.539	290	203	67	2		7	23	251	-288
1984	8.125	7.049	288	16	172	6	32	16	70	176	-300
1985	8.555	7.160	312	43		8	70	5	162	279	-516
1986	9.236	6.873	226	2	14	8	55			2.058	

Kreis Faku

1979	90.451	71.292								5.186	-13973
1980	122.803	79.947	3.416		815					5.593	-33.032
1981	148.832	83.410	2.926		872					5.526	-56.098
1982	102.942	87.433	1.635	1.616	957	243	72	414	293	3.423	-6.856
1983	108.067	95.840	1.161	457	422	114	169		639	3.236	-6.029
1984	106.534	92.648	880	691	1.031	192	487	653			-9.952
1985	128.760	95.062	961	2.243		322	1.325	1.087	1.915	5.773	-20.072
1986	128.763	88.949	921	1.753	4.068	308	1.408		2.131	6.038	-23.187

Gemeinde Sijiazi

1977	3.467	3.323	43	54	35					12	
1978	2.919	2.759	44	61	37					19	-1
1979	3.252	2.998	46	63	40					105	
1980	3.969	3.459	47	115	38			34	25	125	-126
1981	3.932	3.408	47	123	47		5	37	27	221	-17
1982	4.140	3.386	47	127	69		5	37	27	230	-212
1983	4.038	3.676	33	58	21		5	17	25	130	-73
1984	4.433	3.511	28	108	92		8	25	23	352	-286
1985	4.506	3.442	33	45	136		15	25	25	370	-415
1986	4.531	3.240	31	29	98		39	40	43	675	-336
1987	4.540	3.250	33	34	115		48	41	45	725	-249

Fortsetzung Tabelle 4.3

Dorf Sijiazi										
1977	469	435								34
1978	469	451								18
1979	510	465								45
1980	529	468								61
1981	511	470	4	7	11					19
1982	511	471	4	7	11					18
1983	533	449			13			20		51
1984	520	430		4	23		5	5	5	48
1985	591	452			20		10	20	36	53
1986	632	435	4		20		10	20	27	116
1987	641	435	4		20		12	22	27	121
Kreis Fuxin										
1983	218.446									
1984	221.918	188.630	1.745	5.269	7.469	62	1.509	1.359	1.426	5.327
1986	236.000	206.000 in den ersten fünf Bereichen								
Kleinstadt Wuhuanchi										
1977	6.655	5.883	2	97	106		74	15	103	375
1978	6.576	5.757	4	96	103		83	17	116	403
1979	6.583	5.718	8	101	108		86	23	124	415
1980	6.600	5.630	10	110	110	2	115	30	127	466
1981	6.640	5569	17	130	121	4	132	30	155	482
1982	6.650	5.458	8	141	133	8	167	42	175	518
1983	6.660	5.127	5	152	162	6	208	51	187	762
1984	6.690	4.983	6	174	214	7	215	60	228	803
1985	6.770	4.970	7	173	233	11	223	74	204	875
1986	6.770	4.822	11	208	317	17	240	46	191	918
1987	6.770	4.623	13	217	405	13	232	94	217	956

Fortsetzung Tabelle 4.3

Dorf Xi										
1977	495	385	1	13	52	6	3	27	8	
1978	332	300	1	1	4	6	3	5	12	
1979	405	360	1	1	4	8	3	5	23	
1980	372	319	1	2	11	8	3	5	23	
1981	385	331	1	2	12	8	3	5	23	
1982	385	347	1	2	12	10	3	5	5	
1983	446	344	1	3	82	2	3	5	15	+9
1984	445	341	1	3	83	2	3	5	15	+8
1985	591	380	1	3	190	2	3		12	
1986	380	243	1	3	106	2	3	16	12	
1987	378	240	1	3		33	16	80	3	-2
Gemeinde Tabenzhalan										
1982	7.183	5.896	120	369	261	35			250	-252
1983	8.207	6.848	118	330	475	140	50	10	236	
1984	8.043	5.403	96	317	887	260	100	65	373	-542
1985	7.659	5.472	68	331	740	440	120	90	366	-32
1986	8.621	6.074	42	291	738	530	150	130	427	-239
Dorf Baiyudou										
1984	700	420				70(Bereiche 6 bis 8)			210	
1987	650								250	
Kreis Kuan Dian										
1983	104.702									
1984	105.478									
1986	120.000	87.000 in den ersten fünf Bereichen								

Fortsetzung Tabelle 4.3

Gemeinde Shihugou										
1981	4.870	2.960	70	101	720		26			-993
1982	4.907	2.818	75	134	737		36			-1.107
1983	4.925	2.666	78	90	823		124			-1.144
1984	4.737	2.331	80	58	1.089		161	44	20	-954
1985	5.067	1.638	72	237	579	2	235	24	60	-2.220
1986	6.211	2.723	72	233	619	8	272		93	-2.191
Dorf Shangchangyang										
1977	210	125		5	80					
1978	197	143			54					
1979	220	167			50			3		
1980	242	107	10		95		10	20		
1981	375	117	11	8	83		16	140		
1982	296	103	11	12	92		11	67		
1983	280	62	6	8	150		20	33	1	
1984	269	26	9	1	174		13	45	1	
1985	392	131	11	3	193		23	29	2	
1986	323	21	40	29	194		15	16	8	
Gemeinde Dachuantou										
1977	2.585	1.983	167	15	330		10	80		
1978	2.433	1.720	172	17	440		11	73		
1979	2.271	1.765	150	19	254		14	69		
1980	2.347	1.600	217	19	397		26	88		
1981	2.799	1.955	235	44	407	3	32	120	3	
1982	2.364	1.643	279	63	289	3	28	47	12	
1983	4.500	2.940	370	184	605	3	40	340	18	
1984	4.560	3.345	312	82	557	12	62	165	25	

Fortsetzung Tabelle 4.3

1985	4.591	3.124	359	271	440	17	60	280	40	
1986	4.406	3.099	270	208	410	5	73	293	48	
1987	4.348	3.061	290	213	340	5	79	300	50	-10

Dorf Xinfeng

1977	292	224	26	2	40					
1978	298	216	47	3	32					-1
1979	289	193	69	3	24					
1980	290	167	90	3	30		2			+2
1981	310	173	103	4	30		2			+2
1982	322	136	129	21	34		2			
1983	502	299	113	17	60		3	10		
1984	630	362	127	19	98	7	9	8		
1985	679	317	121	35	122	4	10	67	3	
1986	606	297	112	30	139	4	10	10	4	
1987	620	295	130	37	120	2	12	18	6	

Quelle: Eigene Erhebungen 1985 und 1987 und (LNJJTJNJ) 1984- 1987.

Tabelle 4.4: **Entwicklung der ländlichen Arbeitskräftestruktur in der Provinz Liaoning 1978 - 1986 (in 1.000 Arbeitskräfte)**

Jahr	Gesamtzahl	Aufteilung in: 1. Arbeitskräfte in den ländlichen Gebieten					2. Arbeitskräfte außerhalb der ländl.Gebiete	
		Pflanzen anbau	Forstw. Vieh- u. Fischz	Nebenge- werbe	Industrie[1)]	Sonstige	Gesamt	darunter: Vertragsarbeiter
1978	6.296	4.812	249	470	568	k.A.	k.A.	214
1979	k.A.	k.A.	k.A.	k.A.	k.A.	k.A.	k.A.	k.A.
1980	6.780	5.013	296	546	523	212	190	145
1981	6.926	5.184	254	521	511	238	218	193
1982	7.239	5.474	253	443	432	373	264	148
1983	7.561	5.794	204	487	429	k.A.	k.A.	145
1984	7.683	5.469	253	640	430	721	k.A.	170
1985	8.197	5.549	339	k.A.	499	160	k.A.	207
1986	8.234	5.388	342	215	459	k.A.	k.A.	243

<u>Fortsetzung Tabelle 4.4</u>

3. Aufteilung der Arbeitskräfte unter Berücksichtigung neuer Wirtschaftsbereiche

Jahr	Gesamtzahl	Anbau, Forstwirtwirtschaft, Vieh- u. Fischzucht	Bauwesen	Transport Post- u. Fernmeldewesen	Handel Gastronomie	Industrie Gesamt	Aufteilung in: Gemeinde Betriebe	Dorf Betriebe	Betriebe unterhalb Dorfebene
1984	7.683	6.362	203	111	126	429	k.A.	k.A.	k.A.
1985	8.197	5.889	334	174	144	993	452	399	142
1985	8.234	5.946	399	195	173	1.076	459	442	175

Anmerkung: 1) Betriebe in Gemeinden und Kleinstädten

Quellen: zur Aufteilung der Arbeitskräfte 1. und 2. : LNJJTJNJ, 1988, S. 511

zur Aufteilung der Arbeitskräfte 3.: ZGNYNJ, 1985, S. 122-123, 1986, S. 152-153 und 1987, S. 197-198.

Tabelle 4.5: **Entwicklung der ländlichen Arbeitskräftestruktur in Gesamtchina 1978 - 1987 (in Mio Arbeitskräfte)**

Jahr	Gesamt	Anbau, Forstwirtschaft, Vieh-und Fischzucht, Wasserwirtschaft	Industrie	Bauwesen	Verkehr, Transport, Post-u. Fernmeldewesen	Handel	Arbeitskräfte mit befrist. Tätigkeiten außerhalb
1978	308.380	274.880	17.340	2.300	0.800	0.520	k.A.
1979	310.250	278.350	17.560	2.330	0,810	0.530	k.A.
1980	318.360	283.340	19.420	2.830	0.900	0.670	k.A.
1981	326.720	289.800	19.810	2.970	1.010	0.750	4.458
1982	338.670	300.620	20.730	3.790	1.150	0.830	4.172
1983	346.900	303.500	21.680	4.830	1.610	1.370	k.A.
1984	359.680	300.800	25.490	8.110	3.170	2.990	6.000
1985	370.650	303.351	27.410	11.300	4.340	4.630	k.A.
1986	379.900	304.680	31.390	13.090	5.060	5.320	k.A.
1987	390.000	308.700	32.970	14.310	5.620	6.070	k.A.

Quellen: ZGTJNJ, 1988, S. 172, ZGNYNJ, 1983, S. 19 und 1985, S. 123

Tabelle 4.6: **Arbeitsproduktivität in ausgewählten Einheiten in der Provinz Liaoning vor und nach Einführung individueller Verantwortungssysteme in der landwirtschaftlichen Produktion (Baogan dao hu)**

Einheit	Zeitraum vor Einführung des BGDH	Durchschnittliche Arbeitsproduktivität in Getreide (t)	BPW (Yuan)	Zeitraum nach Einführung des BGDH	Durchschnittliche Arbeitsproduktivität in Getreide (t)	BPW (Yuan)
Bezirk Dongling	1)					
Dorf Bajiazi						
Bezirk Yuhong	1)					
Dorf Yingshou						
Bezirk Sujiatun						
Gem. Guanlipu	1978 - 82 2)	3,200	1.204	1983 - 86	3,230	3.133
Dorf Dagujia	1978 - 82	2,230	1.205	1983 - 87	4,680	3.691
Kreis Jin						
Kl.Daweijia	1978 - 83	1,080	1.237	1984 - 87 3)	1,280	1.287
Dorf Houshi	1)					
Kreis Changtu	1983		2.436	1984 - 86		1.969
Kl. Baoli	1982	7,100		1984 - 86	9,020	
Kreis Faku	1979 - 82	4,220	1.183	1983 - 86	5,890	
Gem. Sijiazi	1978 - 82	4,700	1.138	1983 - 87	7,040	2.427
Dorf Sijiazi	1978 - 82	4,390	1.016	1983 - 87	6,840	2.509
Kreis Fuxin						
Gem.Wuhuanchi	1978 - 81	2,050	1.269	1982 - 87	3,160	1.535
Dorf Xi	1978 - 82	2.610	1.022	1983 - 87 4)	3,800	1.984
Gem. Tabenzhalan	1982	1,530	521	1983 - 87	2,640	2.076
Dorf Baiyudou				1984		2.740
Kreis Kuandian				1983 - 84 5)		1.187
Gem. Shihugou	1982 - 82	2,130	1.012	1983 - 86	2,010	1.444
Dorf Shangchangy.	1978 - 82		1.603	1983 - 86 6)		1.084
Gem.Dachuantou	1978 - 81	1,620	882	1982 - 87	0,850	1.108
Dorf Xinfeng	1978 - 82	1,510		1983 - 87	0,740	

1) Kein Baogan dao hu. 2) Die Arbeitsproduktivität (gemessen im landwirtschaftlichen BPW/Arbeitskraft) bezieht sich hier auf den Zeitraum 1980 - 82 bezieht sich auf den Zeitraum 1984 - 86 4) bezieht sich auf den Zeitraum 1983 - 86 5) bezieht sich auf den Zeitraum 1984 - 86.
Quelle: Eigene Erhebungen 1985 und 1987

Tabelle 5.1: Flächenplanung und Ablieferungsquoten im Kreis Fuxin, 1987

Flächenplanung (in Mu)

Getreide - gesamt	2.220.000
darunter:	
- Kolbenhirse	800.000
- Mais	560.000
- Hirse	340.000
- Soja	300.000
- Sonstige Getreidesorten	220.000
Ölsaaten - gesamt	215.800
darunter:	
- Sonnenblumenkerne	140.000
- Erdnüsse	56.000
- Sesam	7.800
- Rizinus	12.000

Ablieferungsquoten für: Kolbenhirse, Mais, Hirse, Erdnüsse, Sonnenblumenkerne

Quelle: Eigene Erhebung 1987.

Tabelle 5.2: Flächenplanung Gemeinde Sijiazi, Kreis Faku 1985 und 1986 (in Mu)

	1985	1986
Getreide - gesamt	56.300	56.500
darunter:		
- Mais	42.000	43.000
- Kolbenhirse	2.500	3.500
- Reis	500	
- Hirse	3.000	
- Soja	8.000	8.000
Ölsaaten:		
- Erdnüsse	3.000	
Melonen	110	

Quelle: Eigene Erhebung 1987.

<u>Tabelle 5.3:</u> **Anteil der Getreideanbauflächen an den gesamten Nutzungsflächen in ausgewählten Einheiten in der Provinz Liaoning 1977 - 1987 (Gesamte Nutzungsfläche = 100)**

Einheit	1977	1982	1985	1986	1987
Bezirk Dongling	k.A.	k.A.	k.A.	k.A.	k.A.
Dorf Bajiazi	keine Getreideanbauflächen				
Bezirk Yuhong	k.A.	k.A	k.A.	k.A.	k.A.
Dorf Yingshou	100	100	100	100	100
Bezirk Sujiatun	k.A.	k.A.	k.A.	k.A.	k.A.
Gemeinde Guanlipu	97	100	95	100	100
Dorf Dagujia	100	100	100	100	100
Kreis Jin	k.A.	k.A.	k.A.	k.A.	k.A.
Kleinst.Daweijia	67	65	73	70	71
Dorf Houshi	k.A.	k.A.	k.A	k.A.	k.A.
Kreis Changtu	86	94	92	92	93
Kleinst.Baoli	87	93	94	94	94
Kreis Faku	83	92	88	95	97
Gemeinde Sijiazi	93	97	93	98	98
Dorf Sijiazi	92	96	93	97	99
Kreis Fuxin	71	64	59	k.A.	k.A.
Gemeinde Tabenzhalan	69	77	70	83	77
Dorf Baiyudou	k.A.	75	58	k.A.	k.A.
Gemeinde Wuhuanchi	57	56	55	67	75
Dorf Xi	62	75	59	84	87
Kreis Kuandian	96	96	k.A.	k.A.	k.A.
Gemeinde Shihugou	k.A.	94	93	91	91
Dorf Shangchangyang	89	91	91	91	93
Gemeinde Dachuantou	93	94	89	90	k.A.
Dorf Xinfeng	99	99	86	86	k.A.

Quelle: Eigene Erhebungen 1985 und 1987

<u>Tabelle 5.4:</u> **Getreideoutput und Getreideanbaufläche 1977 - 1987, Gesamtchina**

Jahr	Getreide-output (Mio t)	Prozentuale Veränderung (Vorjahr =100)	Getreide-anbaufläche (in 10.000 Mu)	Prozentuale Veränderung (Vorjahr =100)
1977	282.73	98,7	180.600	97,7
1978	304.77	107,8	180.881	100,2
1979	332.12	109,0	178.894	98,9
1980	320.56	96,5	175.851	98,3
1981	325.02	101,4	172.437	98,1
1982	354.50	109,1	170.194	98,7
1983	387.28	109,2	171.071	100,5
1984	407.31	105,2	169.326	99,0
1985	379.11	93,1	163.268	96,4
1986	391.51	103,3	166.399	101,9
1987	404.73	103,4	166.902	100,3

Quelle: ZGTJNJ (1988), S. 248

Tabelle 5.5: **Preistypen und Preisunterschiede 1980 (Kilo/Yuan)**

	Listenpreis	Überquotenpreis	Verhandlungspreis
Weizen	0,3296	0,4944	0,5940
Reis	0,2312	0,3468	0,5460
	Marktpreis (Land)	Marktpreis (Stadt)	Städtischer Rationierungspreis
Weizen	0,5940	k.A.	0,333
Reis	0,5460	0,620	0,2128
	Rechnungspreis für kollektive Verteilung		Wiederverkaufspreis in ländl. Gebiete
Weizen	0,2722		0,3560
Reis	0,1904		0,2497

Quelle:
Lardy (1983 b), Agricultural Prices in China, World Bank Staff Working Paper 606, in CHOW (1985), S. 108

Tabelle 5.6: **Struktur des landwirtschaftlichen Bruttoproduktionswertes 1978 und 1986 in ausgewählten Einheiten in der Provinz Liaoning (landw.BPW = 100)**

Einheiten	**Pflanzenanbau**		**Forstwirtschaft**		**Viehzucht**		**Fischzucht**		**Nebengewerbe**		**Ländliche Indus**	
	1978	1986	1978	1986	1978	1986	1978	1986	1978	1986	1978	1986
Bezirk Dongling	k.A.	k.A.	k.A.	k.A.	k.A.	k.A.	k.A.	k.A.	k.A.	k.A.	k.A.	k.A.
Dorf Bajiazi	29	7	1	0	15	8	4	0,4	52	0	k.A.	85
Bezirk Yuhong	k.A.	k.A.	k.A.	k.A.	k.A.	k.A.	k.A.	k.A.	k.A.	k.A.	k.A.	k.A.
Dorf Yingshou	24	2	0	0	k.A.	k.A.	0	0	8	k.A.	68	93
Bezirk Sujiatun	k.A.	k.A.	k.A.	k.A.	k.A.	k.A.	k.A.	k.A.	k.A.	k.A.	k.A.	k.A.
Gemeinde Guanlipu	97	27	0	0	0,6	5	k.A.	k.A.	2	0,8	k.A.	49
- Dorf Dagujia[1]	91	18	0	0	k.A.	7	0	0,3	9	9	0	66
Kreis Jin	k.A.	k.A.	k.A.	k.A.	k.A.	k.A.	k.A.	k.A.	k.A.	k.A.	k.A.	k.A.
Kleinst.Daweijia	35	50	2	2	35	23	19	18	6	2	3	2
- Dorf Houshi	k.A.	k.A.	k.A.	k.A.	k.A.	k.A.	k.A.	k.A.	k.A.	k.A.	k.A.	k.A.
Kreis Faku	78	75	7	3	9	20	0,2	0,3	3	0,3	2	2
Gemeinde Sijiazi	93	62	0,4	0,4	3	1,2	0	0	4	0,3	0	26
- Dorf Sijiazi	91	64	0,1	0,2	3	13	0	0	6	K.A.	0	23
Kreis Changtu	73	55	2	2	13	18	0,1	0,1	3	2	10	24
Kleinst.Baoli	k.A.	k.A.	k.A.	k.A.	k.A.	k.A.	k.A.	k.A.	k.A.	k.A.	k.A.	k.A.
Kreis Fuxin[2]	75	70	8	5	13	14	k.A.	k.A.	2	5	3	6
Kleinst.Wuhuanchi	76	47	0,5	0,4	6	10	0	2	2	12	15	28
- Dorf Xi	74	60	0,1	4	2	7	0	0	21	25	1	4
Gem. Tabenzhalan[2]	72	51	2	1	3	5	0	0	6	6	17	24
- Dorf Baiyudou	59	62	5	2	6	3	0	0	12	26	19	11

Fortsetzung Tabelle 5.6

Kreis Kuandian[2)]	62	40	3	6	4	21	1	0,5	10	26	k.A.	k.A.
Gem. Shihugou[3)]	38	36	7	3	28	20	0	0	25	40	2	k.A.
- Dorf Shangchangy.[2)]	75	13	7	0	12	29	0	0	5	36	0	22
Gem. Dachuantou	38	20	7	12	3	21	0	0,1	27	22	25	25
- Dorf Xi	k.A.	i.A.	k.A.	k.A.	k.A.	k.A.	k.A.	k.A.	k.A.	k.A.	k.A.	k.A.

Anmerkungen: 1) Jahr 1980 statt 1978 2) 1984 statt 1986 3) 1983 statt 1978

BPW berechnet in Preisen 1980.

Für einige Einheiten liegen keine Berechnungen über den BPW vor, sondern nur über Veränderungen der Gesamteinahmen.

Quelle: Eigene Erhebungen 1985 und 1987.

Tabelle 5.7: **Kosten und Gewinne ausgewählter landwirtschaftlicher Produkte im Jahre 1986, Gesamt-China**

	Pro Flächeneinheit Mu durchschnittlich:							Pro 100 Kilo Output durchschnittlich:		
	Output (Kilo)	Ertrag (Yuan)	Materialkosten (Yuan)	Arbeitstage	Arbeitskosten (Yuan)	Kosten (Yuan)	Gewinn (Yuan)	Ertrag (Yuan)	Kosten (Yuan)	Gewinn (Yuan)
Weizen	219.8	102,51	35,43	13,8	27,06	62,49	36,40	42,88	24,86	16,38
Reis	389,5	153,5	40,93	19,7	38,70	79,64	69,11	36,26	17,52	17,62
Mais	282,3	92,05	25,48	14,8	28,71	54,19	35,15	29,46	15,78	12,72
Soja	101,6	76,42	16,81	9,5	18,42	35,24	39,01	70,78	30,88	37,26
Baumwolle	51,8	189,88	39,67	35,5	68,30	107,98	77,77	328,16	176,96	143,22
Raps	91,9	85,20	23,69	17,9	34,41	58,10	23,02	88,92	59,46	25,02
Erdnüsse	150,4	147,38	43,60	21,8	41,92	85,52	59,46	93,86	52,92	39,34
Zuckerrohr	4.176,5	332,02	81,03	48,8	94,14	175,17	148,38	7,72	3,96	3,56
Zuckerrüben	2.150,8	178,37	49,37	18,1	34,79	84,16	91,07	8,38	3,78	4,44

Zucht von Milchkühen

Pro Milchkuh durchschnittlich:

Menge	Zuchtkosten (in Yuan)						
(Kilo)	Gesamt	Pro Kilo	Kosten pro Tag	Verkauf (Kilo)	Verkaufseinnahmen	Kosten	Verkaufsgewinn
3.631.4	1.233,67	0,32	3,54	3.301	1.629,77	1.098,26	14,43

Zucht von Süßwasserfischen pro Flächeneinheit Mu

Menge	Produktionskosten	Kosten pro 100 Kilo	Verkaufsmenge	Verkaufseinnahmen	Kosten	Verkaufsgewinn
225,9	368,52	163,13	210,2	579,08	321,61	257,47

Quelle: ZGNYNJ, 1987, S. 383 - 397

Tabelle 5.8: **Struktur des ländlichen Handelswertes auf den freien Märkten in der Provinz Liaoning 1978 - 1986 (in Mio Yuan)**

	1978	1980	1981	1982	1983	1984	1985	1986
Gesamtwert (in Mio Yuan)	190.64	386.93	520.16	626.48	795.29	1.129.35	1.550.35	1.895.59
Struktur (in Prozent)								
Getreide u. Speiseöl	15,6	35,3	32,2	27,6	22,9	16,1	12,7	11,7
Fleisch, Eier Geflügel	19,0	27,9	25,6	26,9	25,3	22,2	29,4	37,4
Aquat. Produkte	3,5	6,3	6,2	6,1	6,3	7,0	8,4	10,3
Gemüse	12,0	18,0	23,1	26,5	28,4	26,3	29,0	28,8
Frisches u. getrock. Obst	3,0	10,3	8,3	6,5	6,2	7,7	8,9	10,7
Viehfutter u. landw.Geräte	5,0	14,3	18,4	2,5	3,2	2,7	2,6	2,3
Große Zugtiere	14,4	19,8	26,2	21,8	16,0	10,0	6,2	4,1

Quelle: LNJJTJNJ, 1987, S. 567 (Daten für 1979 liegen nicht vor)

Tabelle 5.9: **Struktur des ländlichen Handelswertes auf den freien Märkten in Gesamt-China 1978 - 1987 (in 100 Mio Yuan)**

	1978	1979	1980	1981	1982	1983	1984	1985	1986	1987
Gesamtwert	125,0	171,0	211,7	253,0	287,9	327,9	381,7	511,6	662,1	810,8
Struktur (in Prozent):										
Getreide u. Speiseöl	16,1	16,8	16,3	14,4	13,7	13,2	11,7	9,5	11,3	10,4
Fleisch, Eier, Geflügel	17,0	19,5	20,0	20,1	20,0	22,1	23,5	26,7	39,1	39,5
Aquat. Produkte	4,2	3,9	4,4	4,8	5,1	5,7	6,2	6,3	10,2	10,5
Gemüse	11,4	10,0	10,2	10,1	9,4	10,0	9,8	9,3	15,4	16,2
Frisches u. getrockn. Obst	3,2	3,5	3,6	3,5	3,6	4,0	4,8	4,9	9,4	10,2
Landw. Produktionsmaterialien	8,3	6,7	3,4	3,3	3,6	3,5	3,4	2,7	2,4	1,9
Große Zucht- u. Lasttiere	16,7	17,4	12,6	15,4	15,8	12,6	9,1	6,2	4,9	4,0

Quelle: ZGTJNJ, 1984, S. 363, 1987, S. 580 und 1988, S. 709

Tabelle 5.10: **Entwicklung spezialisierter Märkte in der Provinz Liaoning 1978 - 1986**

	1978	1983	1984	1986	1986
Gesamtzahl der spezialisierten Märkte	7	298	586	611	627
darunter:					
- Großhandelsmärkte für landwirtschaftl. und Nebengewerbeprodukte	-	25	50	92	91
- Viehmärkte	-	139	201	206	216
- Märkte für industr. Gebrauchsgüter des täglichen Bedarfs	-	63	82	102	89
- Märkte für gebrauchte Kraftfahrzege	-	-	21	46	52
- Möbelmärkte	-	-	27	38	34
- Blumen-, Vogel- und Fischmärkte	-	13	17	k.A	21

Quelle: LNJJTJNJ (1985), S. 213; (1986), S. 231; (1987), S. 207.

Tabelle 5.11: **Aufteilung des gesellschaftlichen Aufkaufswertes landwirtschaftlicher und Nebengewerbeprodukte nach Preisarten 1978 - 1984 (in Prozent)**

Jahr	Listenpreis	Überquotenpreis	Verhandlungspreis	Marktpreis
1978	84,7	7,9	1,8	5,6
1979	64,4	17,9	9,5	8,2
1981	58,2	20,9	11,5	9,4
1982	57,5	20,8	11,5	10,2
1983	48,0	28,1	13,4	10,5
1984	33,9	33,6	14,4	18,1

Quelle: ZGTJNJ (1985), S. 479

Tabelle 6.1: **Durchschnittlicher Wert eines Arbeitstages aus kollektiver Verteilung am Beispiel ausgewählter Einheiten in der Provinz Liaoning (in Yuan)**

Jahr	Dorf Bajia-zi	Gemeinde Guanlipu	Dorf Dagu-jia	Kleinst. Daweijia	Dorf Houshi	Kreis Nanton (Jiang-su)
1970	2,28	0,67	0,62	0,90	k.A.	k.A.
1971	k.A.	0,96	0,55	0,87	k.A.	k.A.
1972	k.A.	0,75	0,76	0,82	k.A.	k.A.
1973	k.A.	0,94	0,83	0,67	k.A.	0,44
1974	k.A.	0,86	0,86	0,84	k.A.	0,4
1975	2,51	0,83	0,82	0,90	k.A.	0,59
1976	k.A.	0,60	0,63	0,92	k.A.	0,49
1977	k.A.	0,76	0,69	0,92	k.A.	0,69
1978	k.A.	1,03	0,99	0,83	k.A.	0,77
1979	k.A	1,01	1,13	1,32	k.A.	0,73
1980	3,55	1,33	1,37	1,17	1,00	0,88
1981	3,47	k.A.	k.A.	k.A.	1,50	0,67
1982	3,36	k.A.	k.A.	k.A	1,80	0,76
1983	2,63	k.A.	k.A.	k.A	2,50	0,86

Quelle: Eigene Erhebungen 1985. Angaben über den Kreis Nantong in SONG LINGFEI (1984), S. 112.

Tabelle 6.2: **Durchschnittliches Jahreseinkommen in ausgewählten Einheiten in der Provinz Liaoning 1970 - 75 und 1975 - 80 (in Yuan)**

	1970 - 75	1975 - 80
Dorf Bajiazi	248	328
Kleinstadt Daweijia	110	125
Gemeinde Sijiazi	84	80
Dorf Sijiazi	70	80
Kreis Fuxin	57	65
Dorf Baiyudou	150	180
Gemeinde Wuhuanchi	100	150
Dorf Xi	100	120
Gemeinde Shihugou	125	120
Dorf Shangchangyang	90	150
Gemeinde Dachuantou	60	70

Quelle: Eigene Erhebungen 1985.

Tabelle 6.3: **Entwicklung des Pro-Kopf-Nettoeinkommens am Beispiel eines Haushalts in der Gemeinde Dachuantou, Kreis Kuandian 1978 - 1986 (in Yuan)**

Jahr	Gesamt-Einkom.	darunter Einkommen aus: Bewirtschaftung koll. Ressourcen Yuan	(%-Ant.)	Häusliche Bewirtschaftung Yuan	(%-Ant.)	Einkommensquellen häusl. Nebengewerbe: Viehzucht (in Yuan)	Transport Sonstige (in Yuan)
1978	55,2	36,8	66,7	14,4	26,1	14,4	-
1979	60,0	35,2	58,7	18,8	31,3	18,8	-
1980	75,6	38,6	51,1	26,2	34,7	11,6	14,6
1981	109,2	49,6	45,4	49,6	45,4	36,8	12,6
1982	147,0	60,6	41,2	82,0	55,8	76,8	5,2
1983	155,2	62,0	39,9	86,0	55,4	86,0	
1984	365,6	65,2	17,8	290,8	79,5	90,8	200,0
1985	393,6	64,8	16,5	318,0	80,8	62,0	256,0
1986	447,6	68,2	15,2	372,0	83,1	76,0	296,0

Anmerkung: Die nicht-kreditären Einkommensanteile sind nicht aufgeführt.
Quelle: Eigene Erhebung 1987.

Tabelle 6.4: **Pro-Kopf-Nettoeinkommen in ländlichen Haushalten (Stichproben-Haushalten) der Provinz Liaoning 1978 - 1987 (in Yuan)**

Jahr	Einkommen gesamt	Aufteilung in Einkommen aus: kollektiver Bewirtschaftung	Einkommen häuslicher Bewirtschaftung
1978	185,20	113,63	54,33
1980	273,02	147,80	84,00
1981	306,62	147,79	109,57
1982	334,25	160,86	128,72
1983	452,45	73,48	335,07
1984	477,44	73,67	350,68
1985	485,72	77,22	347,25
1986	533,20	75,38	412,93
1987	599,25	78,95	468,73

Prozentuale Aufteilung des Einkommens aus häuslicher Bewirtschaftung 1978 - 1986

Jahr	Anbau u. Forstw.	Viehzucht	Handwerk	Sammeln u.Jagen	Sonstige Einkommen
1978	45,1	34,3	2,2	10,5	7,9
1980	41,1	33,1	4,1	8,5	13,2
1981	34,2	35,4	2,2	7,3	20,9
1982	31,7	34,3	3,1	6,4	24,5
1983	65,6	13,3	1,8	3,2	16,1
1984	66,3	9,8	1,9	2,3	19,7

Fortsetzung Tabelle 6.4

1984	66,3	9,8	1,9	2,3	19,7
1985	58,5	10,7	2,7	3,8	24,3
1986	62,7	11,7	2,2	2,2	21,2

Anmerkung: Nicht aufgeführt sind Einkommen aus ökonomischen Zusammenschlüssen und nicht-kreditäre Einkommen.
Quelle:
LNJJTJNJ (1987), S. 607 ;ZGTJNJ (1988), S. 826, u.827

<u>Tabelle 6.5:</u> **Pro-Kopf-Lebenshaltungsausgaben und Konsumniveau in den ländlichen Gebieten Gesamt- Chinas 1978 - 1987**

	1978	1979	1980	1981	1982	1983	1984	1985	1986	1987
Pro-Kopf-Lebenshal-ungsausgaben (Yuan) Stichproben-Haushalte	116,06	134,50	162,2	190,80	220,23	248,29	273,80	317,42	356,95	398,29
Struktur der Lebenshaltungsausgabenl) (in Prozent)										
1. Lebensmittel	47,7	k.A.	k.A.	k.A.	60,5	59,3	59,0	57,7	56,3	55,2
2. Bekleidung	12,7	k.A.	k.A.	k.A.	11,2	11,2	10,4	9,9	9,5	8,6
3. Brennmaterial	7,1	k.A.	k.A.	k.A.	5,6	5,4	5,5	5,7	5,2	4,8
4. Wohnung	3,2	k.A.	k.A.	k.A.	10,3	11,1	11,7	12,4	14,4	14,5
5. Gebrauchsartikel	6,6	k.A.	k.A.	k.A.	10,2	10,8	11,0	11,4	11,5	11,8
Durchschnittliches Pro-Kopf-Konsumniveau (in Yuan)	132,00	152,00	173,00	194,00	212,00	234,00	266,00	323,00	352,00	388,00
Ländliche Bevölkerung (in Mio)	790,1	790,5	795,7	799,0	804,6	786,1	666,0	624,3	624,3	577,1
Jährliche Veränderungsrate der Lebenshaltungskosten (%)		15,8	20,6	11,6	15,4	12,8	10,3	15,9	12,5	11,6
Jährliche Veränderungsrate des Konsumniveaus(%)		15,2	13,8	12,1	9,3	10,4	13,7	21,4	9,0	10,2

Fortsetzung Tabelle 6.5

Jährliche Veränderungsrate des Einzelhandelspreisindexes	2,0	6,0	2,4	1,9	1,5	2,8	8,8	6,0	7,3
Jährliche Veränderungsrate der Konsumgüterpreise auf den Märkten	-4,5	2,0	5,8	3,3	4,2	-0,5	17,2	8,1	16,3

Anmerkungen: 1) Bildungsausgaben werden hier nicht berücksichtigt.
Mit Veränderung der Erfassungskriterien für Kleinstädte steigt der Anteil der städtischen Bevölkerung und derAnteil der ländlichen Bevölkerung geht zurück.

Quellen: Bevölkerung in den ländlichen Gebieten(xiang cun renkou): ZGTJNJ, 1988, S. 97
Lebenshaltungsausgaben: ZGTJNJ, 1984, S. 473 und 1988, S. 823. Für 1979 in VAN GINNEKEN(1988), S. 70
Konsumniveau(zu laufenden Preisen): ZGTJNJ, 1988, S. 800

<u>Tabelle 6.6:</u> **Durchschnittliche Ausgaben für Konsumgüter und Produktionsmittel pro ländlicher Haushalt in den Jahren 1982 - 1987 in Gesamt-China**

	1982	1987
Gesamtausgaben (in Yuan)	153,97	320,48
- Konsumgüterausgaben (in Yuan)	121,57	216,97
Prozentualer Anteil an Gesamtausgaben	79	68
- Ausgaben für Produktionsmittel (in Yuan)	32,40	103,51
Prozentualer Anteil an Gesamtausgaben	21	32

Quelle: ZGNYNJ (1983), S. 145 und (1987), S. 371 u. 372

China: Nähe und Ferne

Zum 60. Geburtstag von Kuo Heng-yü
Herausgegeben von Bettina Gransow und Mechthild Leutner

Frankfurt/M., Bern, New York, Paris, 1989. 456 S.
ISBN 3-631-41595-8 br./lam. DM 90.--/sFr. 81.--

Der Sammelband gibt sowohl einen Überblick über allgemeine Bereiche der deutsch-chinesischen Beziehungen (Geschichte, Politik, Recht) als auch Einblicke in bislang vernachlässigte spezielle Themengebiete wie z.B. chinesische Intellektuelle in Berlin oder die Geschichte der SPD aus chinesischer Sicht. So werden die deutsch-chinesischen Beziehungen unter den Aspekten Annäherungen und Austausch in der Gegenwart (Teil I), Erwartungen und Sichtweisen in der Geschichte (Teil II), die Vermitllungsfunktion von Sprache und Kultur (Teil III) untersucht und darüber hinaus Probleme und Tendenzen in der Politik Chinas (Teil IV) sichtbar gemacht. Mit diesen Schwerpunkten sind zugleich die Bereiche genannt, um die sich Kuo Heng-yü, dem dieser Band gewidmet ist, verdient gemacht hat. Der Band versammelt deutsche, französische und chinesische Autoren aus der VR China und Taiwan, die als ehemalige Studenten, Mitarbeiter oder Gastprofessoren in enger Beziehung zum Ostasiatischen Seminar der Freien Universität Berlin stehen.

Aus dem Inhalt: Sino-German Cultural Exchange (Zhao/Zhang) - Westernization of the Legal System (Su) - Landwirtschaftliche Reformen (Sharping) - Chinesische Bankenreform (Anderer) - Nationalsozialisten in China (Kreissler) - China und Chinesen im deutschen Film (Hetze).

Harald Mey / Reinhard Roericht /
Manfred F. Romich (Hrsg.)

Wirtschaftsreformen und neue Entwicklungsstrategien in der Volksrepublik China

Frankfurt/M., Bern, New York, 1986. 185 S.
Aachener Beiträge zur vergleichenden Soziologie und zur China-Forschung. Bd. 1
ISBN 3-8204-9101-5 br. DM 51.--/sFr. 42.--

In ihren Beiträgen zum II. Aachener China-Symposium analysieren Wissenschaftler, Vertreter der deutschen Wirtschaft, des Bundesministeriums für Wirtschaft und der Chinesischen Botschaft in Bonn die wirtschaftspolitische Entwicklung Chinas während der letzten Jahre. Neben Analysen der wirtschaftlichen Entwicklung und der Reform der Planwirtschaft, des chinesischen Betriebsmanagements, der deutsch-chinesischen Wirtschaftsbeziehungen, der Rolle der Wirtschaftssonderzonen und des Außenhandels stehen auch Fragen nach den Entwicklungsperspektiven der gegenwärtigen Reformpolitik im Mittelpunkt. Ergänzt werden diese Beiträge durch einen umfangreichen Dokumenten-Teil, in dem u.a. die wichtigsten Wirtschaftsgesetze der Volksrepublik China in deutscher Übersetzung zu finden sind.

Aus dem Inhalt: Chinas sozialistische Modernisierung - Chinesische Wirtschaftsentwicklung und Reformpolitik - Deutsch-chinesische Wirtschaftsbeziehungen - Betriebsmanagement - Wirtschaftssonderzonen - Dokumente: u.a. Chinesische Wirtschaftsgesetze.

Verlag Peter Lang Frankfurt a.M. · Bern · New York · Paris
Auslieferung: Verlag Peter Lang AG, Jupiterstr. 15, CH-3000 Bern 15
Telefon (004131) 321122, Telex pela ch 912 651, Telefax (004131) 321131
- Preisänderungen vorbehalten -

Printed by
CPI books GmbH, Leck

Kolibri 360 GmbH
Ferdinand-Jühlke-Straße 7
99095 Erfurt, Deutschland
produktsicherheit@kolibri360.de